5 Anleitungen für praktische Untersuchungen, zum Beispiel Experimente oder die Verwendung von Modellen, findest du auf den **Praktikumsseiten.** Worum geht es im Praktikum auf den Seiten 46 und 47?

? ? ? ?

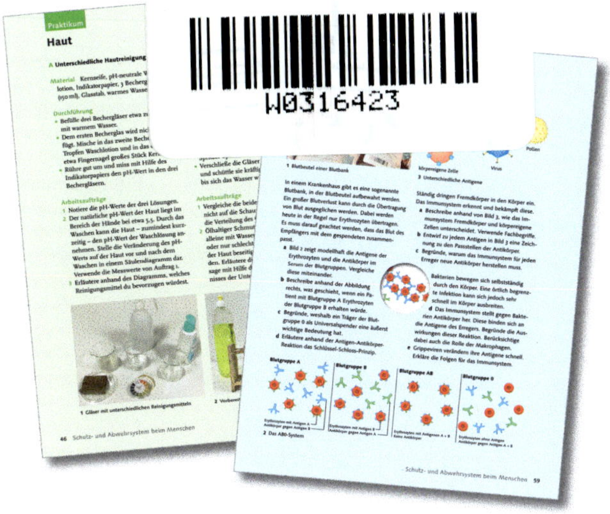

6 Knifflige und spannende Aufgaben findest du auf den **Aufgabenseiten.** Sie beziehen sich immer auf zusätzliches Material, das dazu abgebildet ist. Worum geht es in Aufgabe 1 auf Seite 59?

? ? ? ? ? ? ? ? ? ?

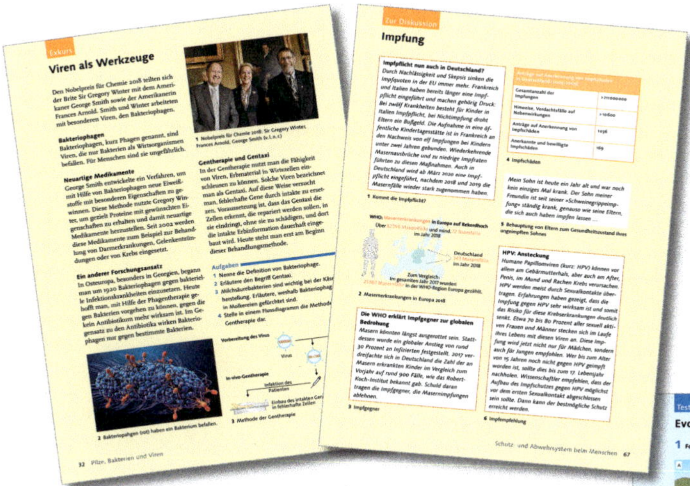

7 Auf **Exkursseiten** werden Themen aus anderen Bereichen wie Gesundheit oder Geschichte angesprochen. Einige Seiten sollen euch **Zur Diskussion** anregen.
Suche Seite 67 heraus. Wegen welcher Erkrankung wird über eine Impflicht nachgedacht?

? ? ? ? ? ?

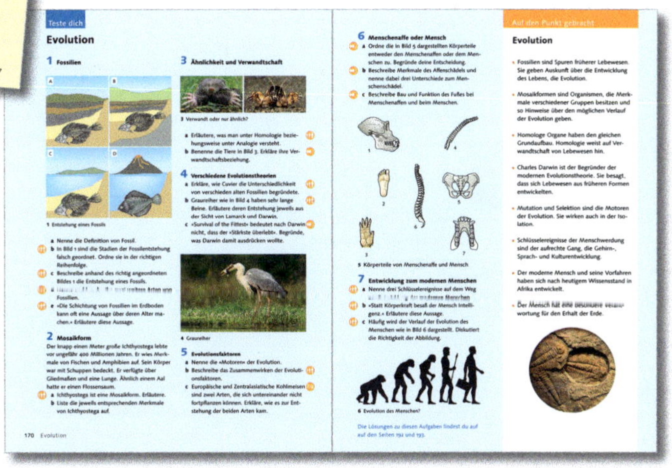

8 Auf der Doppelseite am Kapitelende findest du unter **»Teste dich«** verschiedene Aufgaben, mit denen du dein Wissen überprüfen kannst. In der Spalte **»Auf den Punkt gebracht«** sind außerdem alle wichtigen Inhalte des Kapitels zusammengefasst. Worum geht es in Aufgabe 1a?

? ? ? ? ? ?

9 Am Ende des Buches findest du einen Anhang mit Seiten zum Nachschlagen. Hier kannst du zum Beispiel nachsehen, wenn du die **Lösungen** zu den »Teste dich«-Aufgaben wissen möchtest. Wenn du Informationen zu einem Fachwort suchst, kannst du ins **Register** schauen. Hier findest du alle Seiten, auf denen wichtige Informationen zu dem Begriff stehen. Suche auf Seite 188/189 die Lösung zur Aufgabe 5a. Was benötigen Viren zur Fortpflanzung?

? ? ? ? ? ? ? ? ? ?

Und, wie lautet das Lösungswort?
Diese Mikrorganismen können nutzen, aber auch schaden: ? ? ? ? ? ? ? ? ?

FACHWERK BIOLOGIE

Realschule Bayern 8

Dr. Udo Hampl
Andreas Miehling
Dr. Matthias Niedermeier
Dr. Peter Pondorf
Reinhold Rehbach
Matthias Ritter
Judith Vehlow
Josef Johannes Zitzmann

Cornelsen

FACHWERK BIOLOGIE

Autorinnen und Autoren:
Dr. Udo Hampl, Andreas Miehling, Dr. Matthias Niedermeier, Dr. Peter Pondorf, Reinhold Rehbach, Matthias Ritter, Judith Vehlow, Josef Johannes Zitzmann

Teile dieses Buches beruhen auf Arbeiten von:
Andreas Marquarth, Kathrin Janik, Anke Pohlmann, Ingmar Stelzig, Ulrike Tegtmeyer

Berater: Erich Bauer, Josef Johannes Zitzmann

Redaktion: Dr. Sabine Klonk, Yvonne Schanzenbächer

Bildrecherche: Moritz Vennemann, Melanie Becker

Illustration und Grafik: biologiegrafik, Christine Faltermayr, Heike Keis, Esther Welzel, Jörg Mair, Karin Mall, Tom Menzel, newVISION! GmbH, Bernhard A. Peter, Matthias Pflügner, Detlef Seidensticker, Studio Syberg

Designberatung: Ellen Meister

Typografisches Konzept und Layout: Farnschläder & Mahlstedt, Hamburg

Technische Umsetzung: Michaela Müller für Corngreen GmbH, Leipzig

Umschlaggestaltung: Zweimanns Grafik, Michaela Müller für Corngreen GmbH, Leipzig

www.cornelsen.de

Dieses Werk enthält Vorschläge und Anleitungen für Untersuchungen und Experimente. Vor jedem Experiment sind mögliche Gefahrenquellen zu besprechen. Beim Experimentieren sind die Richtlinien zur Sicherheit im Unterricht einzuhalten.

Dieses Werk berücksichtigt die Regeln der reformierten Rechtschreibung und Zeichensetzung. Ausnahmen bilden Originaltexte, bei denen lizenzrechtliche Gründe einer Änderung entgegenstehen.

1. Auflage, 2. Druck 2020

Alle Drucke dieser Auflage sind inhaltlich unverändert und können im Unterricht nebeneinander verwendet werden.

Druck und Bindung: Livonia Print, Riga

ISBN 978-3-06-014871-4 (Schülerbuch)
ISBN 978-3-06-010253-2 (E-Book)

PEFC
PEFC/12-31-006

PEFC zertifiziert
Dieses Produkt stammt aus nachhaltig bewirtschafteten Wäldern und kontrollierten Quellen.

www.pefc.de

Inhalt

Pilze, Bakterien und Viren 6

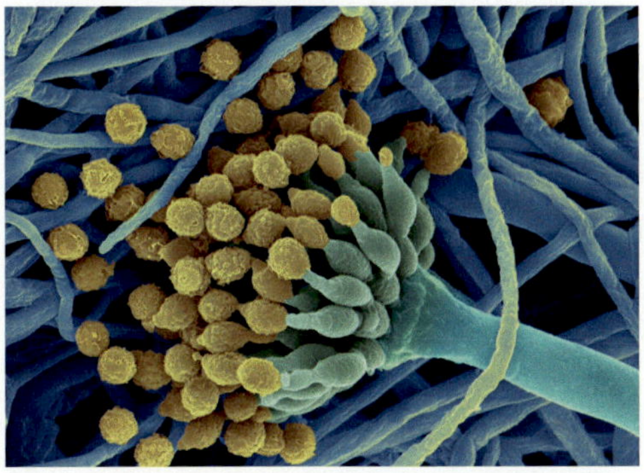

Schutz- und Abwehrsystem beim Menschen 36

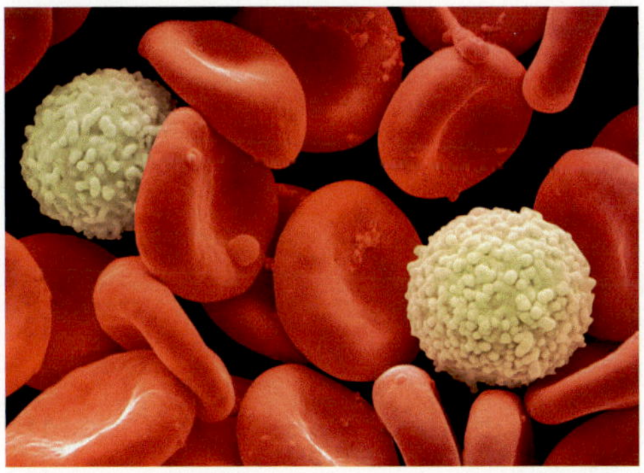

Menschliche Sexualität und Entwicklung 88

Evolution 124

Pilze, Bakterien und Viren

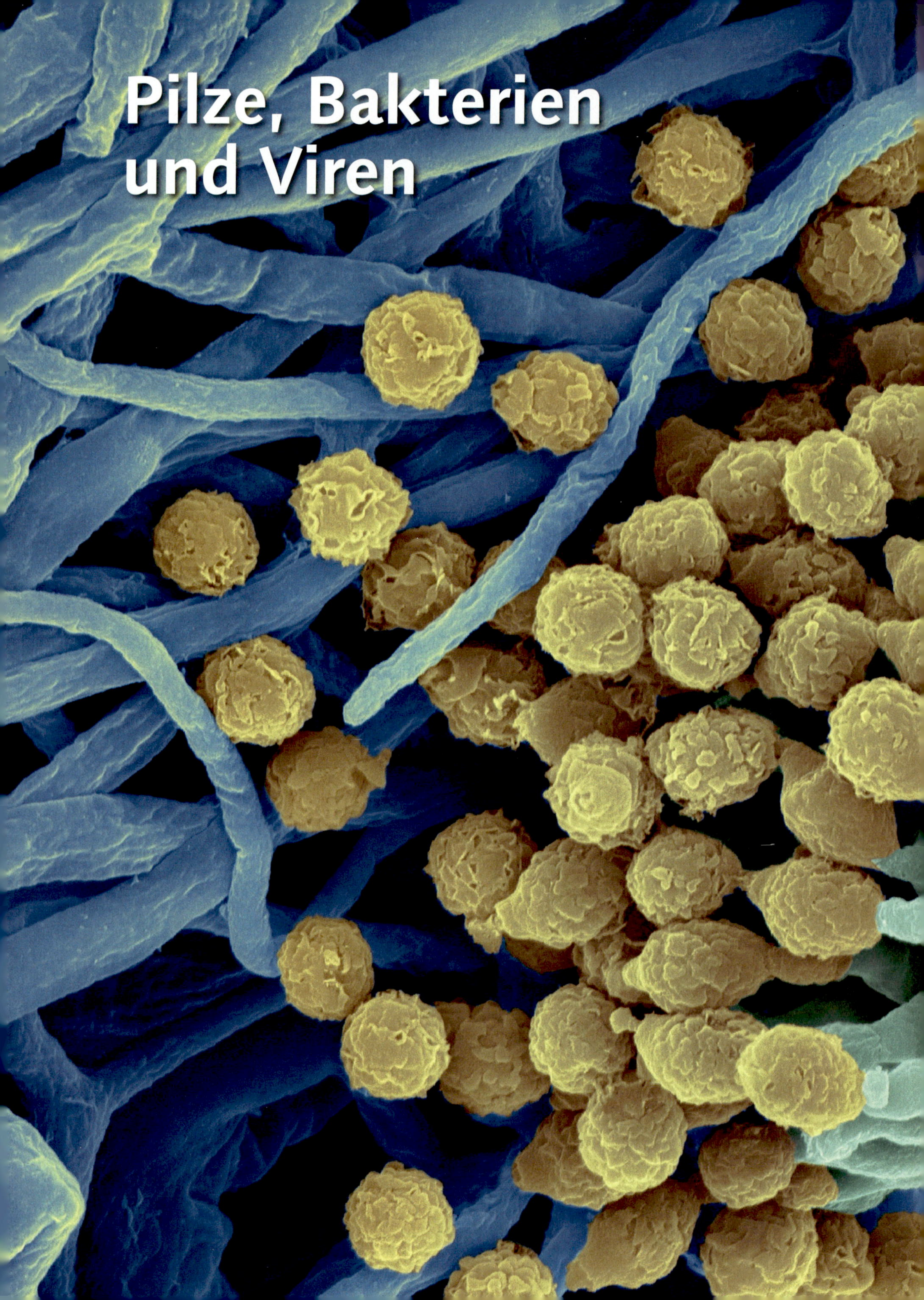

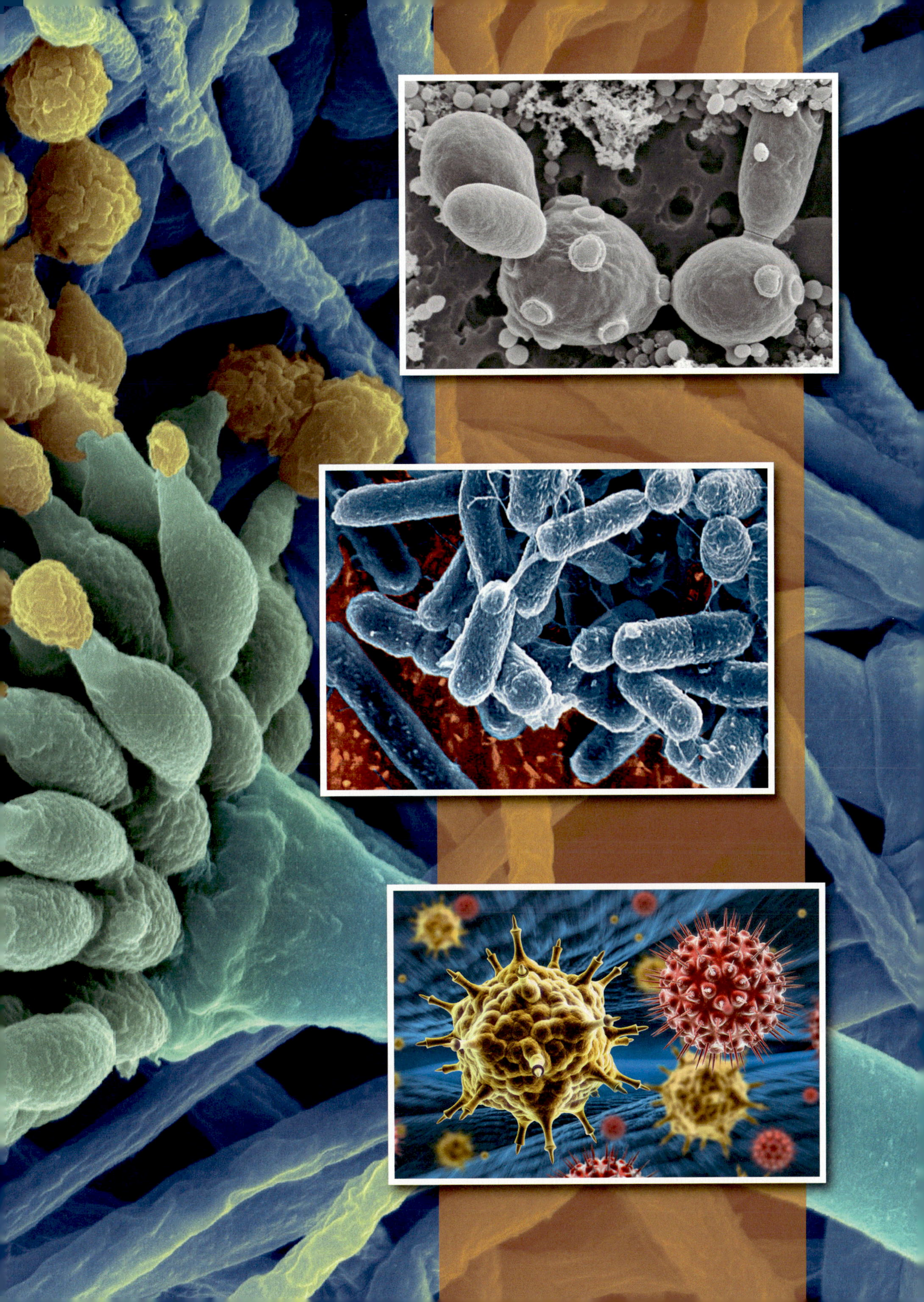

Die Welt der Lebewesen

Charlotte gehört zu den Menschen, die sich freuen, wenn die Tage kürzer und kühler werden und der Sommer sich langsam verabschiedet. Sie kann zu dieser Jahreszeit eines ihrer größten Hobbys ausüben, das Sammeln von Pilzen. Voller Stolz überrascht sie ihre Freundin Luise mit einem Menü verschiedener Pilze. Diese ist jedoch als überzeugte Veganerin nicht begeistert. Luise behauptet, dass Pilze keine Pflanzen seien und damit nicht zu ihrer Ernährungsweise passen würden. Was sind Pilze denn nun?

1 Ein veganes Gericht?

Lebewesen werden eingeteilt

Pilze wurden früher den Pflanzen zugeordnet. Sie bewegen sich nicht fort und zeigen ein pflanzenähnliches Wachstum. Diese Zuordnung vertrat auch Carl von Linné im 18. Jahrhundert. Er gehörte zu den ersten Wissenschaftlern, die Ordnung in die Vielfalt der Lebewesen bringen wollten. Eine Gliederung in zwei *Reiche* wurde festgelegt – Pflanzen und Tiere. Auch mikroskopische Untersuchungen der Pilzzellen bestätigten zunächst diese Einteilung. Die im Mikroskop erkennbare Zellwand wurde als Merkmal einer Pflanzenzelle angesehen.

Wissen verändert sich

Etwa hundert Jahre später trennte man die einzelligen Organismen von den übrigen Lebewesen ab und fasste sie in einem dritten Reich, den *Protisten*, zusammen.

Immer wieder wurde die Zuordnung der Pilze zu den Pflanzen in Frage gestellt. Durch Beobachtungen stellte man schließlich fest, dass Pilze auch im Dunkeln wachsen, keine Chloroplasten besitzen und damit auch keine Fotosynthese betreiben können. Die Pilze bildeten somit ein eigenes Reich, da sie weder den Pflanzen noch den Tieren zugeordnet werden konnten. Später wurden die Lebewesen, die keinen Zellkern besitzen, im fünften Reich, den *Prokayoten*, zusammengefasst und

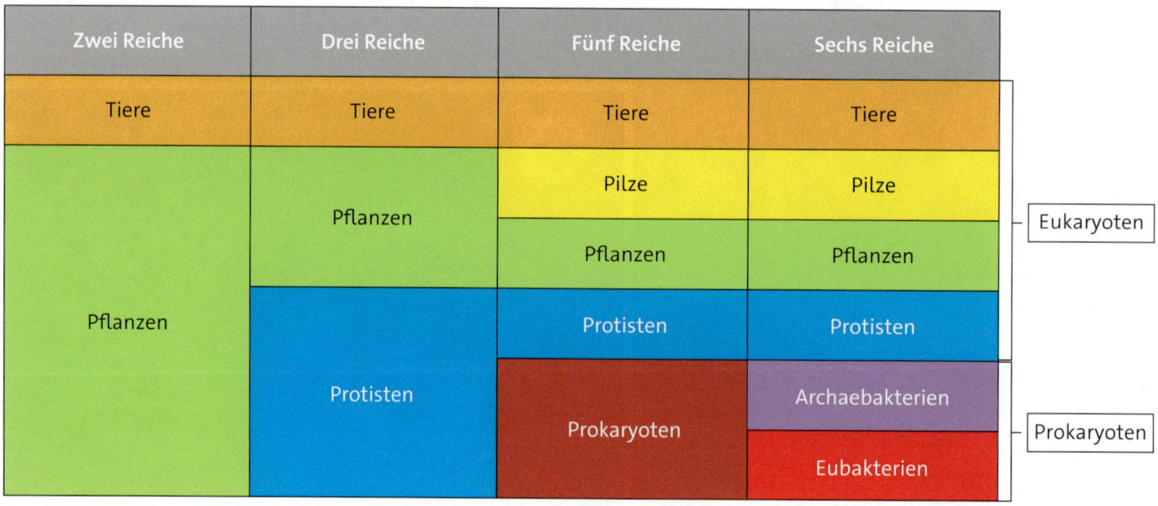

2 Eine mögliche Einteilung von Lebewesen

den *Eukaryoten*, den Lebewesen mit Zellkern, gegenübergestellt. Die Prokaryoten sind meist einzellige Lebewesen. Sie sind mikroskopisch klein und weisen häufig eine einfachere Struktur auf. In extremen Lebensräumen, zum Beispiel heißen Quellen, entdeckte man besondere Prokaryoten, die *Archaebakterien*. Hierbei handelt es sich um die ursprünglichsten Bakterien der Erde. Man unterteilte daraufhin die Prokaryoten in »echte« Bakterien, die *Eubakterien*, und Archaebakterien. Das zurzeit gültige Ordnungssystem der Lebewesen unterscheidet sechs Reiche.

Die Vielfalt der Eukaryoten

Tiere, Pilze, Pflanzen und Protisten haben trotz ihrer unterschiedlichen Größe und Struktur eine Gemeinsamkeit: Sie besitzen in all ihren Zellen einen Zellkern. Alle Lebewesen, die diesen Zellbestandteil aufweisen, gehören den Eukaryoten an. Die Zellen der Eukaryoten sind in der Regel größer als die Zellen der Prokaryoten und besitzen eine komplexere Zellstruktur.

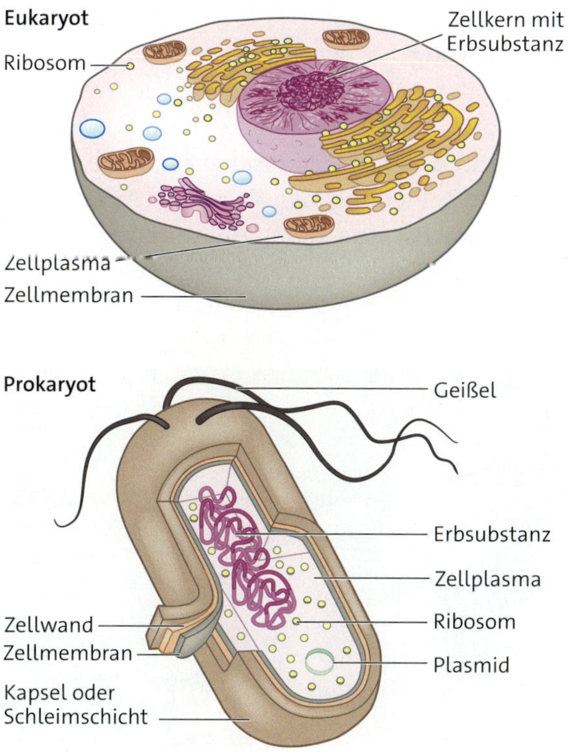

3 Eukaryoten und Prokaryoten im Vergleich

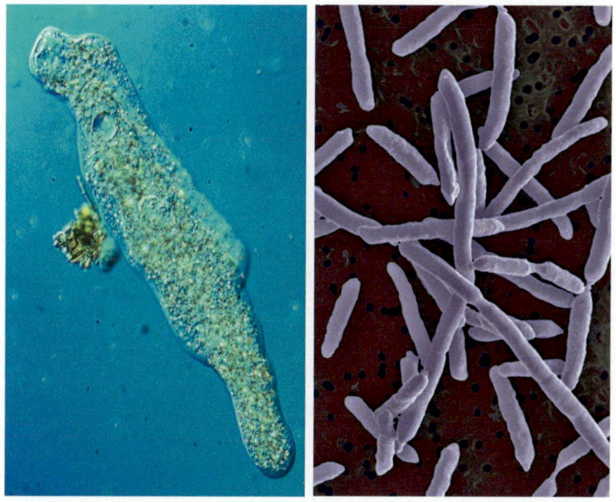

4 Mikroorganismen im Boden

Mikroskopisch kleines Leben

Füllt man einen zehn Liter Eimer mit Erde, so wimmelt es darin von Lebewesen aus dem Reich der Tiere: drei Regenwürmer, zwei Spinnen, zwei Schnecken, 300 Borstenwürmer. Die weit größere Anzahl an Lebewesen ist mit dem bloßen Auge jedoch nicht zu sehen. Über 80 Milliarden Mikroorganismen befinden sich in der gleichen Menge Erde. Hierbei handelt es sich um mikroskopisch kleine Organismen, die aus einzelnen Zellen bestehen. Dazu zählen viele Pilze, mikroskopische Algen aus dem Reich der Pflanzen, Protisten und zahlreiche Eubakterien.

In Kürze

Die Einteilung der Lebewesen unterliegt einer ständigen Veränderung. Während früher ein Ordnungssystem mit zwei Reichen gültig war, erfolgt heutzutage eine Unterteilung in sechs Reiche. Zudem unterscheidet man zwischen Prokaryoten und Eukaryoten.

Aufgaben

1 Erläutere, warum sich die Einteilung der Lebewesen seit dem 18. Jahrhundert stark verändert hat.

2 Manche Veganer verzichten auf Pilze.
   a Nenne einen möglichen Grund für diesen Verzicht.
   b Bewerte durch eigene Argumente, ob Veganer Pilze essen.

Hefepilze

Der Pavian liebt die Früchte des afrikanischen Marulabaums und fühlt sich wie im Schlaraffenland. Aber der übermäßige Genuss von diesen reifen Früchten kann ihn betrunken machen und seinen Gleichgewichtssinn beeinflussen. Dann beginnt er vielleicht sogar zu torkeln. Winzig kleine Hefepilze in den Früchten sind die Ursache.

1 Pavian im Schlaraffenland

Zellaufbau und Vorkommen

Hefepilze sind einzellige Mikroorganismen, mit einem Durchmesser von etwa 0,006 Millimetern. Das entspricht 1/10 des Durchmessers eines Haares. Hefepilze sind so leicht, dass der kleinste Windhauch sie überallhin trägt. Steht ihnen Zucker zur Verfügung, können sie sich vermehren. Im Unterschied zu Tierzellen haben Hefen eine Zellwand und Vakuolen. Da ihre Zellwand nicht aus Zellulose besteht und Chloroplasten fehlen, sind Hefepilze auch nicht den Pflanzen zuzuordnen.

Stoffwechsel der Hefen

Zucker, wie zum Beispiel Glukose, ist die Nahrungsgrundlage und Energiequelle der Hefepilze. Dabei können sie den Glukosestoffwechsel steuern und aktiv an das Sauerstoffangebot anpassen: Bei Anwesenheit von Sauerstoff findet die *Zellatmung* statt. Glukose wird dann vollkommen zu Kohlenstoffdioxid und Wasser abgebaut.

Bei Abwesenheit von Sauerstoff wird Glukose in Alkohol und Kohlenstoffdioxid umgesetzt. Diesen Vorgang nennt man *alkoholische Gärung*. Die Gasbildung und die Energieausbeute sind dabei geringer als bei der Zellatmung. Die Gärung kommt erst zum Stillstand, wenn der Zucker abgebaut ist oder die Alkoholkonzentration in der Umgebung über etwa 18 Prozent ansteigt. Bei höherer Alkoholkonzentration sterben die Hefezellen ab, da Alkohol ein starkes Zellgift ist.

Vermehrung

Bei idealen Lebensbedingungen wie Anwesenheit von Glukose, Feuchtigkeit und Wärme vermehren sich Hefen rasch durch eine besondere Zellteilung, der *Knospung*. Am Zellkörper wächst eine kleine Ausstülpung hervor, die sich abschnürt und zu einem neuen Hefepilz wird.

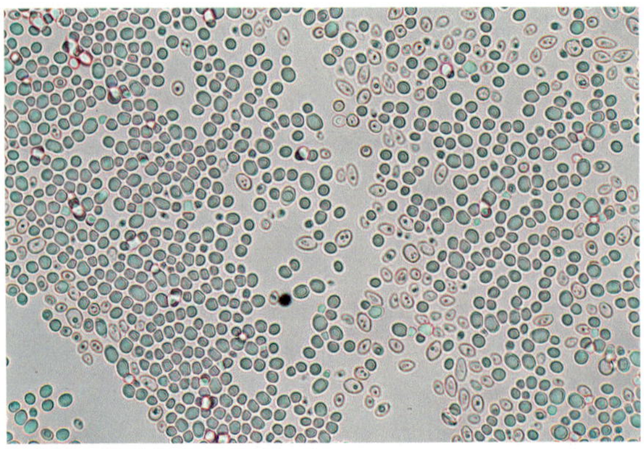

2 Hefezellen im Mikroskop

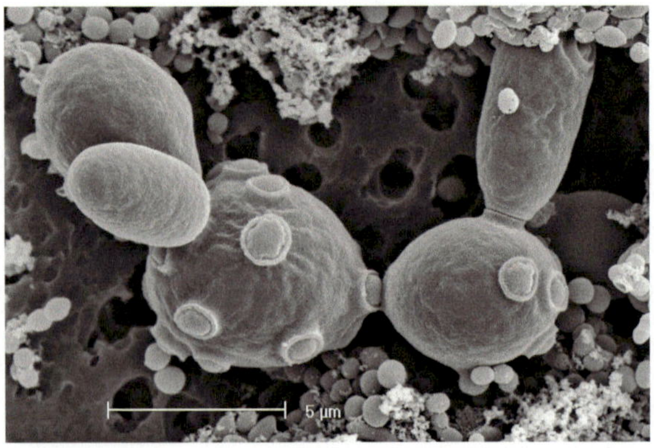

3 Vermehrung der Hefezellen durch Knospung

Frühe Nutzung

Schon früh haben Menschen beobachtet, dass süße Säfte, die man einige Tage verschlossen stehen lässt, anfangen zu gären. Auch die berauschende Wirkung solcher Getränke war bekannt. Die Menschen begannen, diese Vorgänge zu nutzen, ohne zu wissen, was genau die Ursache war. Bereits im 3. Jahrtausend v. Chr. sind Weingewinnung und Bierproduktion in Ägypten nachgewiesen. In der Bäckerei wurden ähnliche Verfahren zur Teigherstellung verwendet. Bei ausreichend Luftzufuhr durch Kneten des Teigs bildet sich Kohlenstoffdioxidgas, das den Brotteig aufgehen und locker werden lässt.

Wildhefen und Reinzuchthefen

Erst mit der Erfindung des Mikroskops entdeckte man die Hefepilze und konnte sie als Verursacher der Vorgänge nachweisen. Heute kennt man über 600 verschiedene Hefepilzarten. Dabei unterscheidet man zwischen den natürlichen *Wildhefen*, die überall in der Luft vorkommen, und den gezüchteten *Reinzuchthefen* wie der Bier-, Wein- oder Bäckerhefe. Früher verwendete man Wildhefen. Da nur wenige Wildhefen sich dafür eigneten, fiel die Qualität des Biers und des Brots ziemlich unterschiedlich aus. Heute werden in der Produktion nur Reinzuchthefen verwendet, da sie eine konstante Qualität der Produkte ermöglichen.

4 Verwendung von Hefen

Basiskonzept

Stoff- und Energieumwandlung

An allen Lebensvorgängen sind Stoff- und Energieumwandlungen beteiligt. Hefepilze nehmen Zucker auf und können diesen mit und ohne Sauerstoff in energieärmere Stoffe umwandeln und daraus Energie freisetzen. Für alle Lebensprozesse nehmen Lebewesen Stoffe und Energie in Form von Nahrung auf und machen diese durch Umwandlungen für sich nutzbar.

In Kürze

Hefepilze sind einzellige Mikroorganismen, die sich durch Knospung vermehren. Zucker ist ihre Nahrungsgrundlage. Je nach Anwesenheit von Sauerstoff wird der Zucker durch Zellatmung oder durch alkoholische Gärung abgebaut. Besonders gezüchtete Hefepilze werden vom Menschen genutzt.

Aufgaben

1 Nenne günstige Lebensbedingungen für die Vermehrung von Hefepilzen.

2 Beschreibe die besondere Vermehrung der Hefepilze und fertige davon eine Zeichnung an.

3 Erkläre, wie es zur Trunkenheit bei Tieren nach dem Genuss von Marulafrüchten kommen kann.

4 Beschreibe die beiden Möglichkeiten der Hefen, Glukose abzubauen. Nenne die Bedingungen und die Reaktionsprodukte.

5 Ein frisch gepresster Traubensaft soll vergoren werden. Nenne zwei Möglichkeiten, wie die alkoholische Gärung zum Stillstand kommt.

6 Beim Brotbacken ist es wichtig, dass der Teig lange durchgeknetet wird. Beschreibe, welcher Stoffwechselprozess hier eine Rolle spielt.

7 Erläutere, wie es in früher Zeit möglich war, Bier zu brauen, ohne dass man etwas von Hefepilzen wusste.

8 Begründe anhand des Zellaufbaus, warum Hefepilze ein eigenes Reich von Lebewesen darstellen und nicht den tierischen oder pflanzlichen Organismen zuzuordnen sind.

9 Erkläre, weshalb Hefepilze auch Saccharomyces (von griechisch *sakchar*: Zucker und *mykes*: Pilz) genannt werden.

Schimmelpilze

»Es reicht, wenn du das verschimmelte Stück des Brotes entfernst, der Rest ist noch gut!« Diese Ansicht ist auch heute noch weit verbreitet. Doch sind die vermeintlich nicht betroffenen Stellen tatsächlich unbedenklich?

1 Verschimmeltes Brot

Bau der Schimmelpilze

Der Grundbauplan aller Schimmelpilze ist ähnlich. Ihr Körper besteht aus einem dünnen, verzweigten Fadengeflecht, dem *Mycel*. Die einzelnen Fäden dieses Geflechts werden als *Hyphen* bezeichnet. Aus dem Mycel wachsen die *Sporenträger* senkrecht nach oben. Nach dem Aussehen der Sporenträger kann man zwischen verschiedenen Schimmelpilzformen unterscheiden. Die bekanntesten sind Köpfchenschimmel, Gießkannenschimmel und Pinselschimmel.

Alle Schimmelpilze sind aus mehreren Zellen aufgebaut. Sie besitzen wie pflanzliche Zellen eine Zellwand, haben jedoch keine Chloroplasten.

Vermehrung

Schimmelpilze vermehren sich in der Regel ungeschlechtlich mit Hilfe ihrer Sporen. Manche Formen besitzen einen Sporenträger, in dem die Sporen gebildet werden. Bei anderen Schimmelpilzen werden die Sporen von speziellen Zellen an der Sporenträgerspitze abgeschnürt.

Reife Sporenträger sind unterschiedlich gefärbt. Beim Betrachten verschimmelter Lebensmittel können Farben wie Grün, Gelb, Rot, Schwarz oder Weiß erkennbar sein. Die einzelnen Sporen sind für den Menschen jedoch nicht sichtbar. Sie rieseln zu Tausenden ständig von der Spitze der Sporenträger herab und werden vom leichtesten Windhauch verbreitet. Sporen der Schimmelpilze sind überall, selbst in der saubersten Küche, zu finden.

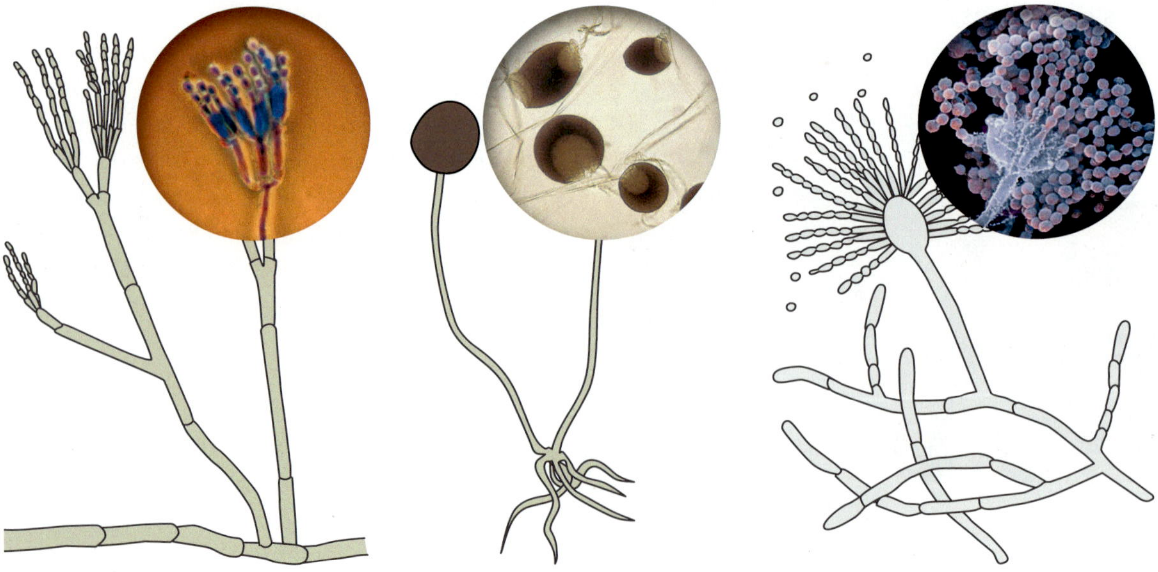

2 Die drei bekanntesten Schimmelformen: Pinselschimmel, Köpfchenschimmel und Gießkannenschimmel

Wachstumsbedingungen

Brot liefert optimale Wachstumsbedingungen für Schimmelpilze. Zur Keimung benötigen die Sporen Feuchtigkeit und organische Stoffe. Während zum Beispiel auf Papier oder Holz ein Wachstum möglich ist, können auf einem Stein keine Sporen keimen. Sobald eine Spore keimt, entwickelt sich daraus ein neues Mycel. Die meisten Schimmelpilze wachsen am besten bei Temperaturen zwischen 20 und 35 °C. Eine falsche Belüftung oder Feuchtigkeit können die Ursachen für Schimmelbildung an der Wand sein.

Zum Schutz vor Schimmelpilzbefall werden viele Lebensmittel kühl gelagert. Auch das Trocknen von Obst und Gemüse sowie das Einlegen in Salz, Zucker oder Essig verhindert ein Wachstum.

Gefahren durch Schimmelpilze

Einige Schimmelpilze bilden Gifte und krebserregende Stoffe. Auch nach der Entfernung des sichtbaren Schimmelbelags ist das feingliedrige, nicht sichtbare Mycel im Inneren der befallenen Stoffe nach wie vor vorhanden. Dieses enthält die Giftstoffe.

3 Schutz vor Schimmelbefall

Nutzen durch Schimmelpilze

Camembert und Antibiotika sind Produkte, die man zunächst nicht mit Schimmelpilzen in Verbindung bringt. Camembert ist eine bekannte Käsesorte, deren charakteristisches Aussehen und typischer Geschmack von bestimmten Schimmelpilzen verursacht wird. Der Bakterienforscher Alexander Fleming entdeckte Schimmelpilze, die Stoffe herstellen, die Bakterien abtöten. Diese Stoffe werden als Antibiotika bezeichnet.

In Kürze

Schimmelpilze bestehen aus dem Mycel, einem Geflecht aus Hyphen, und Sporenträgern mit Sporen. Die Sporen dienen zur Vermehrung. Sie benötigen für Keimung und Wachstum ausreichend Feuchtigkeit, organische Stoffe und geeignete Temperaturen. Manche Schimmelpilze können für den Menschen gefährlich, andere nützlich sein.

Aufgaben

1 Im Jahr 1997 wurde in den USA von auffallend vielen lungenkranken Säuglingen berichtet. Von 30 kranken Babys starben 9 an der Erkrankung. Es stellte sich heraus, dass die Kinder in Häusern wohnten, an deren Wänden ein Schimmelpilz wucherte.

- **a** Ordne den abgebildeten Schimmelpilz Stachybotrys einer der drei Formen von Bild 2 zu.
- **b** Nenne drei mögliche Faktoren, die das Schimmelpilzwachstum in Räumen begünstigen.
- **c** Beschreibe eine Möglichkeit, wie die Pilzsporen in die Lungen der Babys gelangen konnten.

2 Viele Menschen entfernen an Lebensmitteln wie Käse oder Brot lediglich die sichtbar verschimmelte Stelle.

- **a** Erläutere, warum man dies nicht machen sollte.
- **b** Erstelle eine Liste mit Empfehlungen, wie man das Wachstum von Schimmelpilzen im Haushalt vermeiden kann.

Praktikum

Hefe- und Schimmelpilze

A Vermehrung von Hefepilzen

Material Mikroskop, Objektträger mit Deckglas, Becherglas (200 ml), Haushaltszucker, Bäckerhefe, Wasser, Rührstab, Pipette
Hefe-Zucker-Mischung: Becherglas mit ca. 100 ml lauwarmem Wasser füllen, Zugabe von 10 g Zucker und 10 g Bäckerhefe (Frischhefe oder Trockenhefe). Alles gut verrühren, etwa 30 bis 50 Minuten stehen lassen.

Durchführung Rührt vor Versuchsbeginn die Hefe-Zucker-Mischung noch mal gut durch. Gebt mit der Pipette einen Tropfen des Hefegemischs auf den Objektträger und legt ein Deckglas darauf. Mikroskopiert mit steigender Vergrößerung.

Arbeitsaufträge

1 Verschafft euch zunächst bei 100-facher Vergrößerung einen Überblick. Beobachtet die Stellen, bei denen die Hefezellen nicht zu dicht sind.

2 Sucht im Präparat, wo sich Hefezellen in der Knospung befinden, und mikroskopiert diese Stellen bei 400-facher Vergrößerung. Fertigt eine mikroskopische Zeichnung an.

3 Bestimmt mit Bild 1 die Größe der Hefezellen.
Ein Teilstrich entspricht 1 µm.

B Schwimmversuch mit Hefeteig

Material Becherglas (50 ml), 2 Plastikschüsseln für die Teigherstellung, 2 Rührstäbe, 2 Esslöffel, 2 Teelöffel, 2 größere Glasgefäße, Thermometer, Bäckerhefe, Mehl, Haushaltszucker, Wasser

Durchführung Gruppe A stellt einen Teig mit, Gruppe B einen Teig ohne Hefe her.
Gruppe A: Verrührt für den Hefeteig im Becherglas ein kirschgroßes Stück frische Bäckerhefe (oder 1/2 Teelöffel Trockenhefe) mit zwei Esslöffeln Wasser zu einem Hefegemisch. Mischt in der Teigschüssel zwei gehäufte Esslöffel Mehl mit einem Esslöffel Zucker. Gebt die Hefemischung dazu und verrührt alles zu einem Teig, knetet ihn durch und formt eine Kugel.
Gruppe B: wie Gruppe A ohne Hefe.
Füllt beide Glasgefäße mit ca. 50 °C warmem Wasser, legt die verschiedenen Teigkugeln getrennt in die zwei Gefäße.

Arbeitsaufträge

1 Notiert eure Beobachtungen der beiden Teigkugeln bei Versuchsbeginn und nach etwa 15 Minuten.

2 Begründet diese Beobachtungen.

3 Stellt Vermutungen an, was zu beobachten wäre, wenn die Teigkugeln ohne Zuckerzugabe hergestellt würden.

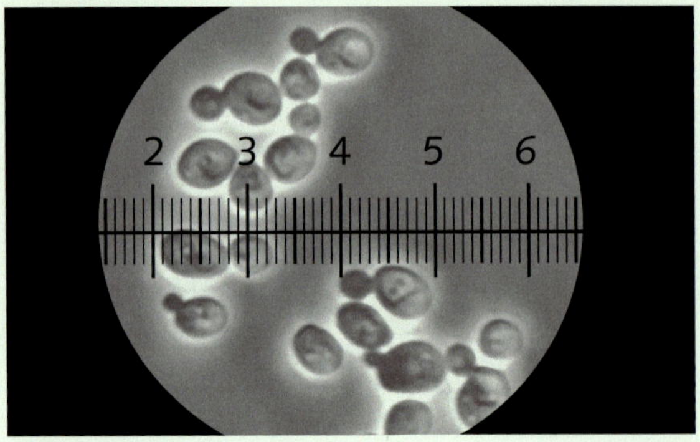

1 Hefezellen im Mikroskop

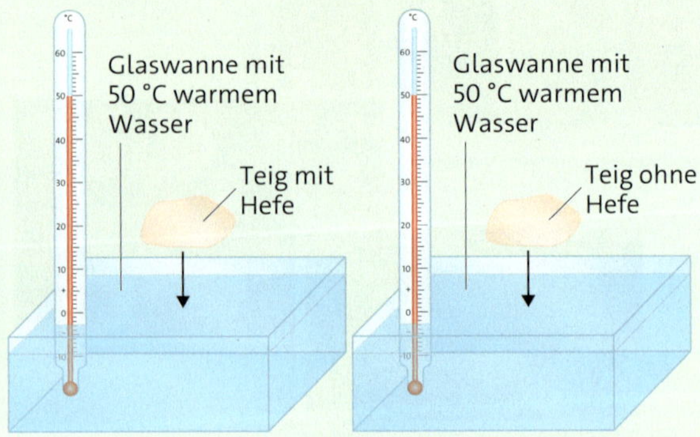

2 Schwimmversuch des Teigs mit und ohne Hefe

C Schimmelpilze im Mikroskop

3 Weißschimmelkäse – Camembert

Material Brie oder Camembert mit dichter Weißschimmelauflage, klares Klebeband, Objektträger, Lichtmikroskop

Sicherheitshinweis:
Führt keine Versuche mit Schimmelpilzen von verdorbenen Lebensmitteln durch.

Durchführung Fertige mit einem klaren Klebeband vom Weißschimmelbelag eines Camemberts oder Bries einen Abdruck an (Bild 4, A). Klebe den Klebestreifen mit dem Abdruck auf einen Objektträger (Bild 4, B).

Arbeitsaufträge

1 Mikroskopiere das Präparat.
2 Fertige eine Zeichnung an und beschrifte einzelne Bestandteile der Schimmelpilze.
3 Bestimme, um welche Form von Schimmelpilz es sich in dem Präparat handeln könnte.

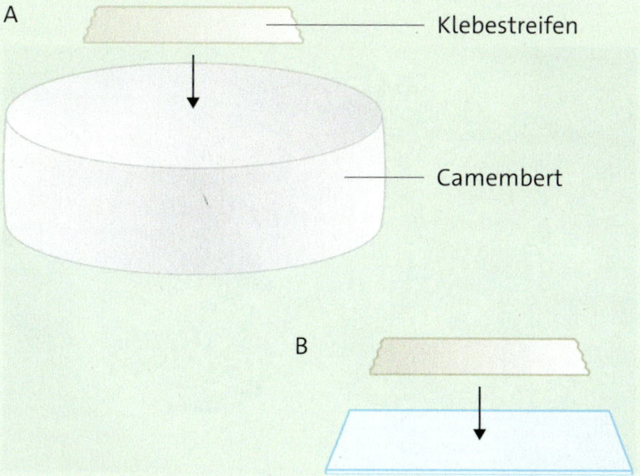

4 Versuchsskizze

D Wachstumsbedingungen von Schimmelpilzen

Am Beginn der zu planenden Versuchsreihe steht die Fragestellung: Welche Bedingungen begünstigen die Bildung und das Wachstum von Schimmelpilzen? Folgende Faktoren sollen dabei experimentell geprüft werden: Feuchtigkeit, Temperatur, Nährstoffangebot.

Material 8 Kunststoffpetrischalen, Klebeband, trockene Weißbrotscheiben als organisches Material, Kreide als nicht organischer Stoff, Wasser, Filzstift, Kühlschrank

Sicherheitshinweis:
Verschließt alle Petrischalen mit Klebeband und entsorgt sie fachgerecht.

Durchführung Bild 5 zeigt einen Versuchsansatz. Plane zur oben genannten Fragestellung weitere Versuchsreihen und fertige dazu wie in Bild 5A eine Zeichnung an. Führe diese Versuche eigenständig durch. Beachte dabei, dass immer nur eine Variable verändert wird und Parallelversuche nötig sind.

A

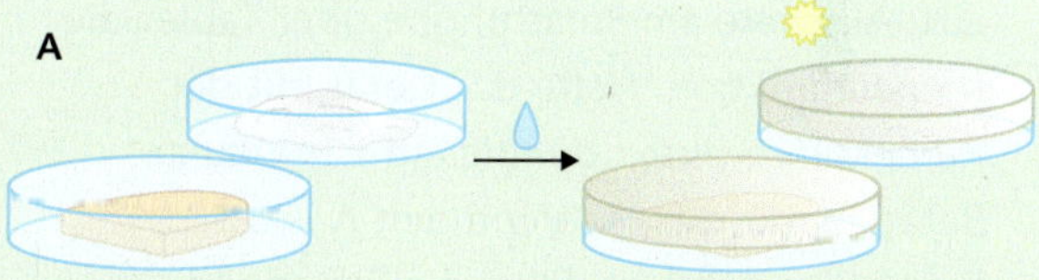

B

Bedingungen	Weißbrot	Kreide
1 feuchtwarm	++	...
2 ...	...	...

5 A Teilansatz; B Mustertabelle

Arbeitsaufträge

1 Werte nach etwa 1 Woche die Versuche aus. Fertige eine tabellarische Übersicht der Versuchsergebnisse wie in Bild 5B an.
2 Erläutere, wie sich Lebensmittel vor Schimmelbefall schützen lassen.

Mikrofotos erstellen

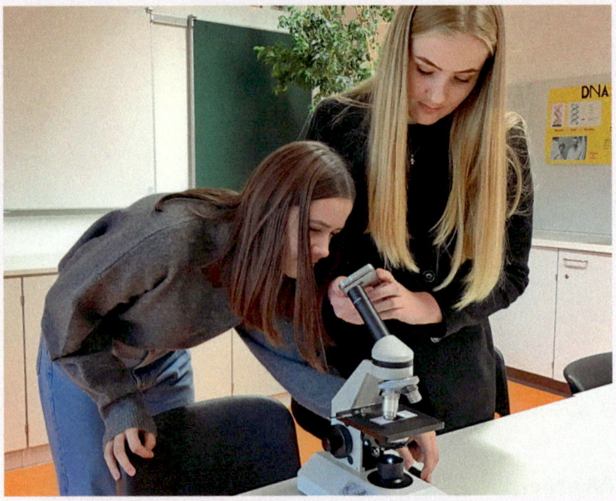

1 Mikrofotografie mit Smartphone

Zum naturwissenschaftlichen Arbeiten gehören neben der Beobachtung auch die Dokumentation und Präsentation von Daten. Dies kann über eine mikroskopische Zeichnung oder eine Fotografie erfolgen. Mikrofotos von mikroskopischen Präparaten sind für eine anschauliche Präsentation oder einen Vortrag sehr gut geeignet. Mit den folgenden Tipps kannst du mit einfachen Mitteln mit dem Smartphone oder Tablet Mikrofotos erstellen:

1 Arbeitsmaterial bereitstellen
Du benötigst ein Smartphone oder ein Tablet. Meist genügt die normale Kamerafunktion. Im Fachhandel gibt es einfache Aufsätze und Adapter, die die manuelle Handhabung erleichtern, da sie eine feste Verbindung zwischen dem Okular des Mikroskops und dem Smartphone herstellen. So hast du beide Hände frei, etwa bei Nachjustieren am Mikroskop. Es geht aber auch ohne dieses Zubehör.

2 Mikrofotos erstellen – Durchführung
Wenn du das Präparat hinsichtlich Vergrößerung und Schärfe optimal eingestellt hast, wählst du den zu fotografierenden Ausschnitt aus. Aktiviere am Smartphone oder Tablet die Kamerafunktion. Halte das Gerät mit der Kameralinse direkt bündig auf das Okular. Betätige mit ruhiger Hand den Auslöser. Empfehlenswert ist dabei die Serienbildfunktion, ein aktivierter Selbstauslöser vermeidet Verwackeln.

3 Vergrößerung berechnen
Um die wahre Vergrößerung deines Objekts zu berechnen, musst du die Vergrößerung des Mikroskops mit dem Zoomfaktor deiner Kamera multiplizieren. Dieser wird dir in der Zoomfunktion auf dem Display angezeigt.

4 Dokumentieren – Präsentieren
Halte für deine Dokumentation bei jedem Foto Folgendes schriftlich fest: Um welches Präparat handelt es sich? Welche Vergrößerung liegt vor? Welche Details sind gut sichtbar? Vergiss nicht das Aufnahmedatum und die Zuordnung der Daten zur Bildnummer. Für eine Präsentation mit einem Beamer füge deine Mikrofotos in ein Präsentationsprogramm ein.

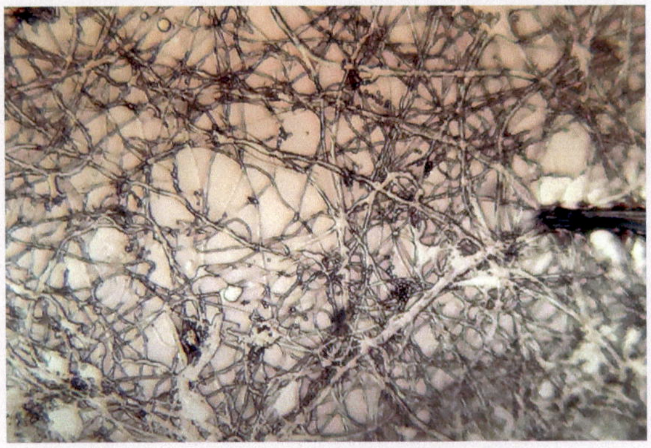
2 Schimmelpilzmycel, mit Tablet aufgenommen

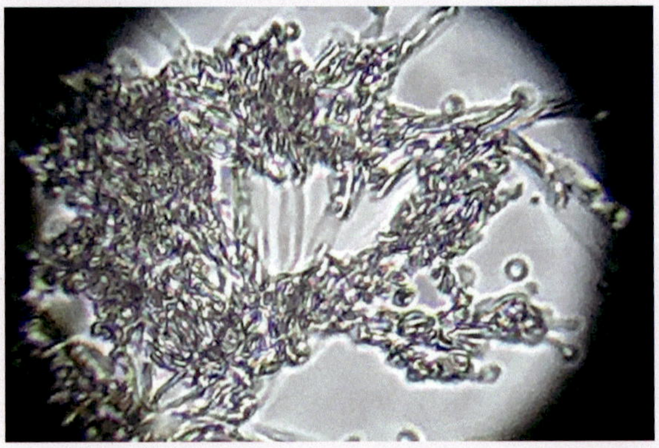
3 Schimmelsporen, mit Smartphone aufgenommen

Hefe- und Schimmelpilze

1 Wachstum von Hefen

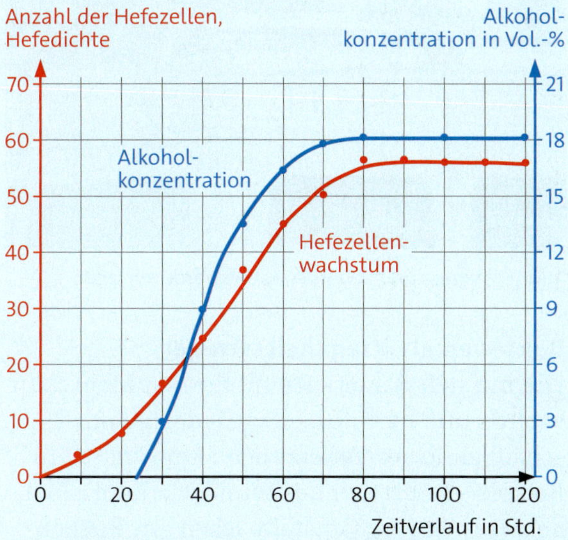

1 Vermehrung von Hefen bei der alkoholischen Gärung

- **a** Beschreibe den Verlauf der beiden Kurven.
- **b** Interpretiere den Kurvenverlauf.
- **c** Nenne mögliche Fragestellungen, die zum Erstellen dieses Diagramms führten.
- **d** Formuliere zwei Hypothesen, die mit diesem Diagramm bestätigt werden.
- **e** Nenne mögliche Gründe für den Kurvenverlauf bei der Vermehrung der Hefezellen im Zusammenhang mit der Alkoholbildung ab 80 Stunden.

2 Betrunken ohne Alkoholkonsum?

Aus einem Zeitungsartikel:
Es klingt grotesk: Eine Limo und etwas Brot reichen bei einigen wenigen Menschen für einen Alkoholrausch … *Ärzte beobachteten einen Mann 24 Stunden lang auf einer Isolierstation. Über den Tag verteilt aß und trank er kohlenhydratreiche Kost, seine Blutwerte wurden kontrolliert. Nach einiger Zeit lag sein Blutalkoholwert bei 1,2 Promille. Die Ärzte vermuteten eine Infektion mit dem Hefepilz Saccharomyces cerevisiae.*

- **a** Erläutere die Ursache dieser Erscheinung.
- **b** Gib begründete Vermutungen an, warum der Mann auf der Isolierstation überwacht wurde.

3 Schutz vor Schimmel in der Wohnung

Schimmelbefall an den Wänden im Haushalt bedeutet eine ernste Gesundheitsgefährdung, da viele Schimmelpilze Gifte produzieren und über Sporen in der Raumluft verbreitet werden. Die Schimmelbildung hängt vor allem von der Raumtemperatur und der Luftfeuchtigkeit im Raum ab.

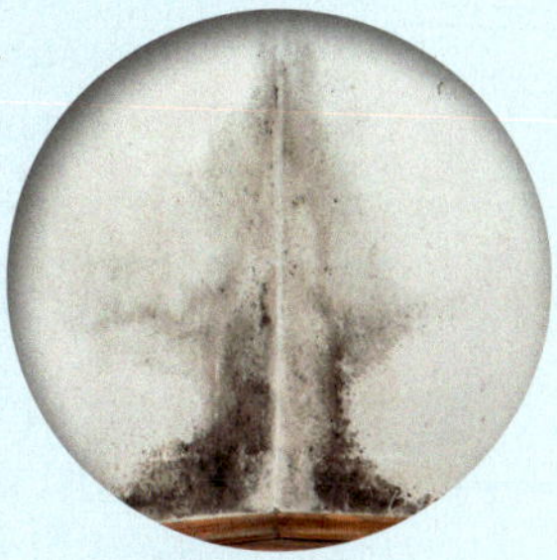

Bild 2 zeigt verschiedene Quellen, die die Luftfeuchtigkeit im Raum erhöhen.

- **a** Stelle diese Werte in einem Säulendiagramm dar.
- **b** Nenne die Räume mit besonderer Gefährdung für Schimmelpilzbefall und begründe dies.
- **c** Nenne mögliche vorbeugende Maßnahmen gegen den Schimmelpilzbefall.

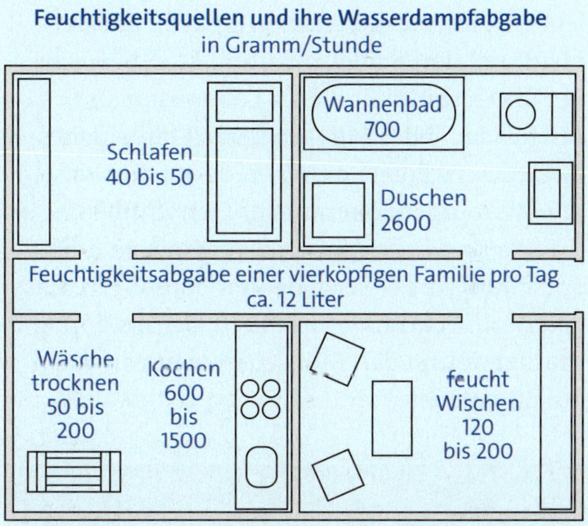

2 Feuchtigkeit im Haushalt

Die Grafik zeigt nur die Luftfeuchtigkeit. Aber die Raumtemperatur spielt ebenso eine Rolle. Je kälter, desto weniger Wasserdampf kann die Luft aufnehmen. Er kondensiert und schlägt sich als Wasser an Wänden und Fenstern nieder.

- **d** Vergleiche deine Aussage von Aufgabe b unter dem Aspekt, dass Schlafzimmer oft weniger beheizt werden.

Bakterien

»Nehmen Sie für die Zubereitung von Nahrung, zum Zähneputzen und zum Reinigen offener Wunden nur abgekochtes Leitungswasser!«, so die Durchsage der Polizei kürzlich in Oberstdorf. Ein Blick in die Warn-App verrät den Grund: Das Wasser ist verunreinigt.

1 Polizei informiert über Lautsprecherdurchsagen.

Allgegenwärtige Bakterien

Bakterien kann man in Boden, Wasser und Luft nachweisen. Sie besiedeln alle Lebensräume. Selbst in lebensfeindlichen Gebieten wie heißen Quellen, Vulkankratern oder im Eis an den Polen lassen sie sich finden. Viele Bakterien leben im menschlichen Körper.

Lebenswichtiges Getümmel

Jeder Mensch ist von etwa 40 bis 100 Billionen Bakterien und anderen Mikroorganismen besiedelt. Das entspricht in etwa der Anzahl der Körperzellen. Die meisten Mikroorganismen leben in unserem Verdauungstrakt, auf der Haut und den Schleimhäuten. Man bezeichnet die Gesamtheit dieser Lebewesen als *Mikrobiom*. Jeder Mensch besitzt ein eigenes Mikrobiom. Forscher gehen davon aus, dass die Mikroorganismen unser Gewicht beeinflussen und Erkrankungen verhindern helfen. Forschungsergebnisse deuten darauf hin, dass das Darmmikrobiom mit dem Gehirn kommuniziert und den Menschen weniger stressanfällig macht.

Bakterien als Krankheitserreger

Die meisten Bakterien sind für den Menschen wichtig und harmlos, einige jedoch sind schädlich. Über Verletzungen kommen zum Beispiel die Erreger des Wundstarrkrampfs in den Körper. Ihre Giftstoffe lösen am Rückenmark unkontrollierbare Muskelkrämpfe aus. Besonders eiweißreiche Kost wie Geflügelprodukte bietet den Erregern der Salmonellose ideale Lebensbedingungen. Unter unhygienischen Bedingungen gelangen sie mit der Nahrung in den Darm. Bauchschmerzen und Brechdurchfall sind die Folgen.

Einteilung von Bakterien

Bakterien kommen in verschiedenen Formen vor. Man unterscheidet die kugelförmigen *Kokken*, die stäbchenförmigen *Bazillen*, die schraubenförmigen *Spirillen* und die kommaförmigen *Vibrionen*.

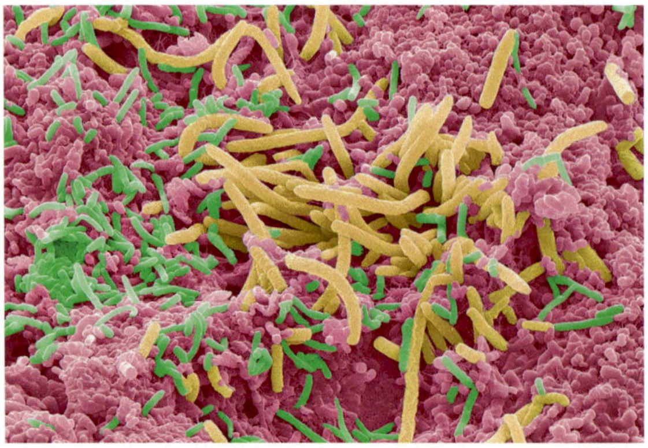

2 Bakterien im Mundraum des Menschen

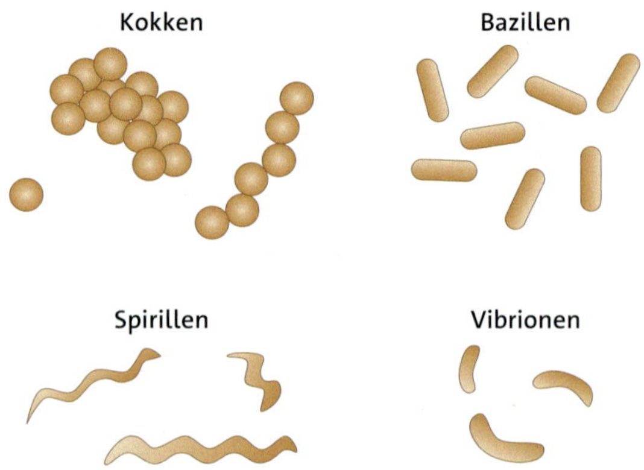

3 Unterscheidung von Bakterien nach ihrer Form

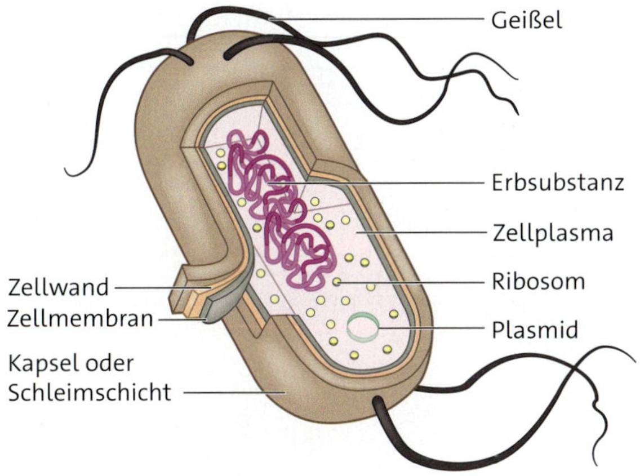

4 Bau der Bakterienzelle

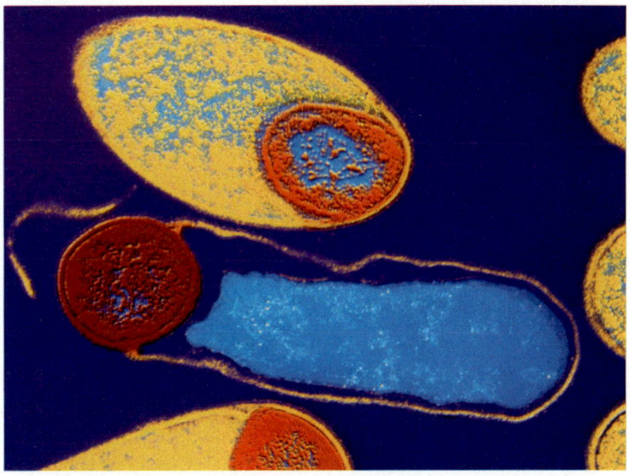

5 Sporenbildung und -freisetzung (gefärbt)

Bau der Bakterienzelle

Bakterien sind Einzeller, die meist nur wenige Tausendstel Millimeter groß sind. Ein Zellkern fehlt, die Erbsubstanz liegt frei im Zellplasma. Hier finden sich auch kleine Ringe, die *Plasmide*. Sie tragen zusätzliche Erbinformationen für besondere Aufgaben wie zum Abbau bakterienschädigender Substanzen.

Im Zellplasma befinden sich viele Ribosomen. Sie sind an der Eiweißproduktion beteiligt. Das Zellplasma ermöglicht den Transport von Stoffen innerhalb der Zelle. Eine Zellmembran grenzt die Zelle ab und sorgt für einen geregelten Stoffaustausch nach innen und außen. Die feste Zellwand verleiht Stabilität. Sie unterscheidet sich in ihrem Bau von pflanzlichen Zellwänden. Der Zellwand ist oft eine *Kapsel* oder eine *Schleimhülle* angelagert. Diese schützen besonders gegen Austrocknung und vor schädlichen Substanzen. Manche Bakterien verfügen zur Fortbewegung über eine oder mehrere Geißeln.

Sporenbildung

Unter ungünstigen Bedingungen wie Trockenheit oder Nahrungsmangel können einige Bakterien *Sporen* als Überdauerungsform bilden. Hierzu reichert sich die Erbsubstanz in einem Bereich der Zelle an. Sie wird anschließend zusammen mit einem Teil des Zellplasmas von der Zellmembran umschlossen. Hierum entsteht eine mehrschichtige, robuste Hülle. Anders als die meisten Bakterien werden Sporen durch Kochen nicht abgetötet. Sie können viele Jahrhunderte überdauern, bis die Lebensbedingungen besser sind.

Vielfältige Stoffwechselvorgänge

Der bakterielle Stoffwechsel ist häufig an den Lebensraum angepasst. Manchen Bakterien dient das Sonnenlicht als Energiequelle. Andere nutzen organische Verbindungen wie Zucker. Daneben gibt es Bakterien, die aus anorganischen Stoffen wie Metallen Energie freisetzen können. Je nachdem, ob für den Stoffwechsel Sauerstoff benötigt wird oder nicht, unterscheidet man zwischen Atmung und Gärung.

In Kürze

Bakterien bestehen aus einer einzigen kernlosen Zelle. Man unterscheidet sie nach der Form. Jeder Mensch hat ein eigenes Mikrobiom.

Aufgaben

1 Erstelle ein Fließdiagramm zur Sporenbildung.

2 Ordne den Bestandteilen der Bakterienzelle in einer Tabelle die jeweilige Funktion zu.

Zellbestandteil	Funktion

3 Eine große deutsche Tageszeitung wählte zum Thema Mikrobiom die Schlagzeile »Du bist nicht allein«. Erkläre, was hiermit gemeint ist.

Vermehrung bei Bakterien

Im 12. Jahrhundert soll sich in Augsburg ein sogenanntes Hostienwunder ereignet haben. Eine Frau hatte nach der Kommunion heimlich die Hostie aus ihrem Mund genommen und zu Hause zur dauerhaften Aufbewahrung mit Wachs umhüllt. Als der Wachsmantel später geöffnet wurde, war die Hostie blutrot. Was damals als »Wunder« angesehen wurde, nämlich die Rotfärbung der Hostie, lässt sich heute mit den Kenntnissen der Mikrobiologie durchaus einleuchtend erklären. Als Verursacher dieser Verfärbung wurden Bakterien ausgemacht.

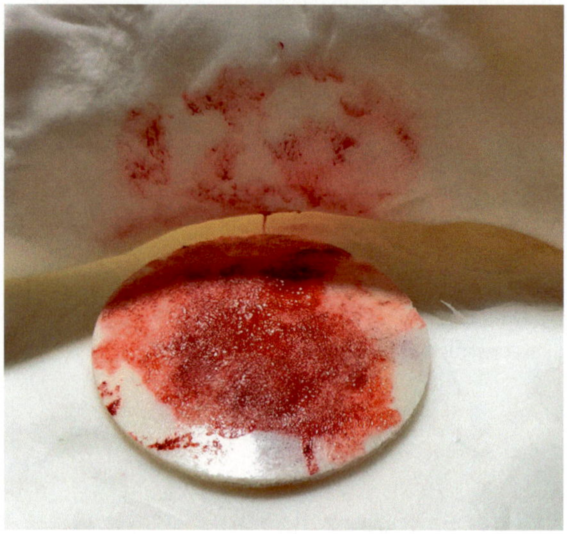

1 So könnte es ausgesehen haben: Hostie im Wachsmantel.

Aus eins mach zwei

Bakterien vermehren sich ungeschlechtlich durch *Zellteilung*. Zunächst wächst die Zelle und die Erbsubstanz verdoppelt sich. Im Anschluss schnürt sich die Zellmembran ein. Von außen nach innen bilden sich Querwände, bis Tochterzellen entstanden sind. Beide Zellen verfügen über die identischen Erbinformationen. Auch die Zellorganellen und Plasmide werden auf die Tochterzellen aufgeteilt.

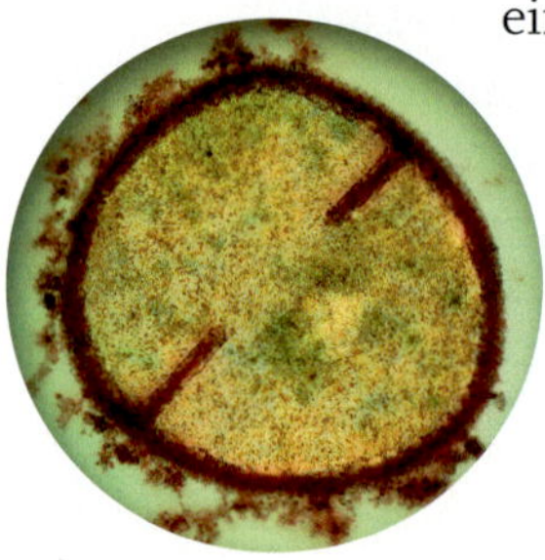

Aus zwei werden viele

Unter günstigen Lebensbedingungen, also bei Feuchtigkeit, Wärme und genügend Nährstoffen, teilen sich Bakterien im Schnitt alle 20 Minuten. Nach acht Stunden, also 24 Teilungszyklen, können aus einem einzigen Bakterium etwa 16 Millionen neue Bakterien entstehen. Bleiben diese als lockerer Zellhaufen zusammen, sind sie auf einer Nährbodenschale als *Bakterienkolonie* mit bloßem Auge sichtbar.

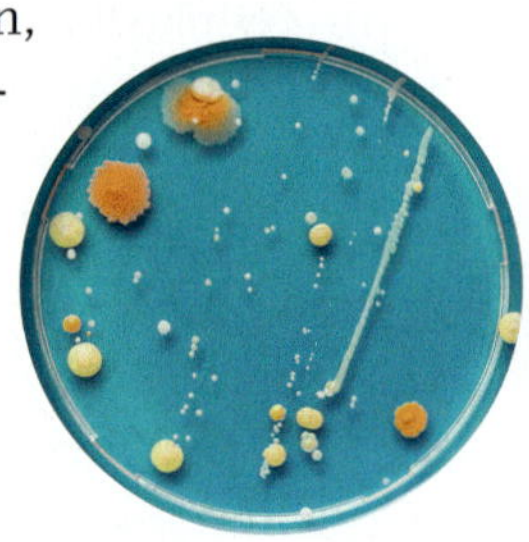

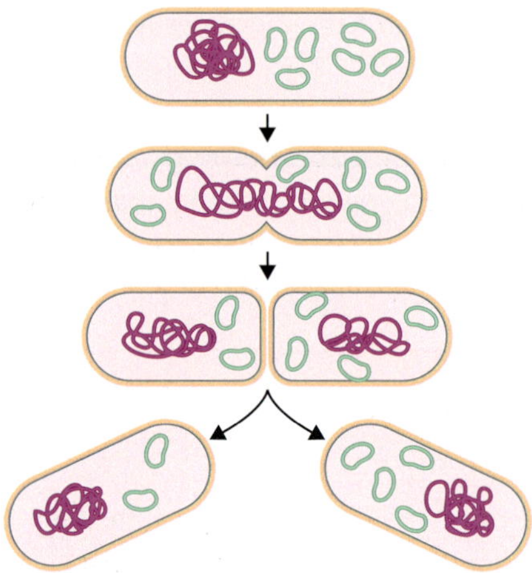

2 Zellteilung bei Bakterien

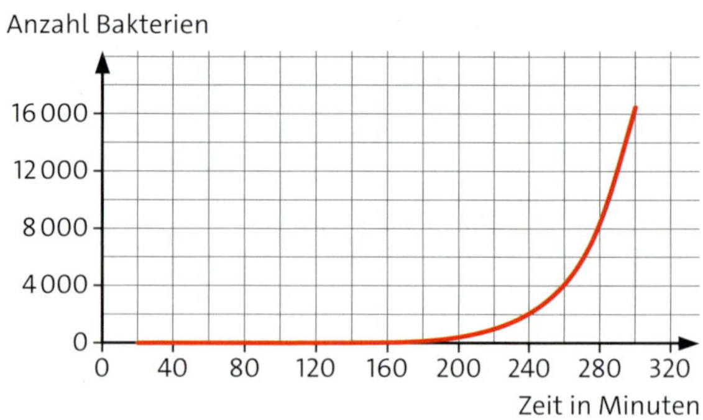

Zeit in Min.	0	20	40	60	80	100	(...)	260	280	300	(...)
Anzahl Bakterien	1	2	4	8	16	32	(...)	4096	8192	16384	(...)

3 Bakterien vermehren sich sehr schnell.

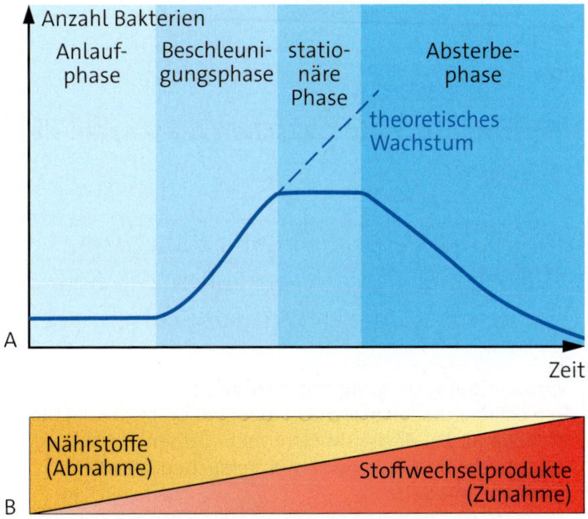

4 A Wachstumskurve Bakterien; B Stoffänderungen

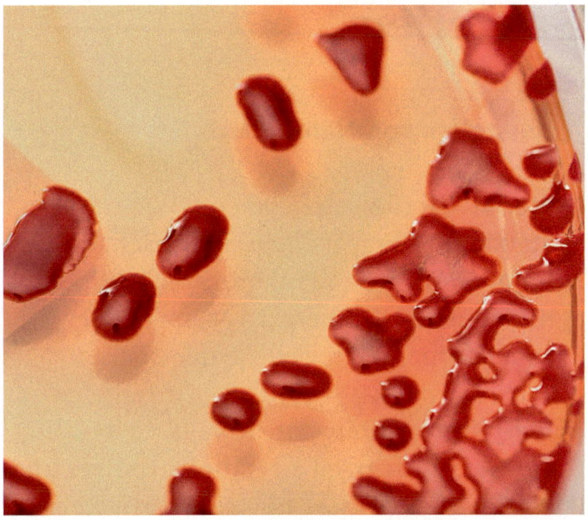

5 Nährboden mit roten Bakterienkolonien

Die Vermehrung wird eingeschränkt

Mit zunehmender Bakterienzahl verschlechtern sich die Lebensbedingungen. Entspricht die Zahl der absterbenden Bakterien in etwa der Zahl der durch Zellteilung hinzukommenden Bakterien, spricht man von der *stationären Phase*. Nach und nach werden die Nährstoffe aufgebraucht. In der *Absterbephase* verhungern die Bakterienzellen oder sie sterben an den Ausscheidungen des eigenen Stoffwechsels. Bei einer bakteriellen Infektion kann der Arzt die Einnahme eines *Antibiotikums* verschreiben. Antibiotika töten Bakterien oder hemmen deren Wachstum und Vermehrung.

Bildung von Resistenzen

Durch die hohe Vermehrungsrate kommt es bei Bakterien häufiger zu spontanen Veränderungen der Erbsubstanz. Diese können sich negativ auf das Bakterium auswirken. Es ist auch möglich, dass Bakterien hierdurch zufällig an veränderte Umweltbedingungen wie die Anwesenheit eines Antibiotikums angepasst sind. Das Bakterium ist *resistent*. Die Information hierzu befindet sich auf dem Plasmid.

In Kürze

Bakterien vermehren sich sehr rasch durch Teilung. Die hohe Vermehrungsrate beschleunigt das zufällige Auftreten von Angepasstheiten.

Aufgaben

1 Übertrage die Wertetabelle aus Bild 3 in dein Heft und führe sie bis 420 Minuten bei unverändert günstigen Lebensbedingungen weiter.

2 Erläutere, wie sich bei ungehemmter Vermehrung die Lebensbedingungen der Bakterien verändern.

3 Bild 5 zeigt Bakterienkolonien des aus dem Mundraum isolierten Bakteriums Serratia marcescens. Formuliere mit Hilfe dieser Information eine mögliche Erklärung für das Hostienwunder.

4 Das Wort stationär (vom lateinischen Wort *statio*) bedeutet stillstehen. Erläutere, weshalb man eine Phase der Wachstumskurve so bezeichnet.

5 Bakterien sind theoretisch unsterblich. Diskutiere diese Aussage unter Berücksichtigung ihrer ungeschlechtlichen Vermehrung.

6 Bild 6 zeigt die Wachstumskurve eines Bakterienstamms nach Antibiotikagabe. Formuliere eine mögliche Erklärung des Kurvenverlaufs.

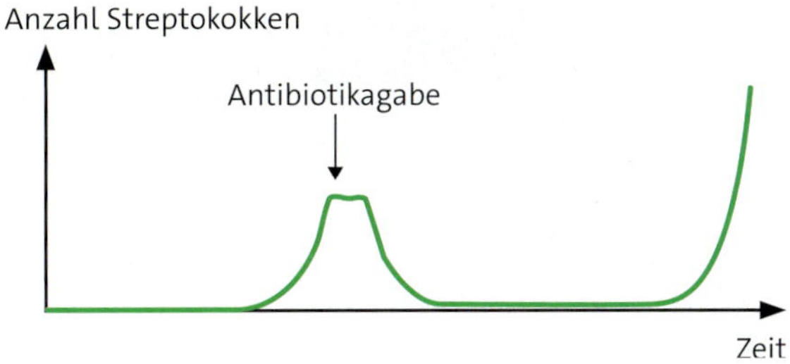

6 Wachstumskurve nach Einnahme eines Antibiotikums

Bakterien

A Herstellen von Nährböden

Material sterile Petrischalen (Ø 90 mm), Standard-Nähragar I (0,74 g pro Schale), destilliertes Wasser (20 ml pro Schale), Erlenmeyerkolben, Becherglas, Messzylinder, Laborwaage, Mikrowelle, Papiertücher

Durchführung Berechne jeweils die benötigten Gesamtmengen an Nähragarpulver und destilliertem Wasser für die Nährbodenanzahl. Fülle erst den Nähragar und dann das Wasser in einen Erlenmeyerkolben. Fülle den Kolben nur bis zur Hälfte. Stülpe das Becherglas verkehrt herum über die Öffnung des Erlenmeyerkolbens. Stelle den Ansatz in die Mikrowelle und erhitze ihn für eine Minute bei höchster Stufe. Die Lösung ist fertig, wenn das Pulver komplett aufgelöst ist. Sonst musst du den Ansatz erneut erhitzen. Lass die fertige Lösung etwa fünf Minuten auskühlen. Gieße dann so viel Flüssigkeit in die Petrischale, bis der gesamte Boden gut bedeckt ist. Halte den Deckel der Petrischale während des Gießens schräg über das Unterteil. Lege den Deckel danach sofort wieder auf und lass die Flüssigkeit in waagrechter Position erstarren. Drehe die Platten nach dem Festwerden um und lagere nicht benötigte Nährböden so im Kühlschrank.

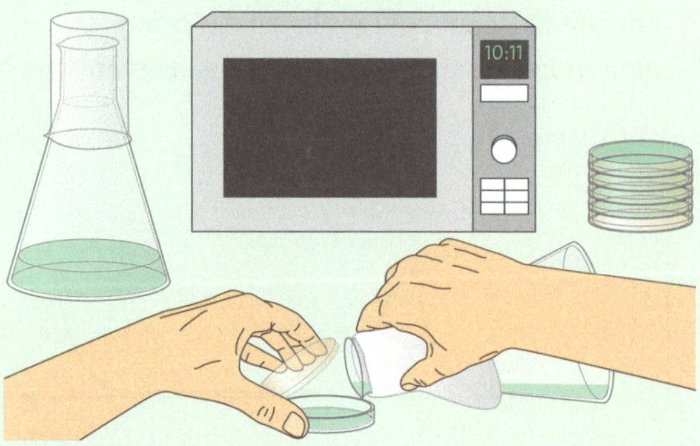

1 Nährböden herstellen

B Verringert Händewaschen die Anzahl der Bakterien?

Material 2 Petrischalen mit Nährböden, Klebeband, wasserfester Folienstift, Seife, Papierhandtücher, eventuell Brutschrank

> **Vorsicht beim Umgang mit Bakterien:**
> Verschließe die Petrischalen nach dem Beimpfen fest mit Klebeband. Du darfst sie nicht mehr öffnen.
> Wasche deine Hände nach den Versuchen sofort gründlich mit Seife.

Durchführung Beschrifte den Boden der einen Petrischale mit »ungewaschen«, den der anderen mit »gewaschen«. Berühre mit den Fingern der ungewaschenen Hand vorsichtig den entsprechenden Nährboden. Verschließe die Schale mit dem Deckel. Wasche deine Hände mindestens 20 Sekunden gründlich mit Seife und trockne sie ab. Berühre nun den anderen Nährboden. Fixiere die Deckel jeweils mit Klebeband am Unterteil. Lege die Platten mit dem Deckel nach unten über Nacht bei etwa 30 °C in den Brutschrank oder für drei Tage an einen warmen Ort. Vergleiche die beiden Platten miteinander.

Arbeitsauftrag

1 Fertige ein vollständiges Protokoll an.

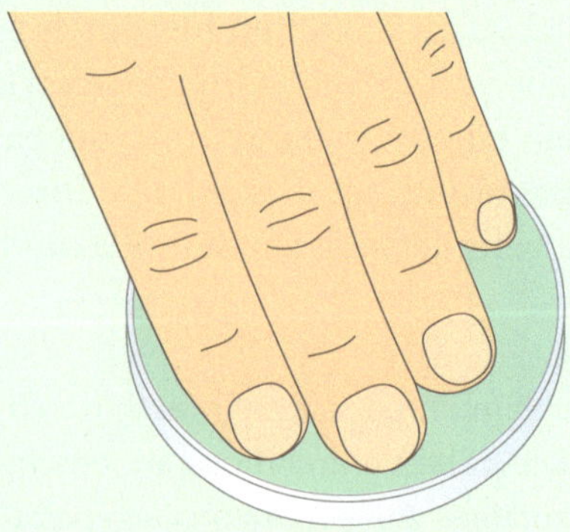

2 Untersuchung der Mikroorganismen auf der Hand

C Wo sind die meisten Bakterien?

Material 2 Petrischalen mit Nährböden, Klebeband, wasserfester Folienstift, frische Wattestäbchen, eventuell Brutschrank

Durchführung Ziehe auf dem Boden zweier Petrischalen mit dem Folienstift jeweils in der Mitte einen Strich. Beschrifte dann die so entstandenen Hälften wie in Bild 3. Streiche jeweils mit einem frischen Wattestäbchen kräftig über die Oberfläche eines Smartphones, einer Computertastatur, eines WC-Sitzes und einer Türklinke. Rolle die Wattestäbchen immer direkt nach der Probenahme vorsichtig auf dem entsprechend beschrifteten Nährboden ab. Verschließe die Petrischale sofort wieder mit dem Deckel. Fixiere die Deckel jeweils mit Klebeband am Unterteil, sobald du beide Hälften des Nährbodens benutzt hast. Lege die Platten mit dem Deckel nach unten über Nacht bei etwa 30 °C in den Brutschrank oder für drei Tage an einen warmen Ort. Bestimme jeweils die Anzahl der Bakterienkolonien. Sind sehr viele Kolonien gewachsen, kannst du die Petrischale erneut mit einer Linie in der Mitte teilen. Das Ergebnis, das du beim Auszählen erhältst, multiplizierst du dann mit dem Faktor 2.

Arbeitsauftrag

1 Werte die Ergebnisse mit Hilfe einer Tabelle aus.

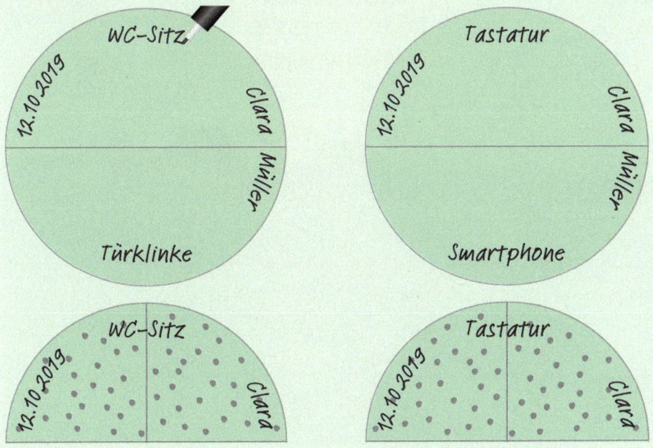

3 Nährböden vorbereiten und auszählen (unten)

D Nachweis von Bakterien auf den Zähnen

Material Zahnstocher, Objektträger, Glasstab, Pinzette, Papiertücher, Bunsenbrenner, Mikroskop, Spritzflasche mit Wasser, Methylenblaulösung

Sicherheitshinweis:
Methylenblau ist gesundheitsschädlich. Setze die Schutzbrille auf. Entsorge Reste nach dem Versuch im Sammelbehälter für halogenfreie organische Abfälle.

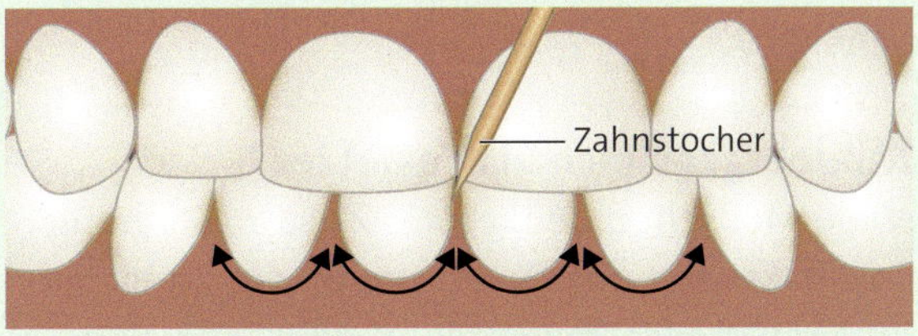

Durchführung Gib mit einem Zahnstocher einen winzigen Wassertropfen auf den Objektträger. Schabe mit einem zweiten Zahnstocher an vier Schneidezähnen im Bereich des Zahnhalses etwas Belag ab. Dieser Belag wird mit der Zahnstocherspitze kreisend im Wassertropfen auf dem Objektträger verrieben. Halte den Objektträger mit der Pinzette fest und ziehe ihn mit der Objektseite nach oben dreimal langsam durch die Bunsenbrennerflamme. Trage mit dem Glasstab einen Tropfen Methylenblaulösung auf. Lass die Lösung eine Minute einwirken. Fasse den Objektträger mit der Pinzette. Spüle die überschüssige Lösung mit der Spritzflasche ab. Stelle den Objektträger zum Trocknen senkrecht auf ein Papiertuch. Mikroskopiere das Präparat.

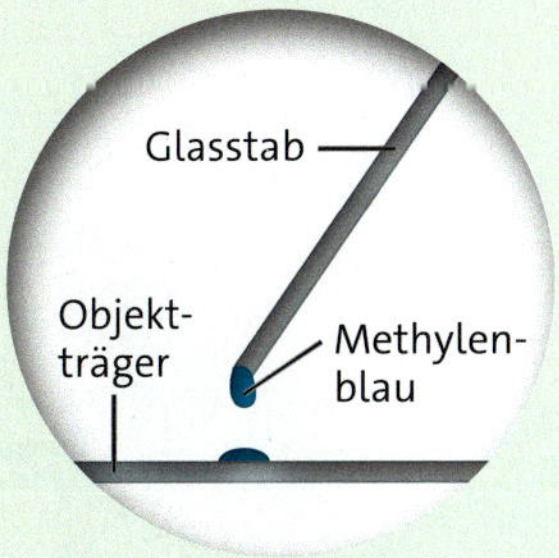

Arbeitsaufträge

1 Fertige mikroskopische Zeichnungen von verschiedenen Bakterienzellen an.

2 Ordne diese Bakterien den entsprechenden Formen zu.

Mikroorganismen in der Natur

Bei einem Spaziergang im Herbst kannst du beobachten, dass die braunen Blätter von den Bäumen fallen und als Laubstreu am Boden liegen bleiben. Beim Gehen durch das hohe Laub hörst du das Rascheln. Im nächsten späten Frühjahr sieht man fast nichts mehr davon. Was ist mit den Blättern am Boden geschehen?

1 Laubstreu im Herbstwald

Mikroorganismen als Zersetzer

Viele Menschen denken im Zusammenhang mit Bakterien und Schimmelpilzen zunächst an Krankheitserreger oder verdorbene Nahrung. Aber viele dieser Mikroorganismen sind wichtig für das Leben auf der Erde. Die meisten Mikroorganismen nutzen die Energie aus organischen Substanzen für ihren Stoffwechsel und gewinnen aus ihnen ihre Baustoffe. Alles, was die belebte Natur hervorbringt, gehört zu den organischen Stoffen. Folglich bestehen auch abgestorbene Pflanzen und tote Tiere aus organischen Stoffen. Sie werden von Bakterien und Schimmelpilzen zersetzt. Diese wirken als Zersetzer, *Destruenten*. Neben Kleintieren wie Würmern, Asseln und Pilzen sind Mikroorganismen die wichtigsten Destruenten in der Natur.

Mikroorganismen im Stoffkreislauf

Bei der Zersetzung werden Abbauprodukte wie Wasser, Mineralstoffe und Kohlenstoffdioxid freigesetzt. Der in den organischen Stoffen gebundene Kohlenstoff steht nun als Kohlenstoffdioxid den Pflanzen wieder für die Fotosynthese zur Verfügung. Somit schließt sich der Stoffkreislauf, den es ohne die Destruenten nicht gäbe.

Verwesung und Fäulnis

Erfolgen die Zersetzung und der Stoffabbau im Boden in Abwesenheit von Sauerstoff, spricht man von *Fäulnis* und Gärung. Arbeiten Bakterien und Schimmelpilze in Anwesenheit von Sauerstoff, nennt man diesen Vorgang *Verwesung*. Beide Vorgänge fördern die Fruchtbarkeit des Bodens.

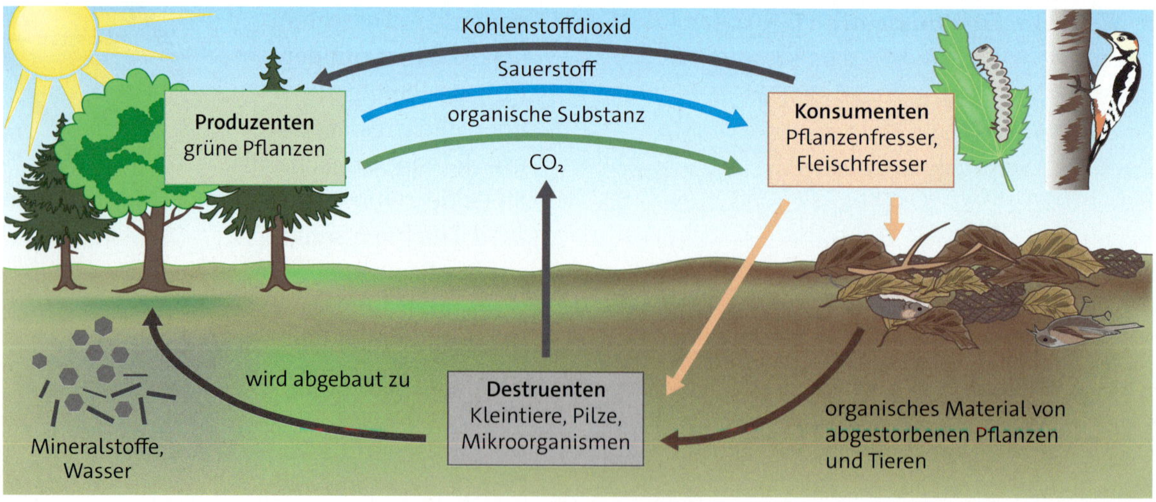

2 Bedeutung von Bakterien und Schimmelpilzen im Kreislauf der Stoffe

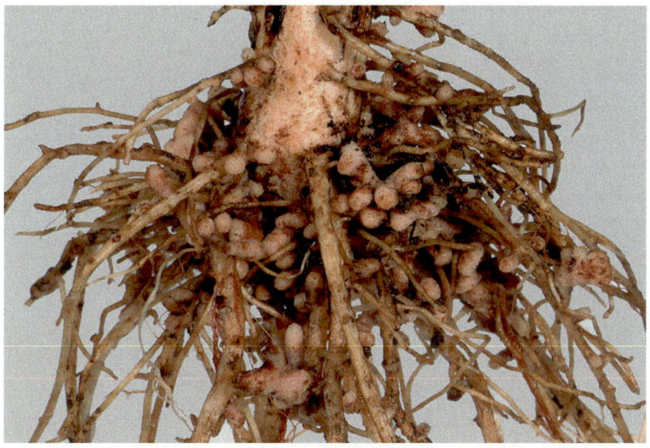

3 Knöllchen an Wurzel der Ackerbohne

Bereitstellung von Stickstoff
Pflanzen brauchen zum Wachstum Stickstoff. Spezielle Bakterien, die *Knöllchenbakterien,* spielen bei der Stickstoffversorgung des Bodens eine große Rolle. Sie infizieren Schmetterlingsblütler wie Klee oder Lupine. Daraufhin bilden sich an den Wurzeln Knöllchen. Die darin lebenden Knöllchenbakterien verwerten den Stickstoff aus der Luft und wandeln ihn in eine für Pflanzen aufnehmbare Form um. Bei der sogenannten *Gründüngung* werden gezielt Schmetterlingsblütler angepflanzt und vor der Aussaat der eigentlichen Kulturpflanzen in den Boden eingearbeitet. So wird der Boden mit Stickstoff angereichert. Dann muss weniger künstlicher Stickstoffdünger auf die Felder ausgebracht werden.

Mikroorganismen bei der Verdauung
Wiederkäuer wie Rinder oder Schafe können die Zellulose der Pflanzenzellwände nicht zersetzen. In einer Magenkammer der Tiere, dem Pansen, leben massenhaft Mikroorganismen, die diesen Schritt der Verdauung für die Tiere übernehmen. Nur so können die Pflanzen verdaut werden. Auch der menschliche Darm ist von unzähligen Bakterien, der *Darmflora,* besiedelt. Sie unterstützt die Verdauung pflanzlicher Nahrung durch Freisetzung der Nährstoffbausteine und ermöglicht die Verwertung von Vitaminen. Diese Bakterien verhindern durch ihr massenhaftes Auftreten und ihre Vielfalt die Ansiedlung von Krankheitserregern.

In Kürze
Schimmelpilze und Bakterien wirken als Destruenten im Stoffkreislauf der Natur. Durch Verwesung und Fäulnis werden Wasser, Mineralstoffe und Kohlenstoffdioxid den Pflanzen zum Wachstum bereitgestellt.

Aufgaben

1 Beschreibe den Unterschied zwischen Verwesung und Fäulnis.

2 Eine Möglichkeit, Lebensmittel vor Zersetzung zu bewahren, ist eine luftdichte Verpackung. Begründe, warum der Sauerstoffentzug nur kurzzeitig vor Bakterien schützen kann.

3 **a** Beschreibe den Kreislauf in Bild 2.
b Beschreibe mögliche Folgen, die ein Fehlen von Destruenten auf ein Ökosystem hätten.

4 Die Tabelle zeigt die Anzahl von Bakterien in verschiedenen Medien. Werte die Tabelle aus.

Medium	Bakterienzahl je ml
Quellwasser	bis 100
Flusswasser	5000 – 10 000
Abwasser	mehr als 1 Million
Medium	**Bakterienzahl je g**
Sandboden	100 000 – 500 000
Straßenstaub	bis 2 Millionen
Gartenerde	bis 100 Millionen

4 Bakterienmengen in verschiedenen Medien

5 Antibiotika töten nicht nur bakterielle Krankheitserreger, sondern auch viele Bakterien der für die Verdauung wichtigen Darmflora. Erläutere mögliche Folgen, die eine Antibiotikatherapie beim Menschen haben kann.

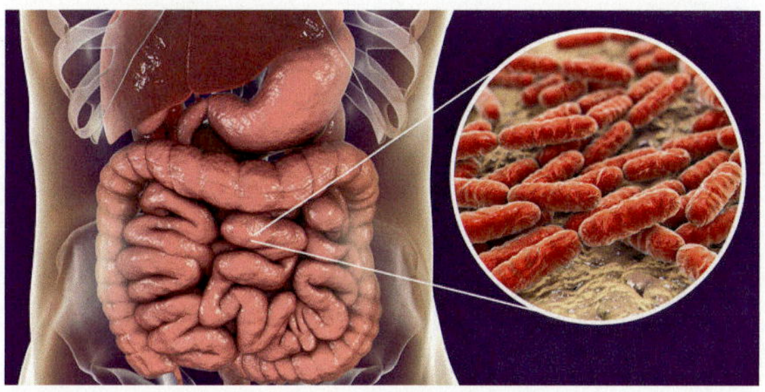

5 Darmflora im menschlichen Darm

Biotechnologie

Bei Ausgrabungen an einem keltischen Hügelgräberfeld nahe Kulmbach wurde in einer Grabkammer ein Tongefäß gefunden, das aus der Zeit um 800 vor Christus stammt. Untersuchungen der Inhaltsreste lassen darauf schließen, dass es früher Bier enthielt. Diese Kulmbacher Bieramphore gilt als der älteste Nachweis des Bierbrauens auf deutschem Boden.

1 Amphore aus einem Hügelgrab bei Kulmbach

Gezielte Nutzung von Mikroorganismen

Bis zur Entdeckung der Bakterien durch van Leeuwenhoek im Jahr 1683 waren Mikroorganismen unbekannt. Deren Einsatz erfolgte rein zufällig. Heute nutzt man sie gezielt in der *Biotechnologie*. Nach der Organisation für wirtschaftliche Zusammenarbeit und Entwicklung (OECD) versteht man darunter die Anwendung von Wissenschaft und Technologie auf lebende Organismen sowie auf deren Bestandteile und Produkte mit dem Ziel, lebende und nicht lebende Materialien für die Produktion von Wissen und Waren zu verändern.

Ideale Lebensbedingungen schaffen

Die Produktionsanlagen werden so konstruiert, dass Mikroorganismen ideale Lebensbedingungen vorfinden. Ein Beispiel hierfür ist der *Bioreaktor*. In diesem Behälter herrscht eine optimale Temperatur. Das Nährmedium liefert alle Stoffe, die für die rasche Vermehrung nötig sind. Ein Rührwerk sorgt für eine stetige Durchmischung. Aufgrund ihrer hohen Anzahl und der winzigen Körper produzieren Mikroorganismen den gewünschten Stoff schnell.

Einteilung der Biotechnologie

Zur Abgrenzung der biotechnologischen Anwendungsgebiete verwendet man die Farbbezeichnungen rot, grün, weiß und grau. Nicht immer sind die Zuordnungen eindeutig. Rote Biotechnologie fasst medizinische Anwendungen zusammen. Beispiele sind die mikrobiellen Produktionen von Insulin oder Krebsmedikamenten. Die Farbe Grün symbo-

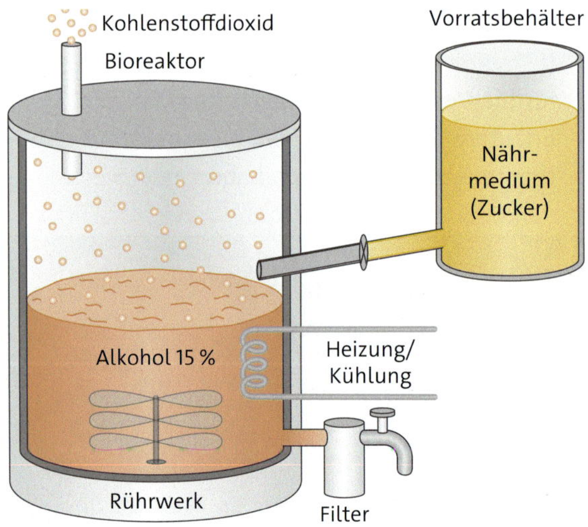

2 Ideale Lebensbedingungen im Bioreaktor

3 Teilbereiche der Biotechnologie

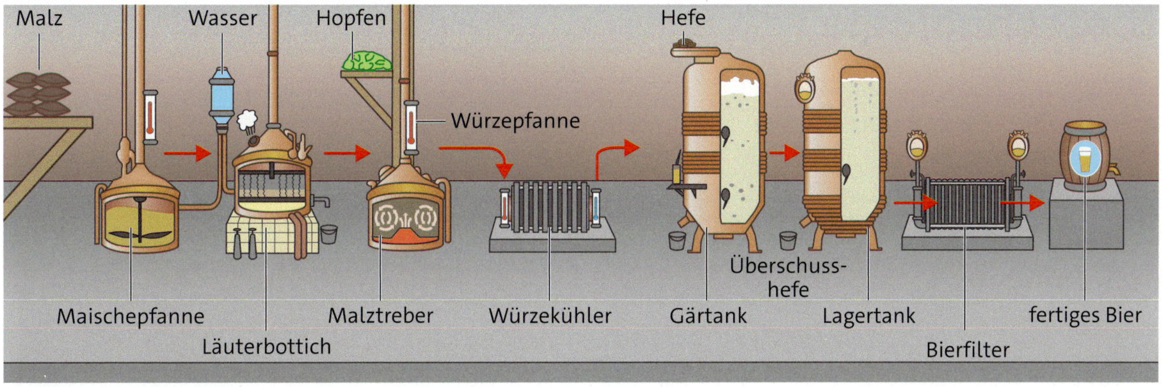

4 So wird Bier gebraut.

lisiert den landwirtschaftlichen Bereich. Mit Hilfe spezieller Bakterien wird die Erbsubstanz von Nutzpflanzen gezielt verändert. Man erhofft sich dadurch zum Beispiel Pflanzen, die unempfindlich gegenüber Trockenheit sind. Weiße Biotechnologie beschäftigt sich mit der industriellen Produktion. Mikrobiell erzeugte Lebensmittel wie Käse und Bier, aber auch so hergestellte Waschmittel werden diesem Teilbereich zugeordnet. Die Reinigung von Abwasser genauso wie die Gewinnung von Biogas aus Grüngut mit Mikroorganismen fasst man als graue Biotechnologie zusammen.

Wirtschaftsmotor Biotechnologie

Ohne Lebensmittelbetriebe erwirtschafteten im Jahr 2017 in Deutschland 45 660 Personen in insgesamt 787 biotechnologischen Unternehmen einen Umsatz von über 4 Milliarden Euro. Die Biotechnologie gilt weltweit als bedeutender Wirtschaftsfaktor.

Wirtschaftsfaktor Bier

Im Jahr 2017 gab es in Bayern 642 Braustätten. Zusammen erzielten sie einen Umsatz von rund 2 Milliarden Euro. Ob Großbrauerei oder Microbrewery – der Brauvorgang ist immer gleich: Kurz gekeimte und wieder getrocknete Gerste, das Malz, wird in der Maischpfanne mit Wasser angesetzt und erwärmt. Die Stärke des Gerstenkorns wird dabei komplett in Malzzucker umgewandelt. Im Läuterbottich trennen sich die festen Bestandteile, der Malztreber, von der stark zuckerhaltigen Flüssigkeit, der Würze. Diese wird zusammen mit Hopfen in der Würzpfanne gekocht. Aus dem Hopfen lösen sich Aroma- und Konservierungsstoffe. Vor der Zugabe der Bierhefe wird der Ansatz im Würzkühler abgekühlt. Im Gärtank setzt die Hefe den Malzzucker in Alkohol und Kohlenstoffdioxid um. Nach einer Woche kommt das Jungbier in den Lagertank, wo es bei niedrigen Temperaturen nachgärt. Anschließend wird es filtriert. In Fässern erfolgt die Reifung zum fertigen Bier.

In Kürze

In der Biotechnologie macht man sich spezielle Eigenschaften von Mikroorganismen in technischen Anlagen zunutze. Ideale Lebensbedingungen schafft man in einem Bioreaktor.

Aufgaben

1 Gib an, warum sich Mikroorganismen gut für die Biotechnologie eignen.

2 Erkläre, wie die Mikroorganismen im Bioreaktor einen engen Kontakt zum Nährmedium erhalten.

3 Stelle die Entwicklung der Beschäftigtenzahlen in deutschen Biotechnologiebetrieben von 2013 bis 2017 in einem geeigneten Diagramm dar.

2013	2014	2015	2016
35400	37130	39260	42280

5 Beschäftigte in deutschen Biotechnologieunternehmen

Biotechnologie

A Herstellung von Bananenwein

1 Versuch zur Weinherstellung

Material Banane, 100 g Zucker, 7 ml Zitronensaft, 250 ml handwarmes Wasser, 3 g Frischhefe, 2 Bechergläser (500 ml), Erlenmeyerkolben (1000 ml), Stopfen mit Gärrohr, Esslöffel, Messer, Gabel, Schneidebrett, Leinentuch, Trichter, Glasflasche

Durchführung Löse in einem Becherglas den Zucker im Wasser auf. Zerdrücke im zweiten Becherglas die Banane mit der Gabel zu Brei. Vermische den Fruchtbrei mit dem Zuckerwasser, der Hefe und dem Zitronensaft. Überführe diese Mischung in den Erlenmeyerkolben. Fülle etwas Wasser in das Gährrohr des Stopfens und verschließe den Erlenmeyerkolben damit. Notiere Aussehen und Geruch des Ansatzes. Stelle den Ansatz für eine Woche an einen warmen Ort. Filtriere den Ansatz dann durch das Leinentuch in die Glasflasche. Vergleiche Aussehen und Geruch deines Ansatzes am ersten Tag und nach einer Woche.

Arbeitsaufträge

1 Formuliere eine mögliche Erklärung für deine Beobachtung.
2 Stelle Vermutungen an, weshalb man ein Gärrohr und keinen festen Stopfen als Verschluss verwendet.

B Essigherstellung

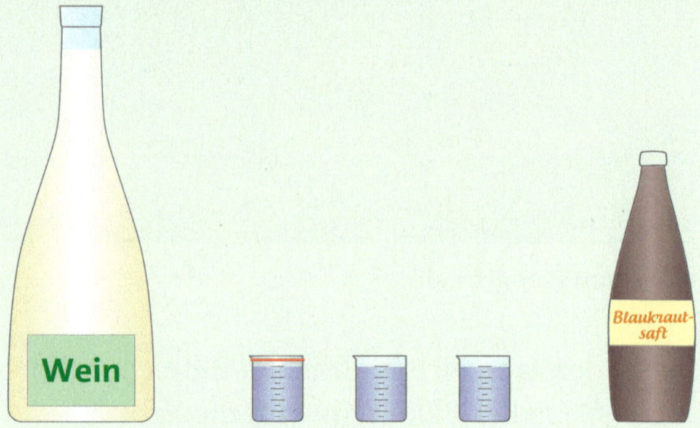

2 Versuch zur Essigherstellung

Material schwefelfreier Weißwein, Blaukrautsaft, Wasser, Weißweinessig, 3 Bechergläser (10 ml), 1 Becherglas (250 ml), Frischhaltefolie, Gummiring, Pipette, 4 Schnappdeckelgläschen, Kühlschrank

Durchführung Mische im 250-ml-Becherglas etwa 160 ml des Blaukrautsafts mit 80 ml Wasser. Fülle die Schnappdeckelgläschen je zur Hälfte damit. Lagere sie im Kühlschrank. Mische in zwei Bechergläsern jeweils 5 ml Weißwein mit 5 ml Wasser. Verschließe eines der beiden Gläser mit der Frischhaltefolie und dem Gummiring. Fülle das dritte Becherglas mit 10 ml Essig. Bewahre die Ansätze bei Raumtemperatur auf. Kontrolliere nach einer Woche sowie nach zwei und drei Wochen jeweils Aussehen und Geruch. Gieße nach drei Wochen die drei Schnappdeckelgläschen jeweils mit den Ansätzen und das vierte mit Wasser auf.

Arbeitsaufträge

1 Notiere deine Beobachtungen in Form einer Tabelle.
2 Stelle Vermutungen an, wie sich die Ergebnisse erklären lassen.
3 Gib an, wozu bei dem Versuchsansatz das Becherglas mit dem Essig dient.

C Joghurtherstellung

Material I 300 ml H-Milch, Vollmilchjoghurt, 10 ml Zitronensaft, Herdplatte, Topf, 3 Trinkgläser, Teelöffel, Frischhaltefolie

Durchführung I Gib einen Teelöffel Joghurt in ein Trinkglas. Teile die Milch gleichmäßig auf die drei Gläser auf. Verschließe den Ansatz mit Joghurt und einen weiteren ohne Joghurt jeweils mit der Frischhaltefolie. Stelle diese Gläser über Nacht an einen warmen Ort. Rühre den Zitronensaft in das letzte Glas ein und beobachte. Kontrolliere das Aussehen und den Geruch aller Ansätze jeweils zu Beginn und zum Ende der Versuche.

Arbeitsaufträge I

1 Notiere deine Beobachtungen.
2 Formuliere eine mögliche Erklärung für deine Beobachtungen.

Material II Zahnstocher, Objektträger, Glasstab, Pinzette, Papiertuch, Bunsenbrenner, Mikroskop, Spritzflasche, Methylenblau

Sicherheitshinweis:
Methylenblau ist gesundheitsschädlich. Setze die Schutzbrille auf. Entsorge Reste nach dem Versuch im Sammelbehälter für halogenfreie organische Abfälle.

Durchführung II Gib mit dem Zahnstocher einen winzigen Tropfen Joghurt auf den Objektträger und verstreiche ihn möglichst dünn. Zieh den Objektträger mit der Objektseite nach oben dreimal langsam durch die Brennerflamme. Nutze hierfür die Pinzette. Trage mit dem Glasstab einen Tropfen Methylenblau auf und spüle die überschüssige Lösung nach einer Minute ab. Trockne den Objektträger senkrecht auf dem Papiertuch. Mikroskopiere das Präparat.

Arbeitsauftrag II

Erweitere deinen Erklärungsansatz von Aufgabe 2 mit Hilfe deiner neuen Erkenntnisse.

D Herstellung von Biogas

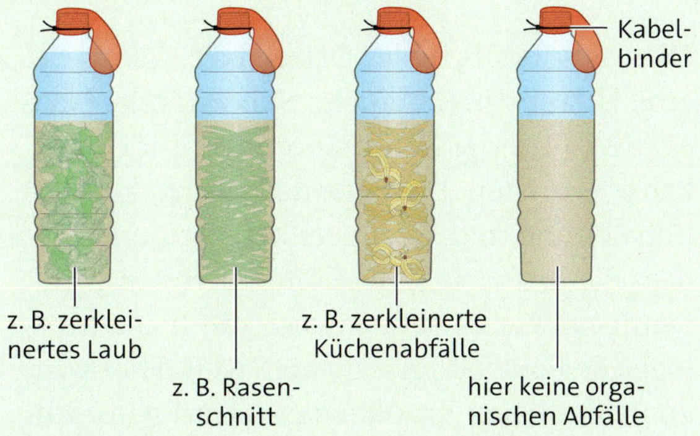

3 Versuchsansatz zum Auffangen von Gas

Material 4 leere Mineralwasserflaschen (750 ml), 4 gleiche Luftballons, Lineal, Schnur, Kabelbinder, Klebestreifen, Nadel, Trichter, Messer, Schneidebrett, Kerze, Wasser, pro Ansatz je 200 g unterschiedliche Bioabfälle (z. B. Grünschnitt, Speiseabfälle), je 3 Esslöffel Wald- oder Komposterde als Bakterienquelle und je 1 Esslöffel hefefreies Suppenpulver als Mineralstoffquelle

Durchführung Fülle drei Flaschen zu etwa drei Vierteln mit jeweils einem anderen zerkleinerten Bioabfall. Gib die Erde und das Suppenpulver in alle vier Flaschen und fülle bis etwa 5 cm unter den Rand mit Wasser auf. Puste kurz in die Luftballons, stülpe sie über den Flaschenhals und sichere sie jeweils mit einem Kabelbinder. Kontrolliere täglich das Aussehen. Lege eine Schnur um den größten Umfang eines jeden Luftballons und bestimme die Schnurlänge. Verknote die Ballons am vierten Tag vorsichtig. Bringe an einer Stelle ein Stück Klebestreifen auf. Die Lehrkraft sticht dort hinein und lässt das Gas jeweils zur Kerzenflamme ausströmen.

Arbeitsaufträge

1 Notiere deine Beobachtungen tabellarisch.
2 Vergleiche die Ballonumfänge der Flaschen in einem Säulendiagramm.
3 Nenne die biotechnologische Anlage, die durch die Versuchsreihe nachgeahmt wird.

Viren

Die Insel Riems in der Ostsee hätte alles, was eine Urlaubsinsel braucht: Sandstrände, blaues Meer und viel Natur. Aber man findet hier keine Touristen. Im Gegenteil: Stacheldraht, hohe Zäune und Wachpersonal verhindern, dass die Insel von Unbefugten betreten wird. Denn auf Riems befindet sich die älteste virologische Forschungsstätte der Welt. Hier wird an gefährlichen Krankheitserregern geforscht, die nicht nach außen gelangen dürfen.

1 Riems: Hier ist das Betreten für Unbefugte verboten.

Viren sind sehr klein

Viren sind unvorstellbar klein, viel kleiner als die kleinsten Bakterien. Ihre Größe beträgt etwa 15 bis 400 Nanometer. Ein Nanometer ist der millionste Teil eines Millimeters. Auf dem Durchmesser eines menschlichen Haares hätten etwa 400 Viren Platz. Nur mit Hilfe eines Elektronenmikroskops kann man Viren sichtbar machen.

Viren sind einfach gebaut

Viren bestehen nur aus zwei Bestandteilen: Eiweißhülle und Erbsubstanz. Die Eiweißhülle umgibt schützend die Erbsubstanz. Manche Viren tragen an ihrer Oberfläche Ausstülpungen, auch *Spikes* genannt. Zellkern, Zellwand und Zellplasma fehlen.

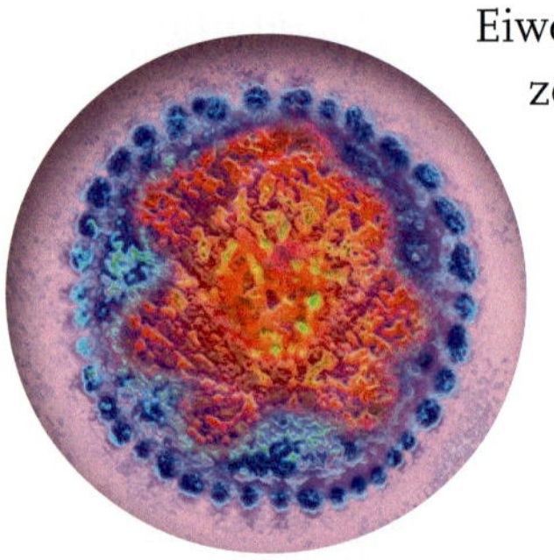

Viren können sehr unterschiedlich aussehen

Man unterscheidet zwischen faden- und kugelförmigen Viren. Es gibt aber auch Viren, deren Formen an Satelliten oder Raumfähren erinnern. Trotz ihrer unterschiedlichen Form haben alle Viren das gleiche Bauprinzip.

Viren sind keine Lebewesen

In der Biologie spricht man von einem Lebewesen, wenn es einen Stoffwechsel hat, sich bewegen kann und auf seine Umwelt reagiert, also reizbar ist. Zudem muss es sich selbst fortpflanzen und wachsen können sowie einen zellulären Aufbau haben. Alle diese Bedingungen treffen für Viren nicht zu. Somit sind Viren keine Lebewesen. Dennoch beschäftigt sich die Biologie mit ihnen, weil sie auch Merkmale von Lebewesen haben: Ihr Körper besteht aus einer Eiweißhülle, die die Erbsubstanz umhüllt. Die Wissenschaft, die sich mit Viren beschäftigt, ist die *Virologie*.

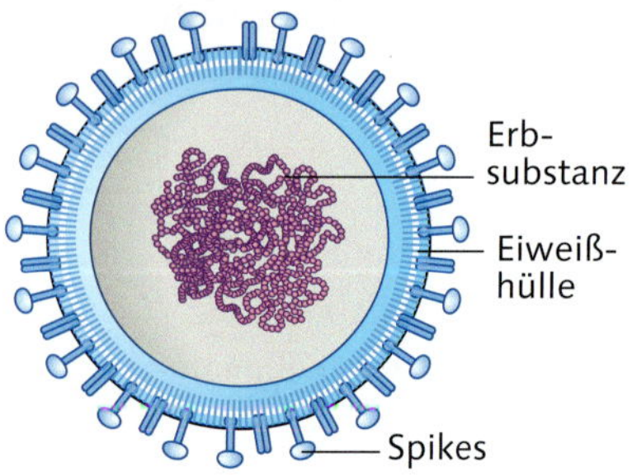

2 Bau eines Virus

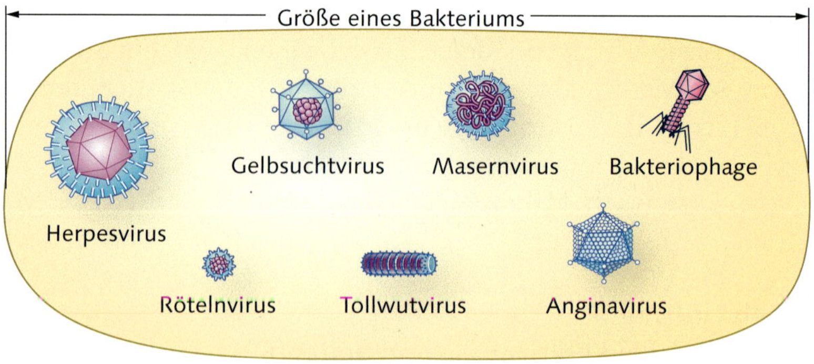

3 Verschiedene Viren im Vergleich zur Größe eines Bakteriums

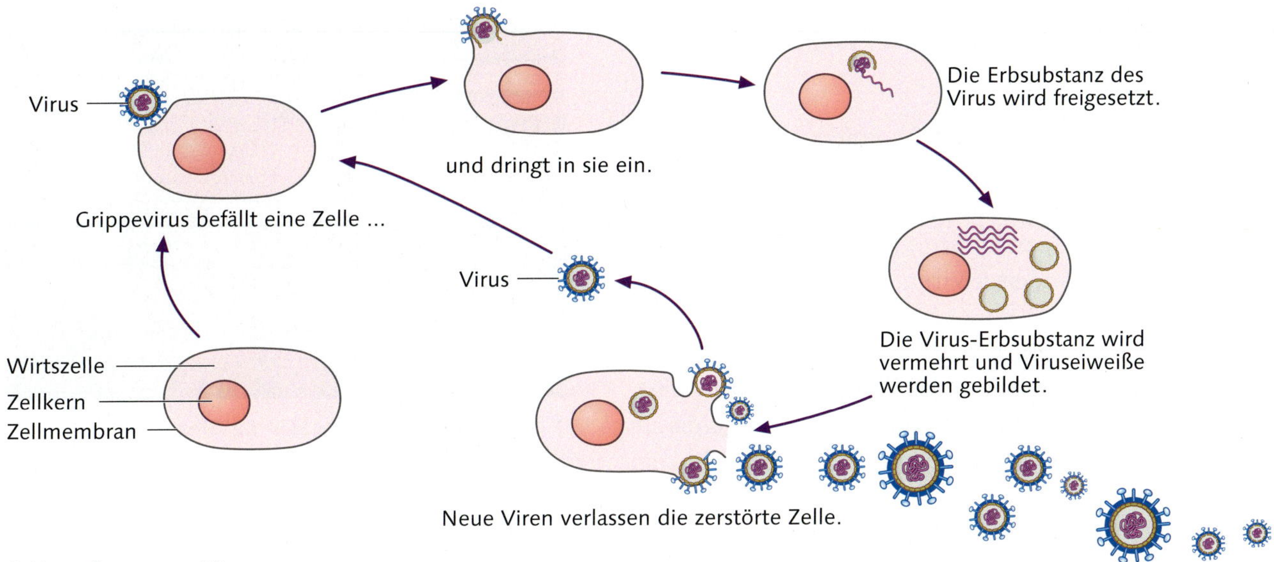

4 Vermehrung von Viren

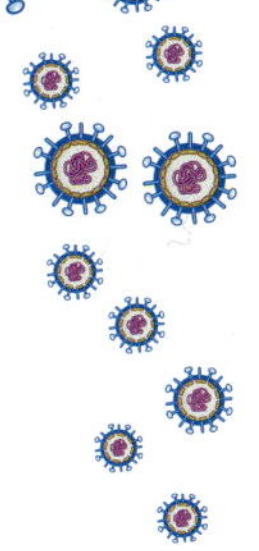

Viren brauchen Wirtszellen

Viren können sich nicht selbst fortpflanzen. Sie brauchen lebende Zellen, die ihnen die Baustoffe für die neuen Eiweißhüllen sowie für die Erbsubstanz liefern. Solche Zellen nennt man *Wirtszellen*. Viren sind *wirtsspezifisch*, das heißt, jeder Virustyp ist auf ganz bestimmte Wirtszellen spezialisiert. Oft lösen sie Krankheiten aus. So befallen erkältungsauslösende Viren die Schleimhautzellen der Nase, die Kinderlähmung auslösenden Polioviren die Nervenzellen des Rückenmarks. Bakteriophagen nutzen Bakterien als Wirte.

Viren lassen sich vermehren

Trifft ein Virus auf die passende Zelle, dockt es an die Wirtszelle an. Die Virushülle gibt die Erbsubstanz frei, die in die Zelle eingeschleust wird. Diese programmiert die befallene Wirtszelle so, dass sie ihren eigenen Stoffwechsel ganz in den Dienst des Virus stellt. Sie produziert nun Vireneiweiß und Virenerbsubstanz. Diese Bausteine fügen sich zu neuen Viren zusammen. Ist die Wirtszelle prall mit neu gebildeten Viren gefüllt, löst sie sich auf. Die Viren werden frei und befallen weitere Wirtszellen.

Basiskonzept Struktur und Funktion

Viren besitzen besondere Strukturen an ihrer Oberfläche, die nur an bestimmte, passende Stellen der Wirtszelle andocken können. Die Anlagerung des Virus an die Wirtszelle erfolgt nach dem Schlüssel-Schloss-Prinzip. Diese Passgenauigkeit ist die Voraussetzung für die Wirtsspezifität von Viren. Passt der Schlüssel ins Schloss, können bestimmte Funktionen in Gang gesetzt werden.

Die Kenntnis von Strukturen ermöglicht die Erklärung vieler biologischer Funktionen. Diesen Zusammenhang, dass bestimmte Funktionen bestimmte Strukturen benötigen, findet man häufig in der Biologie.

In Kürze

Viren bestehen nur aus Eiweißhülle und Erbsubstanz. Sie haben keinen eigenen Stoffwechsel. Zur Vermehrung brauchen sie bestimmte Wirtszellen, die dabei zerstört werden. Viren sind keine Lebewesen.

Aufgaben

1 Biologen stellen Fragen an die Natur.
  a Formuliere drei Fragen, um herauszufinden, ob Viren Lebewesen sind.
  b Beantworte die Fragen und begründe sie.
2 Beschreibe mit Hilfe von Bild 4 in einem Flussdiagramm die Vermehrung von Viren.
3 Eine Erkältung kündigt sich meist durch Kribbeln in der Nase an. Suche eine Erklärung.

Exkurs

Viren als Werkzeuge

Den Nobelpreis für Chemie 2018 teilten sich der Brite Sir Gregory Winter mit dem Amerikaner George Smith sowie der Amerikanerin Frances Arnold. Smith und Winter arbeiteten mit besonderen Viren, den Bakteriophagen.

Bakteriophagen

Bakteriophagen, kurz Phagen genannt, sind Viren, die nur Bakterien als Wirtsorganismen befallen. Für Menschen sind sie ungefährlich.

Neuartige Medikamente

George Smith entwickelte ein Verfahren, um mit Hilfe von Bakteriophagen neue Eiweißstoffe mit besonderen Eigenschaften zu gewinnen. Diese Methode nutzte Gregory Winter, um gezielt Proteine mit gewünschten Eigenschaften zu erhalten und damit neuartige Medikamente herzustellen. Seit 2002 werden diese Medikamente zum Beispiel zur Behandlung von Darmerkrankungen, Gelenkentzündungen oder von Krebs eingesetzt.

Ein anderer Forschungsansatz

In Osteuropa, besonders in Georgien, begann man um 1920 Bakteriophagen gegen bakterielle Infektionskrankheiten einzusetzen. Heute hofft man, mit Hilfe der Phagentherapie gegen Bakterien vorgehen zu können, gegen die kein Antibiotikum mehr wirksam ist. Im Gegensatz zu den Antibiotika wirken Bakteriophagen nur gegen bestimmte Bakterien.

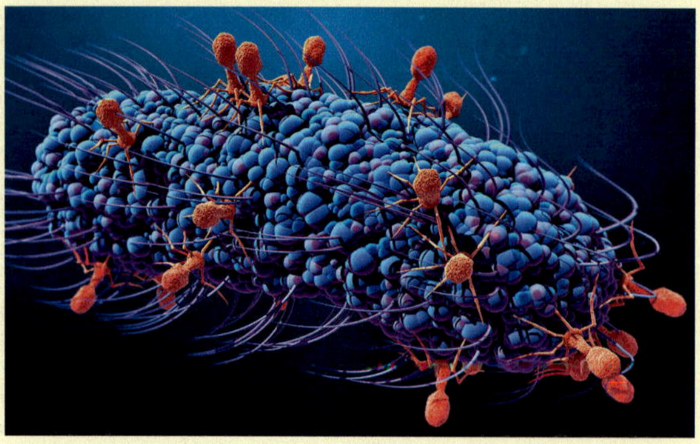

2 Bakteriopahgen (rot) haben ein Bakterium befallen.

1 Nobelpreis für Chemie 2018: Sir Gregory Winter, Frances Arnold, George Smith (v. l. n. r.)

Gentherapie und Gentaxi

In der Gentherapie nutzt man die Fähigkeit von Viren, Erbmaterial in Wirtszellen einschleusen zu können. Solche Viren bezeichnet man als Gentaxi. Auf diese Weise versucht man, fehlerhafte Gene durch intakte zu ersetzen. Voraussetzung ist, dass das Gentaxi die Zellen erkennt, die repariert werden sollen, in sie eindringt, ohne sie zu schädigen, und dort die intakte Erbinformation dauerhaft eingebaut wird. Heute steht man erst am Beginn dieser Behandlungsmethode.

Aufgaben

1 Nenne die Definition von Bakteriophage.
2 Erläutere den Begriff Gentaxi.
3 Milchsäurebakterien sind wichtig bei der Käseherstellung. Erläutere, weshalb Bakteriophagen in Molkereien gefürchtet sind.
4 Stelle in einem Flussdiagramm die Methode der Gentherapie dar.

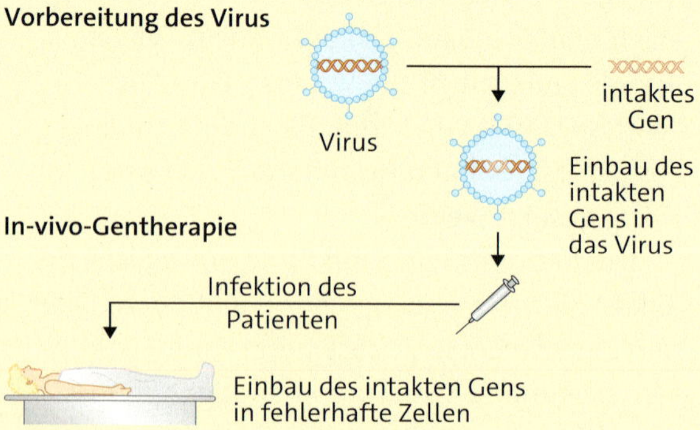

3 Methode der Gentherapie

Viren

1 Vermehrung von Viren

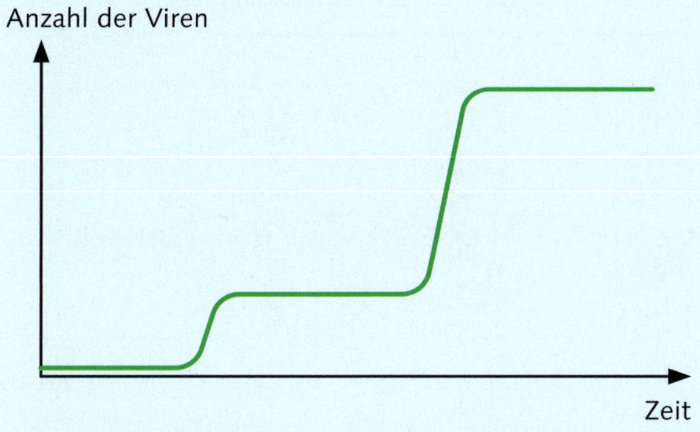

1 Vermehrung von Viren

Bild 1 zeigt die Vermehrungskurve von Viren.

a Beschreibe den Verlauf der Vermehrungskurve. Benutze dabei die folgenden Satzteile in der richtigen Reihenfolge:
- »Virusbausteine werden zusammengesetzt«
- »Viren verlassen Wirtszelle«
- »Virusbausteine werden hergestellt«
- »Neue Viren haben Wirtszellen befallen«
- »Viren suchen Wirtszelle«

b Begründe den gezeigten Kurvenverlauf.

c Begründe, weshalb die Vermehrungskurve von Bakterien anders aussehen muss.

d Auch in der Computerwelt spricht man von Viren. Erkläre.

2 Vorläufigkeit naturwissenschaftlicher Erkenntnisse

Mit der Entdeckung der ersten Riesenviren 2003 wurden Stimmen lauter, Viren doch zum Reich des Lebendigen zu zählen. Riesenviren haben Gene, mit denen sie kleine Enzyme selbst herstellen. Zudem sind sie in der Lage, fehlerhafte Gene selbst zu reparieren. Sie haben zwar keinen eigenen Stoffwechsel, nutzen aber den der Wirtszelle und können sich so vermehren. Vielleicht muss man die Frage »Was ist Leben?« neu beantworten.

a Diskutiert, ob diese Forschungsergebnisse die Betrachtung der Viren verändern könnten.

b Erläutere am Beispiel der Viren die Vorläufigkeit naturwissenschaftlicher Erkenntnisse.

3 Bakteriophagen sind besondere Viren

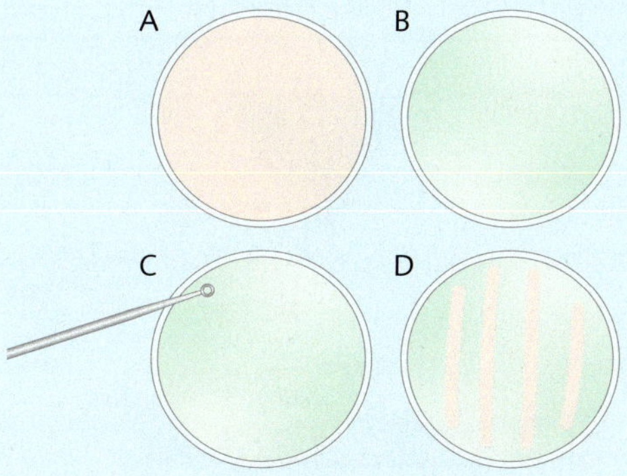

2 Wirkung von Bakteriophagen auf Bakterien

Etwa eine Million Menschen sterben schätzungsweise jedes Jahr weltweit an sogenannten Krankenhauskeimen. Das sind Bakterien, gegen die kein Medikament mehr wirkt. Ausgerechnet von Viren erhofft sich die medizinische Forschung Hilfe, obwohl man Viren doch meist als Erreger von Krankheiten kennt. Man experimentiert mit Bakteriophagen oder kurz Phagen. Bakteriophagen sind Viren, die jeweils auf eine bestimmte Bakterienart spezialisiert sind. Im Deutschen nennt man sie »Bakterienfresser«.

a Erkläre mit Hilfe deines Wissens über Viren, weshalb die Bezeichnung »Bakterienfresser« nicht ganz treffend gewählt ist.

Bild 2 zeigt mehrere Petrischalen:

A: Petrischale mit Nähragar
B: Petrischale mit Bakterienbewuchs
C: Bestreichung mit Bakteriophagen
D: Ergebnis nach der Bestreichung

b Beschreibe die Veränderung des Bakterienrasens zwischen C und D.

c Stelle Vermutungen zur Ursache der beschriebenen Veränderung auf.

d Bereits bei der Entdeckung von Phagen 1917 dachten die Forscher daran, mit Hilfe von Phagen krank machende Bakterien gezielt zu bekämpfen. Erkläre diese als Phagentherapie bezeichnete Heilmethode.

e Phagentherapie ist bei uns nur in Ausnahmefällen zur Behandlung gestattet. Begründe.

Pilze, Bakterien und Viren

1 Hefepilze

1 Rotwein und Baguette

Sowohl für die Wein- als auch die Brotherstellung spielen Hefepilze eine wichtige Rolle.

a Beschreibe die Bedeutung der Hefepilze.
b Vergleiche deren Stoffwechselvorgänge.
c Beschreibe die Unterschiede zwischen Wild- und Reinzuchthefen.

2 Schimmelpilze

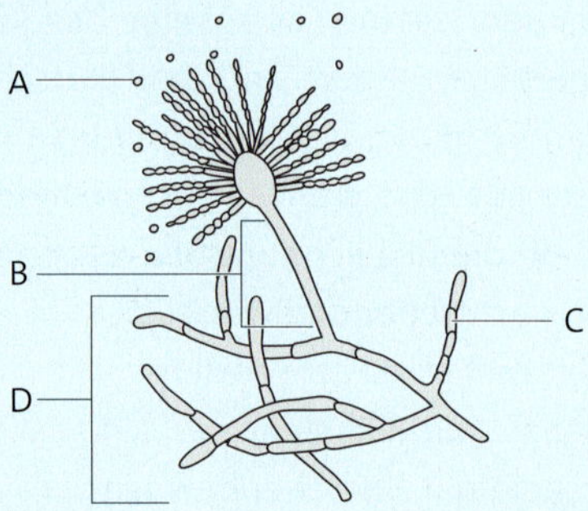

2 Schimmelpilz

a Nenne die abgebildete Schimmelpilzform und den Grund für deine Entscheidung.
b Beschrifte die Bestandteile A bis D.
c Nenne die jeweiligen Funktionen der Bestandteile.
d Nenne noch zwei weitere Schimmelpilzformen.
e Beschreibe Lebensbedingungen, die Schimmelpilze für gutes Wachstum benötigen.
f Schimmelpilze können nützlich, aber auch schädlich sein. Erläutere diese Aussage.

3 Bakterien

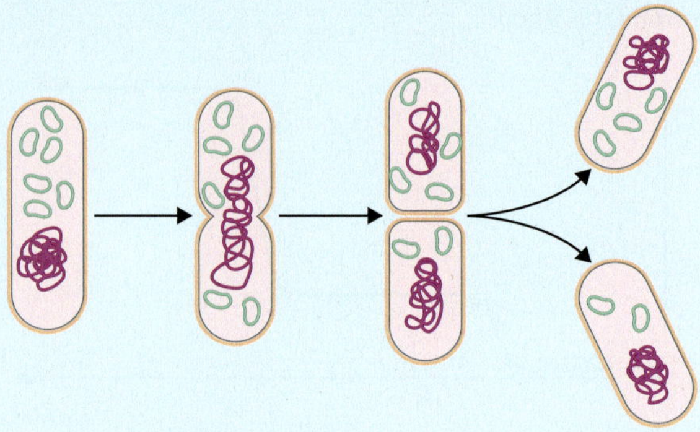

3 Vermehrung von Bakterien

a Beschreibe den Vorgang, der in der Grafik abgebildet ist.
b Nenne die Art der Fortpflanzung und begründe deine Entscheidung.
c Nenne Bedingungen, unter denen sich Bakterien optimal vermehren können.
d Zeichne eine Wachstumskurve unter natürlichen Bedingungen. Benenne die drei Phasen.
e In einem biologischen Betrieb soll im Bioreaktor die letzte Phase verhindert werden. Nenne dazu drei Möglichkeiten.
f Erläutere den Vorgang, durch den einige Bakterien extrem ungünstige Lebensbedingungen wie Trockenheit oder Nahrungsmangel überleben können.

4 Mikroorganismen im Reich der Lebewesen

a Vergleiche in einer Tabelle den strukturellen Aufbau von tierischen und pflanzlichen Zellen mit denen von Pilzen und Bakterien.
b Werte diese Tabelle aus und begründe, warum Bakterien, Pilze, Tiere und Pflanzen jeweils eigene Reiche von Lebewesen sind.

Zellorganell	Tier	Pflanze	Pilz	Bakterien
Zellmembran	+			

5 Viren

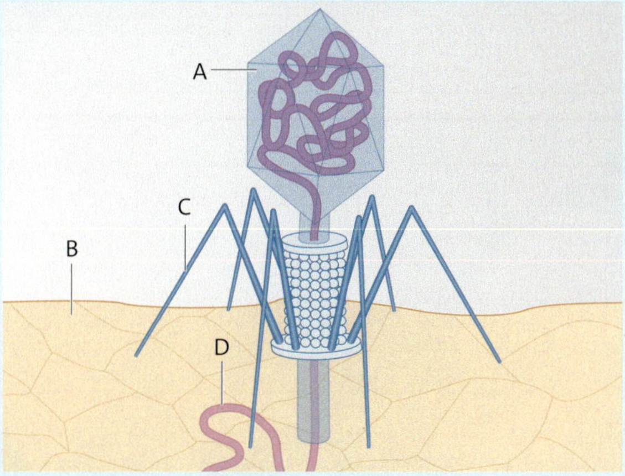

4 Virus befällt Wirtszelle.

- **a** Erläutere, weshalb Viren keine Lebewesen sind.
- **b** Das in Bild 4 im Modell abgebildete Virus gehört zu einer bestimmten Gruppe von Viren. Nenne sie.
- **c** Benenne die mit Buchstaben gekennzeichneten Elemente des Virus in Bild 4.
- **d** Ordne die Beschreibungen A bis E in Bild 5 den Bildern 1 bis 5 zu.
- **e** Bringe die Beschreibungen A bis E mit den zugeordneten Bildern in die richtige Reihenfolge.
- **f** Viren sind meist wirtsspezifisch. Erkläre den Begriff.

A Die Wirtszelle produziert neue Virusbausteine.

B Das Virus dockt an die Wirtszelle an.

C Die Wirtszelle platzt und die neuen Viren werden freigesetzt.

D Das Virus verschmilzt mit der Wirtszelle.

E Die Erbsubstanz des Virus wird freigesetzt.

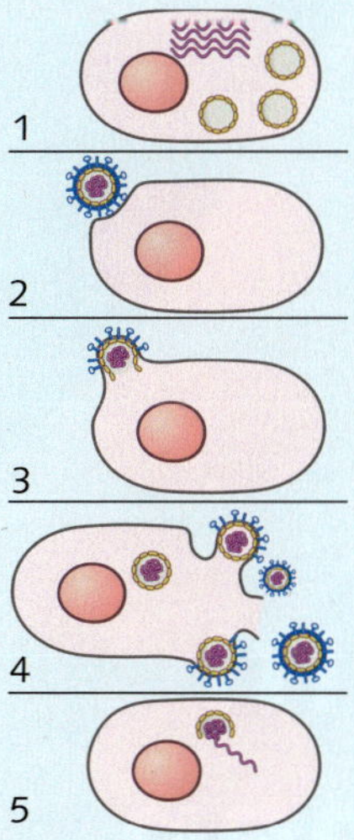

5 Vermehrung von Viren

Die Lösungen zu diesen Aufgaben findest du auf auf den Seiten 188 und 189.

Auf den Punkt gebracht

Pilze, Bakterien und Viren

- Pilze und Bakterien sowie Tiere und Pflanzen stellen aufgrund ihres unterschiedlichen Zellaufbaus jeweils ein eigenes Reich von Lebewesen dar.
- Hefepilze sind einzellig und vermehren sich durch Knospung. Schimmelpilze sind vielzellige Mikroorganismen. Ein Geflecht aus Hyphen bildet das Pilzmycel. Die Vermehrung erfolgt über Sporen.
- Bakterien sind Einzeller ohne Zellkern, die in allen Lebensräumen vorkommen. Bei günstigen Lebensbedingungen vermehren sie sich rasch durch Zellteilung.
- Mikroorganismen sind als Destruenten Bestandteile des Stoffkreislaufs in der Natur. Viele wirken als Krankheitserreger. Aufgrund ihrer vielfältigen Stoffwechselleistungen werden Mikroorganismen in der Biotechnologie in zahlreichen Prozessen eingesetzt.
- Viren sind keine Lebewesen, da sie nicht alle Kennzeichen der Lebewesen zeigen. Zur Vermehrung brauchen sie eine Wirtszelle, die sie meist zerstören.
- Bakteriophagen, oder kurz Phagen genannt, sind Viren, die nur Bakterien als Wirtszellen zu ihrer Vermehrung nutzen.

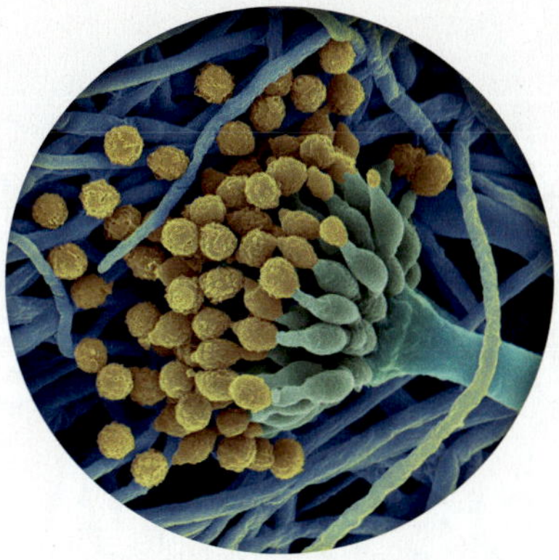

Schutz- und Abwehrsystem beim Menschen

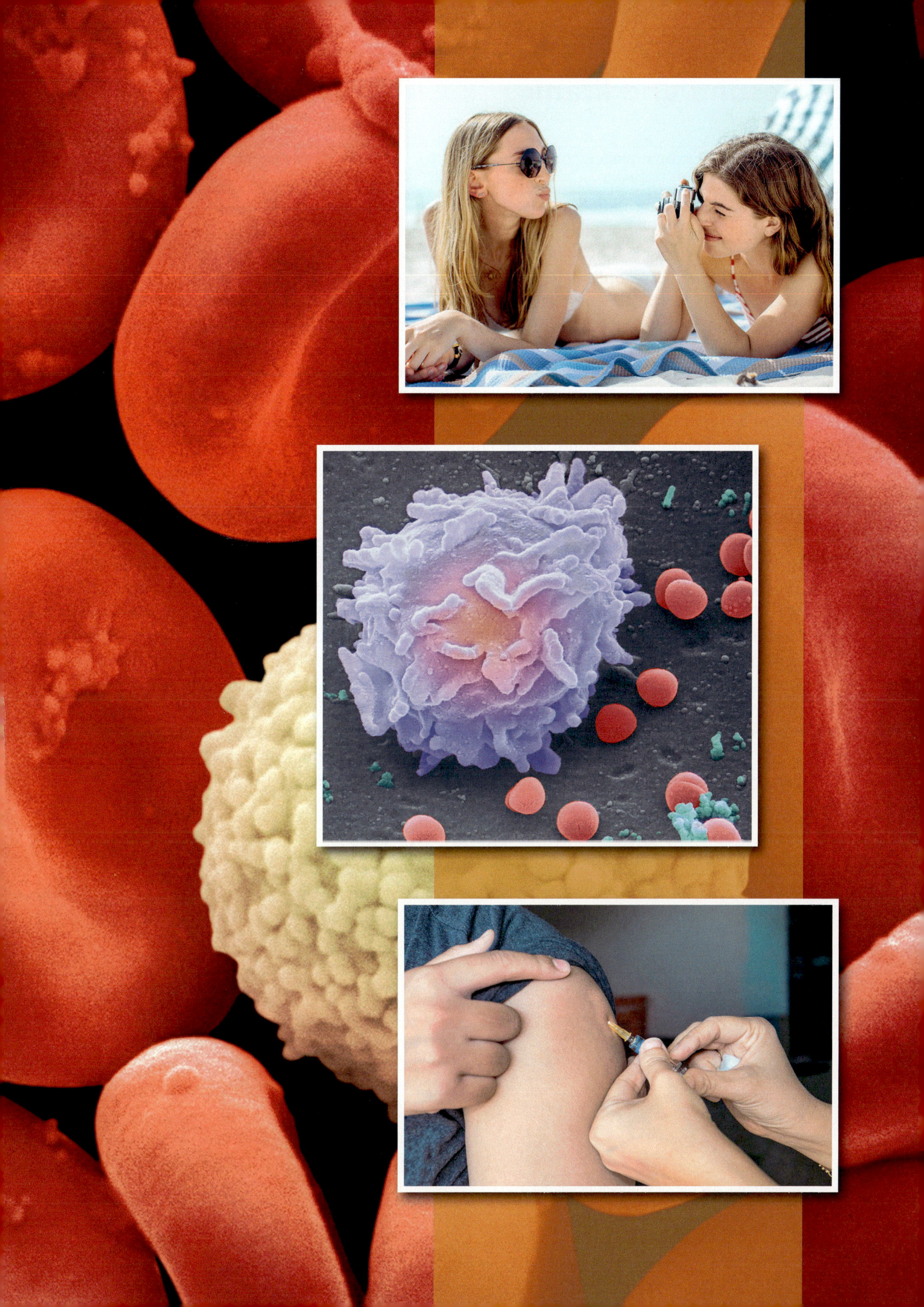

Gesund und krank

Bei der Para-Europameisterschaft der Leichtathleten in Berlin im Jahr 2018 stellte der Sportler Markus Rehm mit 8,48 Metern einen Weltrekord auf. Der offizielle Weltrekord aus dem Jahr 1991 liegt bei 8,95 Metern. Im Unterschied zu dem Weltrekordinhaber Mike Powell hat Markus Rehm bei einem Wakeboardunfall seinen rechten Unterschenkel verloren. Seitdem springt er mit einer Prothese.

1 Markus Rehm, Weitsprungweltrekordler mit Prothese

Gesund sein

Ist ein Weitsprungweltmeister mit einer Unterschenkelprothese gesund? Diese Frage kann man kaum eindeutig mit Ja oder Nein beantworten. In früheren Zeiten galt derjenige als gesund, den keine Schmerzen oder Gebrechen plagten. In der Arbeitswelt ist gesund, wer die Fähigkeit besitzt, seiner Arbeit nachzugehen. Die Weltgesundheitsorganisation WHO definiert Gesundheit als einen idealen Zustand des vollkommenen körperlichen, geistigen und sozialen Wohlbefindens. Demnach beruht Gesundheit auf der individuellen Einschätzung eines Menschen. Sie wird von der eigenen Person, den Mitmenschen und der Umgebung, in der wir leben, bestimmt.

Krank sein

Eine Krankheit kann als Störung von Lebensvorgängen beschrieben werden. Dabei kommt es meist zu Einschränkungen der Leistungsfähigkeit und zu einer Störung des Wohlbefindens. Eine Behandlung der Krankheit soll das Leiden lindern. Die typischen wahrnehmbaren Anzeichen einer Krankheit nennt man *Symptome*. Bei Krankheiten der Seele oder des Geistes spricht man von psychischen Erkrankungen. Körperliche Erkrankungen können vielfältige Ursachen haben. Äußere Einwirkungen führen zu Verletzungen. Alterungsprozesse können Gelenkschmerzen verursachen. Bei Tumorerkrankungen entarten einzelne Körperzellen und wachsen unkontrolliert. Eine Infektionskrankheit wird durch ansteckende Erreger hervorgerufen.

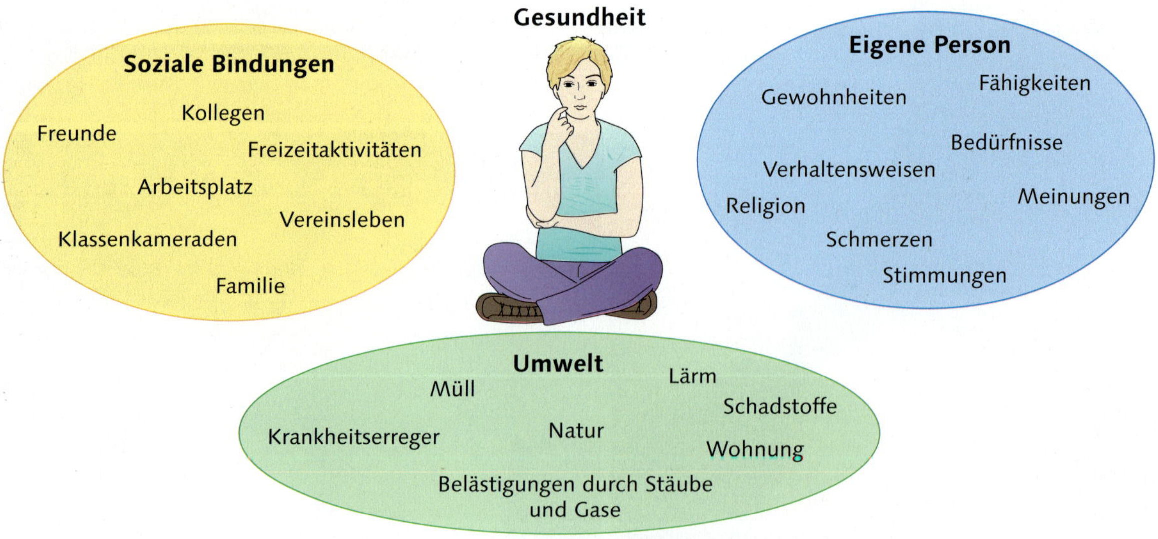

2 Faktoren, die die Gesundheit bestimmen

3 Auswahl von Faktoren, die die Gesundheit positiv beeinflussen

Gesundheitsfaktoren

In der Erbsubstanz jedes Menschen sind Informationen gespeichert, die Einfluss auf die Gesundheit haben oder auch krank machen können. Aber jeder kann auch selbst etwas für seine Gesundheit tun. Verhaltensweisen, die die Gesundheit fördern, werden als Gesundheitsfaktoren bezeichnet. Dazu zählen vor allem eine ausgewogene Ernährung, sorgfältige Hygiene sowie regelmäßige und angemessene körperliche Bewegung. Daneben hilft es, sich selbst gut zu kennen und seine Anliegen gegenüber anderen zu vertreten. Hierbei ist es wichtig, sorgsam, angemessen und respektvoll miteinander umzugehen und auch die Bedürfnisse anderer zu respektieren. So kann in der Schule, in der Familie oder am Arbeitsplatz ein positives soziales Umfeld geschaffen werden.

4 Einige Risikofaktoren

Risikofaktoren

Andere Verhaltensweisen erhöhen das Krankheitsrisiko. Diese werden als Risikofaktoren bezeichnet. Ein wesentlicher Faktor ist der psychisch-soziale Stress. Dabei spielt häufig Zeitmangel eine große Rolle. Moderne Kommunikationsmedien ermöglichen den schnellen und dauernden Austausch von Nachrichten. Der Druck, immer erreichbar zu sein und immer zeitnah antworten zu müssen, kann ein erheblicher Stressfaktor sein. Bewegungsmangel und unausgewogene Ernährung erhöhen vor allem das Risiko für Stoffwechsel- und Herz-Kreislauf-Erkrankungen. Jede Art von Drogen wie beispielsweise Tabak, Alkohol, Marihuana schädigen den Körper und führen möglicherweise zu einem Suchtverhalten.

In Kürze

Gesundheit ist der subjektiv empfundene Zustand des körperlichen, geistigen und sozialen Wohlbefindens. Durch Krankheiten werden Lebensvorgänge gestört. Gesundheitsfaktoren fördern, Risikofaktoren schädigen die Gesundheit.

Aufgaben

1 Nenne die Definition für Gesundheit.
2 Erstelle eine Schlagwortwolke für Gesundheitsfaktoren, die du wichtig findest.
3 Stelle für einen Risikofaktor der Gesundheit Möglichkeiten dar, ihm entgegenzuwirken.
4 Beurteile, ob der Weitspringer Markus Rehm krank ist. Begründe deine Entscheidung.

Der Körper schützt sich

Pilzsporen, Bakterien, Viren und Einzeller wirbeln millionenfach durch die Luft. Sie sind überall, auch im Wasser und in der Erde. Im Vergleich zur Gesamtzahl sind zwar nur wenige davon Krankheitserreger, aber da das Körperinnere ihnen ideale Lebensbedingungen bietet, ist es wichtig, vor ihnen geschützt zu sein.

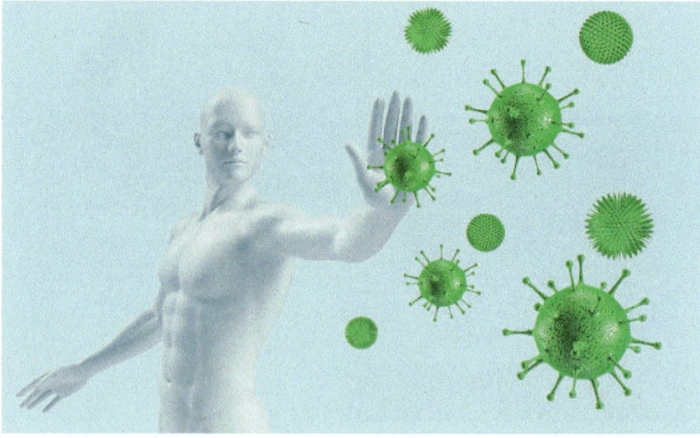

1 Erreger sind überall, aber der Körper ist geschützt.

Schutzbarrieren des Körpers

Der menschliche Körper ist nach außen weitgehend abgeschlossen. Augen und Ohren sind durch die Bindehaut und das Trommelfell undurchlässig. Tränenflüssigkeit und Ohrenschmalz enthalten Abwehrstoffe gegen Erreger. Die Haut bildet eine feste, gleichzeitig flexible Barriere. Die Übergänge vom Körperäußeren zum -inneren bilden Schleimhäute. Ihre Drüsen produzieren Sekrete, die die inneren Bereiche feucht halten, sodass Erreger haften bleiben. Die Atemwege sind mit *Flimmerhärchen* ausgekleidet, die Fremdkörper in Richtung Rachen transportieren. Dort werden sie verschluckt oder durch Husten oder Niesen wieder hinausbefördert. Im Magen tötet verdünnte Salzsäure verschluckte Erreger ab.

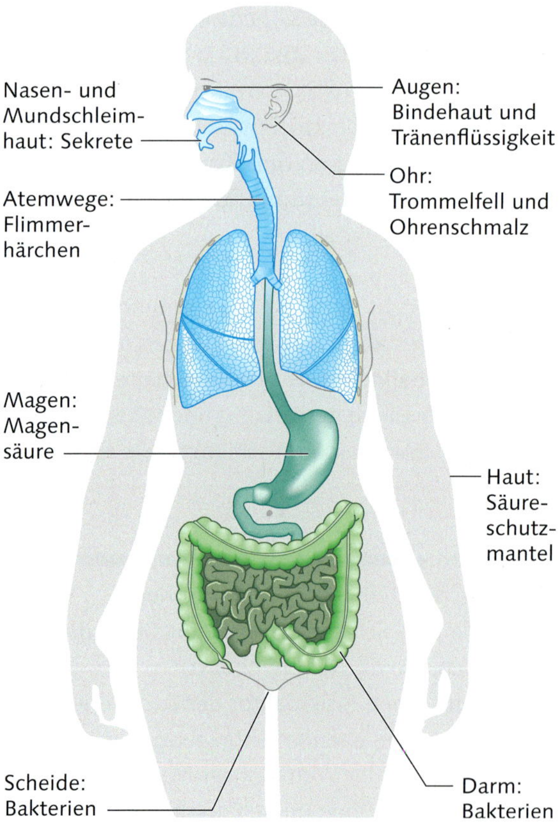

2 Schutzbarrieren des Körpers

Bau der Haut

Die Haut ist das größte Organ des Menschen. Sie ist Schutz- und Sinnesorgan. Bei der Regulation der Körpertemperatur spielt sie eine wichtige Rolle. Die *Oberhaut* ist die oberste von drei Schichten und nur 0,1 Millimeter dünn. An ihrer Unterseite produziert die Keimschicht ständig neue Zellen, die nach außen geschoben werden und absterben. Diese lösen sich als kleine Schuppen ab.

Exkurs Der pH-Wert

Der pH-Wert ist eine Messgröße für eine wässrige Lösung, so wie der Kalkgehalt oder die Temperatur. Reines Wasser reagiert neutral. Dieser Wert ist mit pH 7 festgelegt. Reagiert eine Flüssigkeit sauer, so ist der pH-Wert kleiner als 7. Werte größer als 7 werden als alkalisch bezeichnet. Den pH-Wert kann man mit Hilfe der Färbung von Farbstoffen, sogenannten Indikatoren, feststellen.

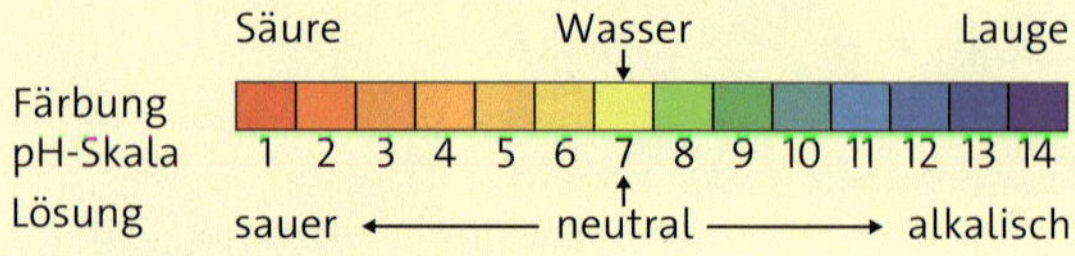

3 Farbänderung eines Indikators

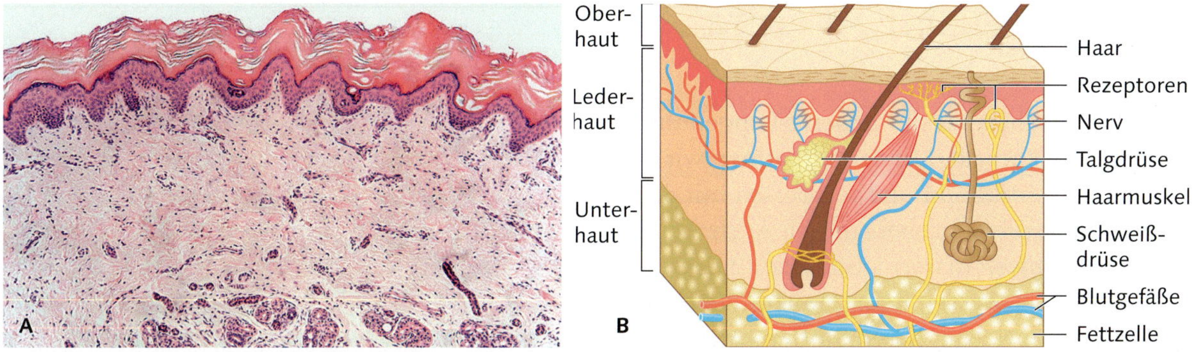

4 Querschnitt der Haut: A mikroskopisches Bild; B schematische Darstellung

In die mittlere Schicht, die *Lederhaut*, sind Sinneszellen, Blutgefäße, Haare und Drüsen eingebettet. Die Absonderungen der Schweiß- und Talgdrüsen bilden einen dünnen Film, den *Säureschutzmantel*. Der pH-Wert liegt je nach Körperbereich zwischen 4 und 6. In der *Unterhaut* wirkt das Unterhautfettgewebe isolierend. Es dient dem Körper zudem als Energiereserve. Kollagene Fasern halten die Haut zusammen und machen sie geschmeidig.

Die vielfältige Hautflora

Auf der Haut bilden Bakterien und Pilze eine dichte *Hautflora*, die je nach Alter, Geschlecht und Lebenssituation unterschiedlich zusammengesetzt ist. An Stellen mit Hornhaut ernähren sich Pilze von den Hautzellresten. Hunderte Mikroben leben pro Quadratzentimeter auf den Fingerkuppen, Millionen in den Achselhöhlen. Die Konkurrenz ist so groß, dass sich kaum fremde Erreger ansiedeln können.

Unterschiedliche Mikroorganismen

Sehr häufig und nützlich sind Staphylokokken. Viele dieser Bakterien können sich in dem sauren Milieu der Haut gut vermehren und produzieren Stoffe, die andere Bakterien gezielt unterdrücken. Einige Bewohner der Haut können Krankheiten hervorrufen, wenn das interne Gleichgewicht durcheinander gerät oder die Flora zerstört wird. Beispielsweise

können sich dann Hefepilze ausbreiten und Windel- oder Mundsoor auslösen.

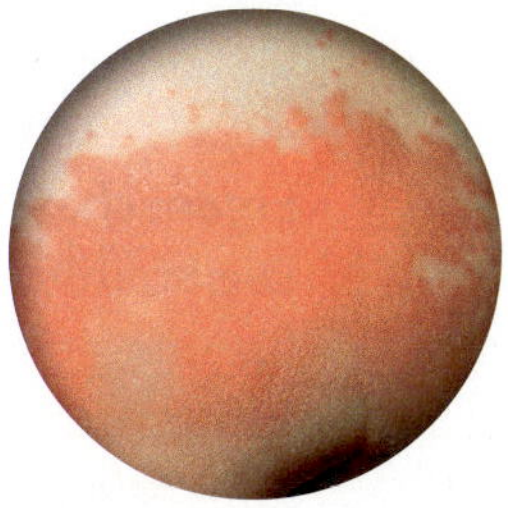

In Kürze

Der menschliche Körper ist nach außen weitgehend abgeschlossen und durch die Hautflora gut geschützt. Körperöffnungen besitzen zudem besondere Schutzmechanismen.

Aufgaben

1 Beschreibe, wie die Schutzbarrieren des Körpers gegen Krankheitserreger wirken.

2 Beschreibe den Aufbau der Haut.

3 Bild 5 zeigt ein mikroskopisches Bild der Scheidenschleimhaut mit der typischen Besiedlung von hier rot angefärbten Milchsäurebakterien. Ganz vereinzelt sind auch – hier gelb gefärbte – Hefepilzzellen zu finden. Die Einnahme von Antibiotika kann die Bakterien abtöten. Beschreibe mögliche Folgen.

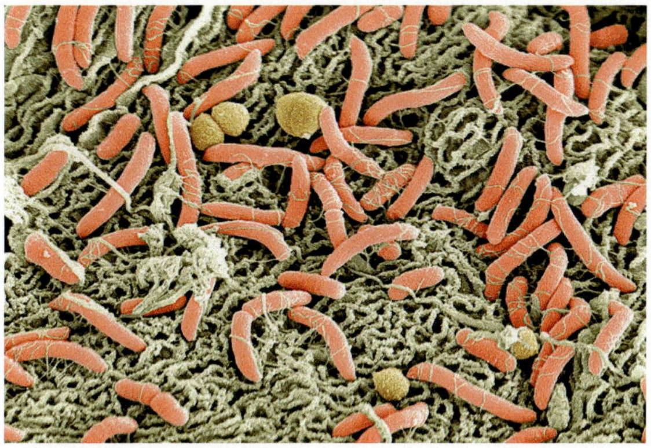

5 Scheidenschleimhaut

Die Haut ist in Gefahr

Ständig stehen wir mit unserer Umgebung in direktem Kontakt. Mit der Luft atmen wir kleinste Partikel ein und verspeisen mit der Nahrung vielerlei Lebensmittel. Auch die Haut ist der Umwelt massiv ausgesetzt. Beispiele hierfür sind Wasser, Reinigungsmittel oder Kosmetika. Neben diesen Stoffen kann besonders die Strahlung des Sonnenlichts für den Menschen gefährlich werden.

1 Jeder Sonnenbrand ist gefährlich.

Eigenschaften des Lichts

Die Strahlung der Sonne enthält neben dem für uns sichtbaren Licht die energiearme Infrarotstrahlung, die auch als Wärmestrahlung bezeichnet wird. Die energiereiche ultraviolette Strahlung ist in die drei Bereiche UV-A, UV-B und UV-C aufgeteilt. Die UV-C-Strahlung wird von der Ozonschicht vollständig, die UV-B-Strahlung zu einem Großteil absorbiert. Während das sichtbare Licht und die Wärmestrahlen weit in unseren Körper eindringen können, gelangt das UV-A nur bis in die Unterhaut, das UV-B sogar nur bis zur Keimschicht der Oberhaut.

Wirkungen der Strahlung auf die Haut

Die Sonnenstrahlen aktivieren Körperprozesse wie die Bildung von Vitamin D, das für den Aufbau der Knochen wichtig ist. Setzt man sich der Sonne längere Zeit aus, wird sie dunkler. Ursache ist die UV-B-Strahlung, welche die Melanozyten der Keimschicht in der Oberhaut aktiviert. Sie produzieren den Farbstoff Melanin. Dieses wird an benachbarte Zellen abgegeben und lagert sich schützend um die Zellkerne ab. Die UV-A-Strahlung bewirkt ebenfalls eine kurzfristige Bräunung der Haut. Sie wird durch die Umverteilung bereits vorhandener Pigmente erreicht.

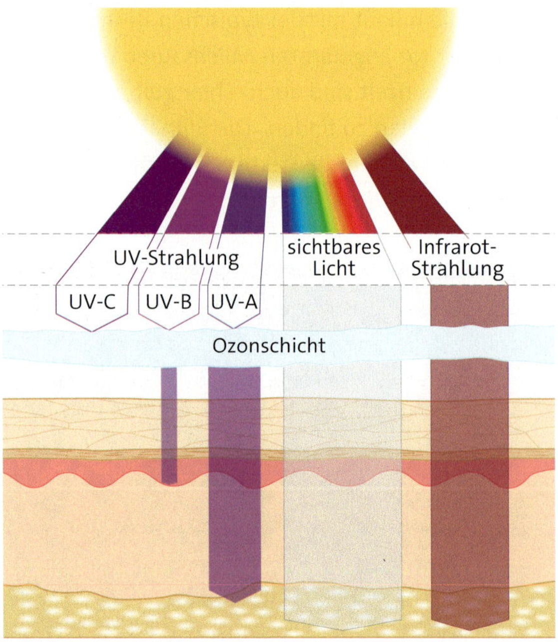

2 Eindringtiefe der Strahlen des Sonnenlichts

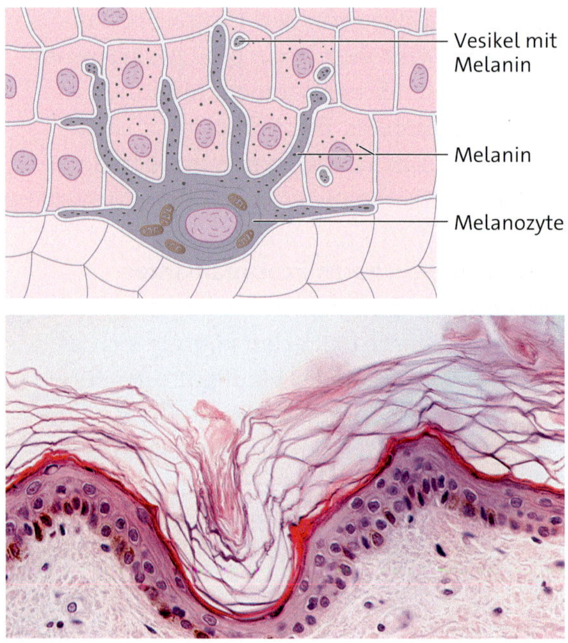

3 Bräunung der Haut

Lichttyp	Hauttyp I	Hauttyp II	Hauttyp III	Hauttyp IV	Hauttyp V
Merkmale	sehr helle Haut, Sommersprossen, helle Augen, rotblondes Haar	helle Haut, oft Sommersprossen, helle Augen, helles Haar	leicht bräunliche Haut, helle oder dunkle Augen, braunes Haar	bräunliche, wenig empfindliche Haut, dunkle Augen, dunkelbraunes/schwarzes Haar	schwarze, wenig empfindliche Haut, schwarze Augen, schwarzes Haar
Eigenschutzzeit	5 bis 10 Minuten	10 bis 20 Minuten	20 bis 30 Minuten	30 bis 40 Minuten	60 Minuten

4 Hauttypen

Hauttypen

Menschen werden nach der Menge von Pigmenten, die in der Haut gebildet werden, in Hauttypen eingeteilt. Personen mit sehr heller Haut können sich ungeschützt nur kurze Zeit in der Sonne aufhalten, ohne Schaden zu nehmen, und haben eine geringe Eigenschutzzeit.

Gefahren durch Sonneneinstrahlung

Die UV-A-Strahlung zerstört in der Unterhaut kollagene Fasern. Als Folge entstehen vermehrt Falten, die Haut altert vorzeitig. Eine zu hohe Dosis an UV-B-Strahlen kann zu einem Sonnenbrand führen. Die Ursache hierfür ist, dass UV-B-Strahlen viele Zellen der Oberhaut schädigen. Absterbende Zellen senden Botenstoffe aus, die bewirken, dass sich die Blutgefäße erweitern. Typische Symptome wie Rötungen und Blasenbildungen sind die Folge. Zellen der Körperabwehr werden in die betroffenen Bereiche transportiert, die geschädigte Zellen beseitigen. Es kommt zu Entzündungen mit Hitzegefühlen, Juckreiz und Schmerzen.

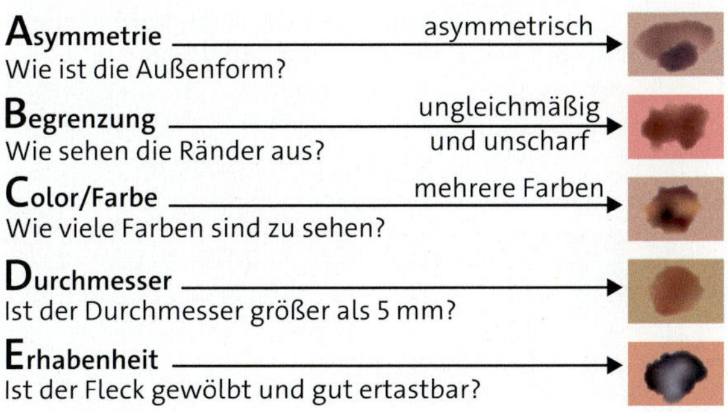

5 ABCDE-Regel

Hautkrebs

Häufige und lang andauernde Sonneneinstrahlung, vor allem aber Sonnenbrände erhöhen das Hautkrebsrisiko. Man sagt: »Die Haut vergisst nichts.« UV-Strahlen schädigen die Erbsubstanz von Hautzellen. Diese beginnen sich unkontrolliert zu teilen und bilden Krebsgeschwüre. Bei einem Melanom verändert sich ein Muttermal. Beobachtet man eine Veränderung entsprechend der ABCD-Regel, muss ein Hautarzt aufgesucht werden.

Schutz vor der Sonne

Neben dem Aufenthalt im Schatten und dem Tragen von Kleidung bieten Sonnencremes Schutz vor UV-Strahlen. Multipliziert man den Lichtschutzfaktor mit der Eigenschutzzeit, so erhält man einen Richtwert für die Zeit, die man maximal in der Sonne verbringen sollte.

In Kürze

Verschiedene Hauttypen reagieren auf die Sonnenstrahlung mit unterschiedlichem Bräunungsgrad. Lange und häufige Sonnenbäder lassen die Haut schneller altern oder können Sonnenbrand oder sogar Hautkrebs auslösen.

Aufgaben

1 Beschreibe die Bräunung als Schutzreaktion der Haut.

2 Bestimme deinen Hauttyp und rechne aus, wie lange dich eine Sonnencreme mit dem Lichtschutzfaktor 30 schützt.

Aufgaben

Die Haut – ein komplexes Organ

1 Aufgaben der Unterhaut

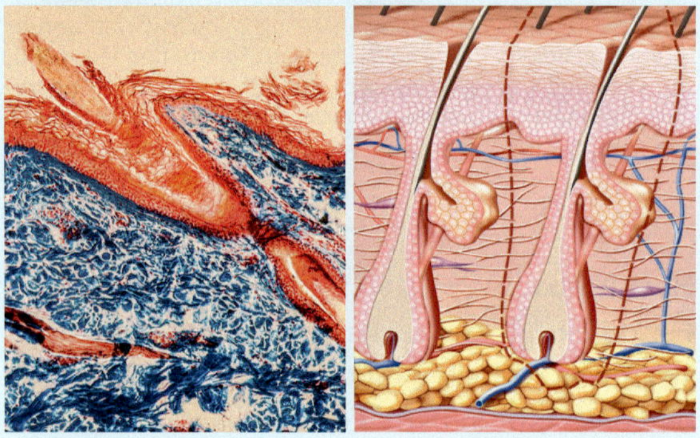

1 Querschnitt der Haut: Original – Modell

In der Unterhaut befindet sich das Fettgewebe. Es speichert Energie und polstert innere Organe gegen Stöße von außen aus.

a Nenne Gründe, warum es sich bei der rechten Abbildung um ein Modell handelt.

Versuch zu weiterer Funktion des Fettgewebes:

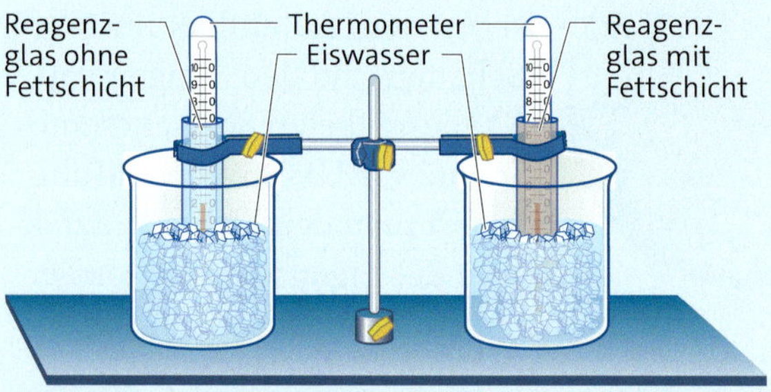

Zeit (min)	mit Fett (°C)	ohne Fett (°C)
0	20,0	20,3
1	12,5	7,6
2	8,9	4,8
3	6,1	2,6

2 Versuchsaufbau und Messergebnisse

b Formuliere eine Hypothese zum Experiment.

c Bei der Messung wurde in einer Tabelle die Temperatur für 3 Minuten alle 60 Sekunden notiert. Erstelle ein Diagramm, das die Ergebnisse übersichtlich darstellt.

d Interpretiere die Ergebnisse.

2 Hautkrebs

Pro Jahr erkranken in Deutschland über 21 000 Personen an dem gefährlichen schwarzen Hautkrebs, den die Mediziner »malignes Melanom« nennen. Krebszellen sind gefährlich, weil sie sich unkontrolliert teilen und so Geschwülste bilden können, die gesundes Gewebe verdrängen oder zerstören. Gelangen Krebszellen in den Blutkreislauf, können sie an anderen Körperstellen Tochtergeschwülste, sogenannte Metastasen, bilden.

a Mit Hilfe der ABCDE-Regel kann ein gesundes von einem bedenklichen Muttermal unterschieden werden. D steht in dieser Regel für Durchmesser.
Erläutere anhand von Bild 4, wie es zu einer Durchmesservergrößerung und zu einer Metastasenbildung kommt. Erstelle ein Flussdiagramm.

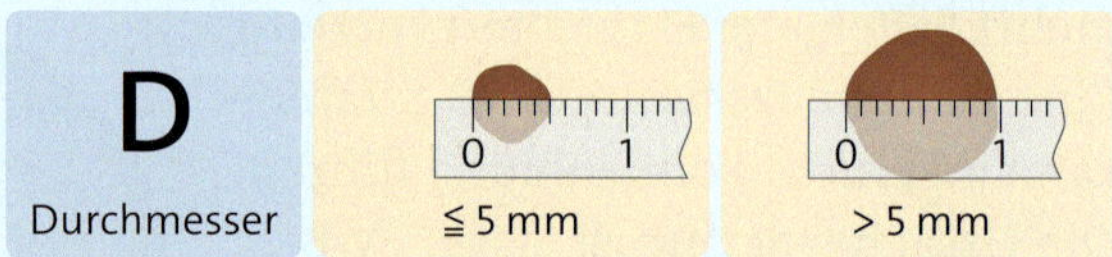

3 Ausschnitt aus der ABCDE-Regel

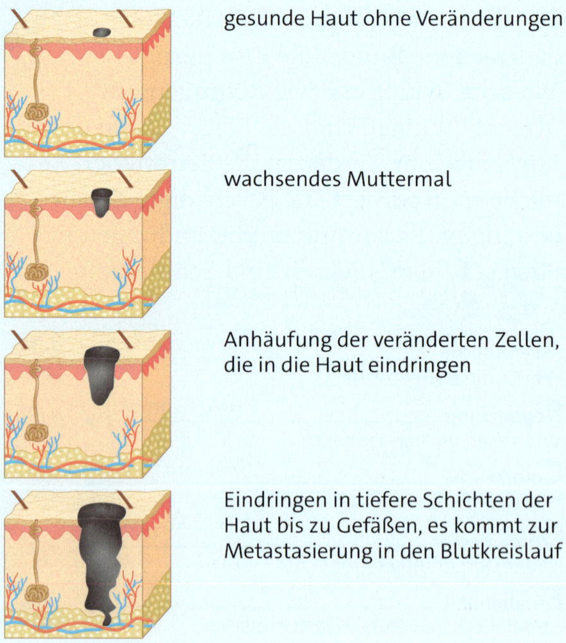

4 Entstehung von schwarzem Hautkrebs

3 Tattoos und Henna: Schmuck der Haut

Tattoos sind in. Viele Menschen tragen heute Tattoos. Sie zu stechen ist eine Entscheidung fürs Leben.
In Indien und vielen arabischen Ländern ist eine andere Art von Körperschmuck verbreitet: das Hennatattoo oder Mehndi. Hier wird der braunrote Farbstoff Henna äußerlich auf die Haut aufgetragen.

Tattoo
Das Wort Tattoo stammt von dem polynesischen Wort »tatau«, was so viel wie »schlagen« bedeutet: Um Bilder und Zeichen in die Haut zu tätowieren, setzte man farbgetränkte Holzstäbchen auf die Haut und schlug mit einem kleinen Hämmerchen darauf. In einem modernen Tattoostudio werden zunächst die Haare abrasiert, die Hautstelle wird desinfiziert. Dann zeichnet der Tätowierer die Konturen des Bildes auf die Haut. Die Tätowierung erfolgt elektrisch: 2 bis 10 Nadeln rasseln 50-mal pro Sekunde auf die Haut, 100 bis 500 Stiche in jeder Sekunde. Die Farbe fließt durch eine Hohlnadel in die Haut. Die Kunst besteht darin, die Farbe weder zu flach noch zu tief in die Lederhaut einzubringen. Durch die Hautverletzungen treten erhebliche Mengen an Blutserum aus der Wunde aus. Daher ist Hygiene äußerst wichtig. Da der Tätowierte verletzt wird, muss er eine Einverständniserklärung unterschreiben. Bei Kindern unter 18 Jahren müssen sich die Eltern schriftlich einverstanden erklären. Ein Tattoo hält ein Leben lang und kann, sofern möglich, nur sehr aufwendig wieder entfernt werden.

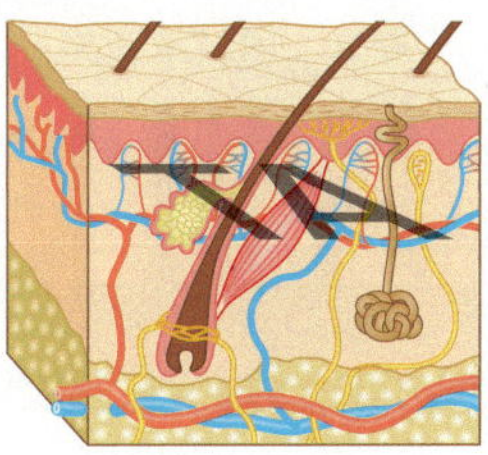

Lies die Texte über Tattoo und Mehndi.

a Erstelle eine Schemazeichnung für die Lage des Mehndi. Verwende das Bild als Vorlage.

b Es besteht die Wahlmöglichkeit zwischen drei Alternativen: kein Hautschmuck, Mehndi oder Tattoo. Entscheide dich für eine Möglichkeit. Formuliere Argumente, die deine Entscheidung stützen.

Für die Entscheidung und deren Begründung können dir diese Werte und Normen helfen: Selbstbestimmung, Freiheit, Glück, Respekt, Verantwortung, Gesundheit, Gehorsam, Toleranz, Ehrlichkeit, Mut, Authentizität (Glaubwürdigkeit).

Mehndi
Mehndi ist die indische Bezeichnung für Körperbemalung mit Hennafarbe. In seiner ursprünglichen Funktion stand der gesundheitliche Aspekt im Vordergrund: Die bemalten Stellen sind vor Sonnenstrahlung geschützt. Heute wird Henna bei Festen wie Hochzeiten oder Geburtstagen aufgetragen. Hennapulver gewinnt man aus zerstoßenen Blättern der Hennapflanze, die am besten in trockenem und heißem Klima wie in Asien und Afrika gedeiht. Dort wird der Strauch etwa 3 bis 4 Meter hoch und hat zarte weiße bis rosarote Blüten.
Anders als beim Tätowieren wird die Farbe auf die Zellen der Oberhaut aufgetragen und nicht in die Lederhaut gespritzt. Geschieht dies sachgerecht, so bleibt die Haut unverletzt. Bei einer reinen Hennabemalung bestehen daher kaum Gefahren. Vielen Produkten wird allerdings der Zusatzstoff para-Phenylendiamin (PPD) beigemischt. Dieser lässt das eher orange-braune Henna dunkler wirken. Es sieht aus wie ein echtes Tattoo. PPD kann Allergien auslösen und das Erbgut verändern. Daher sollte man nur reines, natürliches Henna benutzen. Mit dem Absterben und Regenerieren der Epidermis verblasst das Hennamuster allmählich und verschwindet schließlich ganz. Mehndis sind nur bis zu vier Wochen sichtbar.

Haut

A Unterschiedliche Hautreinigung

Material Kernseife, pH-neutrale Waschlotion, Indikatorpapier, 3 Bechergläser (150 ml), Glasstab, warmes Wasser

Durchführung

- Befülle drei Bechergläser etwa zur Hälfte mit warmem Wasser.
- Dem ersten Becherglas wird nichts hinzugefügt. Mische in das zweite Becherglas drei Tropfen Waschlotion und in das dritte ein etwa Fingernagel großes Stück Kernseife.
- Rühre gut um und miss mit Hilfe des Indikatorpapiers den pH-Wert in den drei Bechergläsern.

Arbeitsaufträge

1 Notiere die pH-Werte der drei Lösungen.

2 Der natürliche pH-Wert der Haut liegt im Bereich der Hände bei etwa 5,5. Durch das Waschen kann die Haut – zumindest kurzzeitig – den pH-Wert der Waschlösung annehmen. Stelle die Veränderung des pH-Werts auf der Haut vor und nach dem Waschen in einem Säulendiagramm dar. Verwende die Messwerte von Auftrag 1.

3 Erläutere anhand des Diagramms, welches Reinigungsmittel du bevorzugen würdest.

B Reinigungsvorgang

Material Sonnenblumenöl, warmes Wasser, Spülmittel, 2 Reagenzgläser, Stopfen, Reagenzglasständer

Durchführung

- Befülle die Reagenzgläser zur Hälfte mit Wasser.
- Gib nun ein paar Tropfen Öl hinzu, sodass ein Überstand von ein bis zwei Millimetern entsteht.
- Dem einen Reagenzglas wird zusätzlich ein Spritzer Spülmittel hinzugefügt.
- Verschließe die Gläser mit einem Stopfen und schüttle sie kräftig durch. Warte kurz, bis sich das Wasser wieder gesetzt hat.

Arbeitsaufträge

1 Vergleiche die beiden Ansätze. Achte dabei nicht auf die Schaumbildung, sondern auf die Verteilung des Öls.

2 Ölhaltiger Schmutz kann alleine mit Wasser nicht oder nur schlecht von der Haut beseitigt werden. Erläutere diese Aussage mit Hilfe des Ergebnisses der Untersuchung.

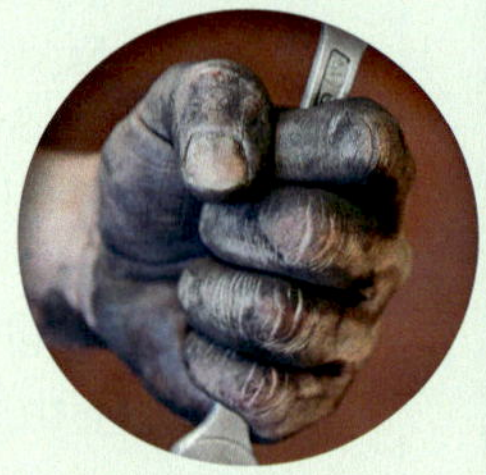

1 Gläser mit unterschiedlichen Reinigungsmitteln

2 Vorbereitete Reagenzgläser

C Sonnenschutz für die Haut

Material für jede Gruppe: einige UV-Perlen, UV-Taschenlampe, 3 Pappschachteln mit Deckel (zum Beispiel 7 cm x 5 cm x 5 cm), 6 Objektträger (ideal: Übergröße 5 cm x 5 cm), Smartphone oder Tablet mit Fotofunktion, Sonnenschutzcremes mit unterschiedlichem Lichtschutzfaktor, Wattestäbchen, Messer, Stativmaterial

Sicherheitshinweis:
UV-Strahlen schädigen die Augen. Schaue nicht direkt in das UV-Licht der Taschenlampe!

Durchführung

Vorbereitung: Schneidet mit Hilfe des Messers Aussparungen in die Deckel der Schachteln, die etwas kleiner sind als der Objektträger.

- Gebt für den ersten Versuchsdurchgang mit einem Wattestäbchen Sonnencreme auf den Objektträger und verstreicht sie gleichmäßig. Drückt nun einen zweiten Objektträger fest auf das Glas mit der Creme. Auf diese Weise soll die Sonnencreme dünn und gleichmäßig verteilt werden. Wiederholt das Vorgehen und verwendet Sonnencreme mit einem anderen Lichtschutzfaktor. Auf den Objektträger der dritten Schachtel wird keine Sonnencreme aufgetragen. Dieser Ansatz dient als Kontrollansatz.
- Befüllt den Boden der Schachtel mit UV-Perlen, die im Dunkeln aufbewahrt wurden.
- Legt nun die vorbereiteten Objektträger auf die Schachteln.

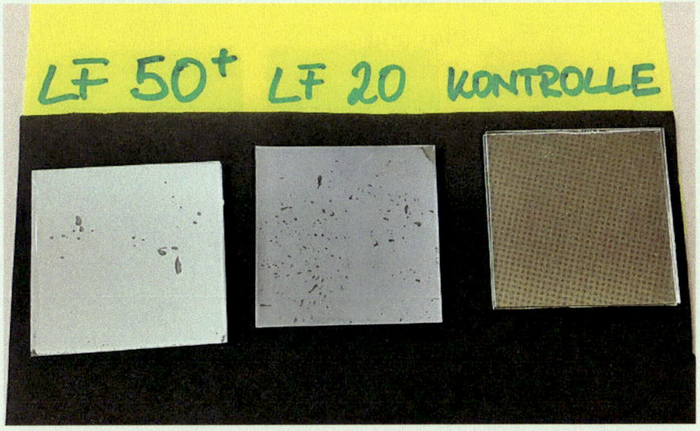

3 Objektträger

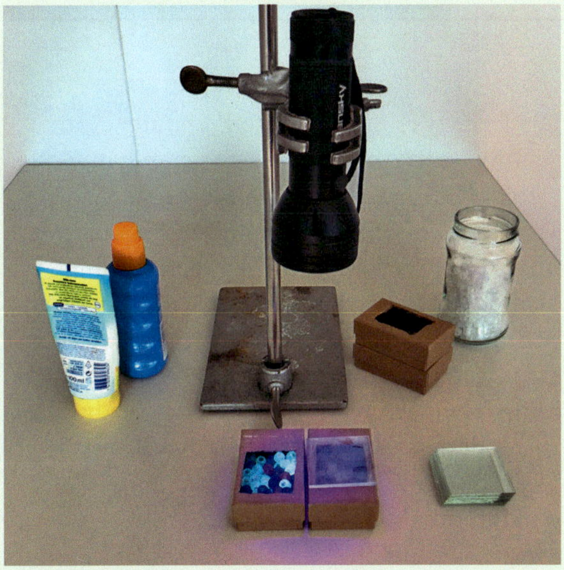

4 Versuchsaufbau

- Beleuchtet zunächst den ersten Ansatz und den Kontrollansatz mit Hilfe der UV-Taschenlampe für etwa eine Minute. Schaltet alle 10 Sekunden das UV-Licht aus und haltet den Verfärbungsgrad der UV-Perlen mit einem Foto fest.
- Beleuchtet nun den zweiten Versuchsansatz und den Kontrollansatz, der mit unbelichteten UV-Perlen neu gefüllt wurde.

Hinweis: Je nach Typ der Taschenlampe und der UV-Perlen kann die Beleuchtungszeit variieren.

Arbeitsaufträge

1 Stellt die Ergebnisse in einer Bildtabelle dar.

2 a Überprüft den Versuchsaufbau und eure Durchführung kritisch. Zählt mögliche Fehlerquellen auf.

b Formuliert Vorschläge zur Vermeidung der gefundenen Fehler.

3 Die durchgeführte Untersuchung ist ein Modellversuch. Beschreibt die Vorgänge in der Haut, die modellhaft dargestellt werden.

4 Präsentiert die Ergebnisse und vergleicht sie mit denen anderer Gruppen.

Wege der Ansteckung

Die Pest – der Schwarze Tod! Seit der Antike suchte die Krankheit immer wieder weite Gebiete Europas heim, Millionen Menschen starben. Wie sich die Seuche verbreitete, war unbekannt. Vermutet wurden sogenannte Miasmen: üble Gerüche oder Materie, die durch Schmutz und Faulprozesse entsteht. Hiervor schützten sich die Pestärzte. Schützende Kleidung, Handschuhe und ein Stab zur Abwehr verhinderten den Kontakt mit den Kranken. Der Schnabel der Maske war mit Duftstoffen gefüllt und überdeckte den Gestank.

1 Pestarzt, Kupferstich ca. 1656

Krankheitserreger

Heute weiß man, dass Krankheitserreger oder Keime die Ursache sind. Sie nutzen den Körper eines Infizierten als Wirt. In ihm entwickeln oder vermehren sie sich. Oft schädigen sie ihn dabei. In der Folge treten Krankheitssymptome wie Fieber auf. Einige Krankheiten wie die Pest werden durch Bakterien ausgelöst. Viren, Einzeller und Pilze sind ebenfalls wichtige Gruppen von Erregern.

Übertragungswege von Krankheiten

In manchen Wirtstieren können Erreger überdauern, ohne sie zu schädigen. Solche Tiere bezeichnet man als *Reservoir* der Erreger.

Um einen Menschen zu infizieren, müssen die Erreger die Schutzbarrieren des Körpers überwinden und ins Körperinnere, oft ins Blut, gelangen. Erreger können durch *Tröpfcheninfektion* weitergegeben werden. Das geschieht, wenn jemand kleinste Speicheltropfen, die beim Niesen oder Sprechen ausgeworfen werden, einatmet. Eine *Kontakt-* oder *Schmierinfektion* tritt auf, wenn man infizierte Gegenstände berührt und anschließend die Hände zum Mund führt. Mit Erregern belastete Lebensmittel, die wie Getränke nur kurz im Magen verweilen, können den Verdauungstrakt infizieren. Keime im Speichel, Sperma oder in anderen Körperflüssigkeiten können bei sexuellen Kontakten übertragen werden. Bei einem Biss oder Stich von einem Tier gelangen die Erreger meist direkt ins Blut.

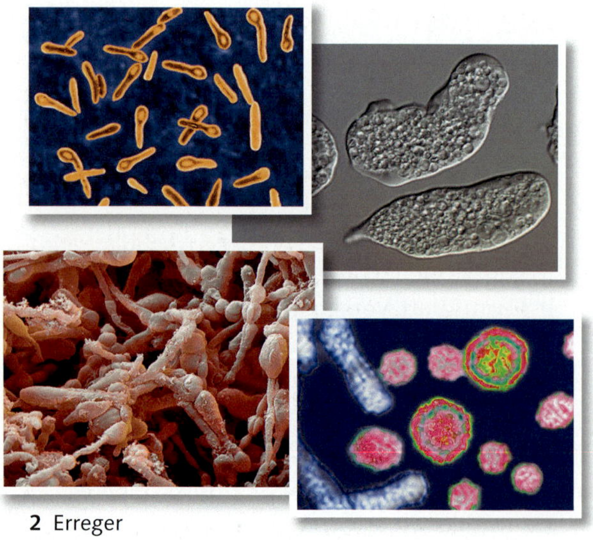
2 Erreger

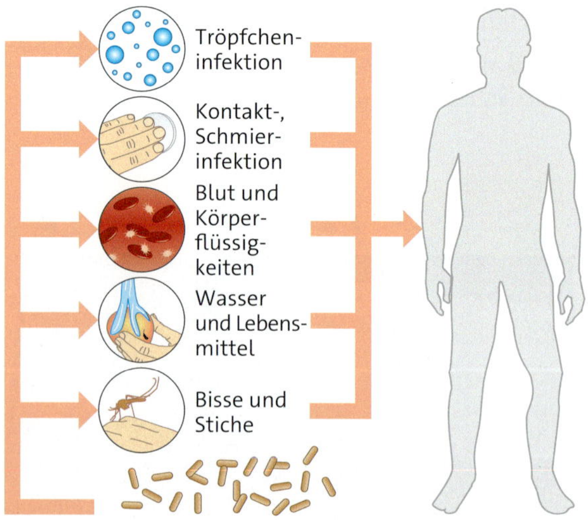

3 Übertragungswege

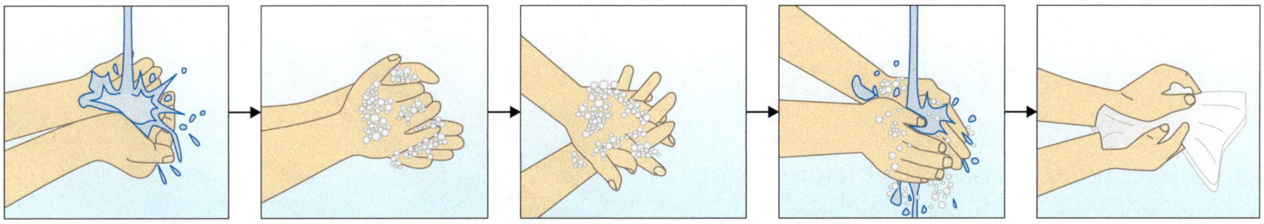

Die Hände unter fließendes Wasser halten.

Jetzt die Handinnenflächen, Handrücken, Fingerspitzen und -zwischenräume und Daumen mit Seife einreiben.

Gründliches Händewaschen dauert mindestens 20 bis 30 Sekunden.

Danach den Seifenschaum gut unter fließendem Wasser abspülen.

Nun die Hände gründlich mit einem eigenen, sauberen Handtuch abtrocknen.

4 So wäscht man die Hände richtig.

Hygienebereiche

Durch Hygienemaßnahmen kann man sich vor Keimen schützen. Bei der Körperhygiene stehen die Hände im Mittelpunkt, da durch Schmierinfektion Erreger über Gegenstände, die häufig berührt werden, weitergegeben werden. Daher sollten Türklinken, Spülkästen oder Wasserhähne besonders gut gereinigt werden.

Auch bei der Aufbewahrung und Verarbeitung von Lebensmitteln ist auf Hygiene zu achten.

Maßnahmen für Körperhygiene

Beachtet man einige Regeln zur Körperhygiene, werden die Erreger dezimiert und Infektionswege unterbrochen. Beim Husten oder Niesen soll man sich abwenden und die Armbeuge vor den Mund halten. Einwegtaschentücher werden am besten sofort entsorgt. Beim Toilettengang sollen Frauen und Mädchen grundsätzlich von vorne nach hinten abwischen. Wird der Toilettendeckel beim Spülen geschlossen, vermeidet man, dass Keime in die Umgebung versprüht werden. Käfige, Ställe, aber auch Fress- und Trinknäpfe von Haustieren müssen regelmäßig gereinigt werden. Nach jedem Aufenthalt in Räumen oder Verkehrsmitteln mit vielen Menschen, nach dem Kontakt mit Haustieren und nach dem Toilettengang solle man stets sorgfältig die Hände waschen.

In Kürze

Die unterschiedlichen Krankheitserreger können auf verschiedene Weise in den Körper eindringen. Hygienemaßnahmen senken das Risiko, sich zu infizieren.

Aufgaben

1 Beschreibe Wege, wie Erreger in den Körper eindringen können.

2 Die Erreger der Pest wurden meist durch Flöhe von Ratten auf den Menschen übertragen. Nenne Gründe, warum die Kleidung der Pestärzte, die in Bild 1 gezeigt wird, nutzlos war.

3 Zum Thema Niesen wird empfohlen: »Bei starkem Niesreiz sollte man versuchen, in ein Taschentuch hineinzuniesen. Ist keines zur Hand, nimmt man die linke Hand vor das Gesicht. Das ist wesentlich angenehmer für den nächsten Gesprächspartner, dem man die rechte Hand zum Gruß reicht.« Beurteile diesen Ratschlag aus biologischer Sicht.

5 Richtiges Niesen?

Bestandteile und Aufgaben des Blutes

Ein Erwachsener hat etwa fünf Liter Blut im Körper. Bei großem Blutverlust, zum Beispiel durch einen Unfall, ist eine Transfusion mit Spenderblut notwendig. Damit genügend Blutkonserven zur Verfügung stehen, müssen viele Menschen Blut spenden. Dieses Blutspenden kann Leben retten.

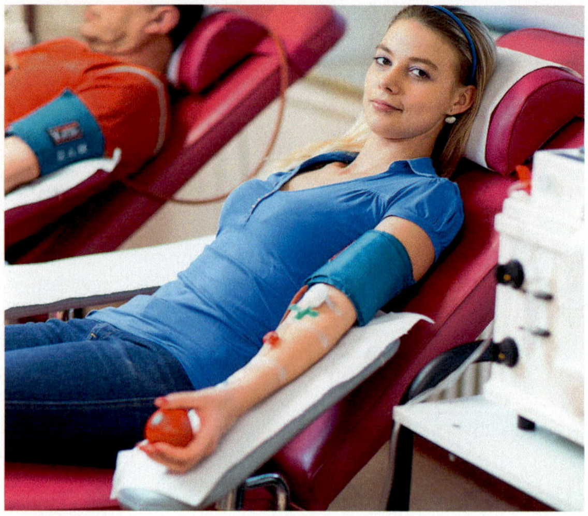

1 Blutspende rettet Leben.

Zusammensetzung des Blutes

Wenn man frisches Blut in einem Reagenzglas eine Zeit lang stehen lässt, setzen sich seine festen Bestandteile, die *Blutzellen*, ab. Darüber kann man eine gelbliche Flüssigkeit, das *Blutplasma*, erkennen. Es besteht hauptsächlich aus Wasser und den darin gelösten Stoffen sowie dem Gerinnungsstoff *Fibrinogen*. Den flüssigen Anteil des Blutes ohne Fibrinogen bezeichnet man als *Blutserum*.

Blut als Transportmittel

Der gesamte Körper ist von einem dichten Netz aus Blutgefäßen durchzogen. Das Blut transportiert Bausteine der Nährstoffe, Vitamine, Mineralstoffe und Sauerstoff zu allen Organen, Kohlenstoffdioxid gelangt als ein Stoffwechselendprodukt zur Lunge. Abfallstoffe der Zellen werden im Blut zu den Ausscheidungsorganen gebracht.

Auch Wirkstoffe wie Hormone und Enzyme werden im Serum transportiert. Darüber hinaus verteilt das Blut Wärme, die beim Stoffwechsel entsteht. Dadurch ist das Blut an der Regulation der Körpertemperatur beteiligt.

Rote Blutkörperchen

Die roten Blutkörperchen oder *Erythrozyten* sind die Ursache für die rote Farbe. Ein Tropfen Blut enthält ungefähr 250 Millionen rote Blutkörperchen. Es sind scheibenförmige, eingedellte Zellen. Sie enthalten den roten Blutfarbstoff *Hämoglobin*, an den hauptsächlich Sauerstoff gebunden wird. Der größte Teil des Kohlenstoffdioxids wird nicht von Hämoglobin, sondern gelöst im Blutplasma trans-

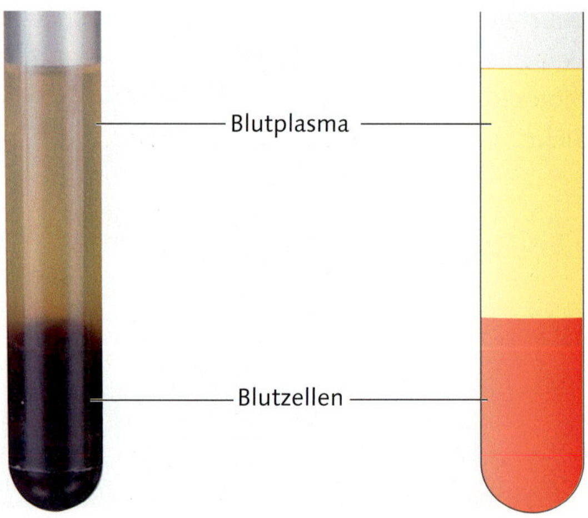

2 Abgesetztes, frisches Blut

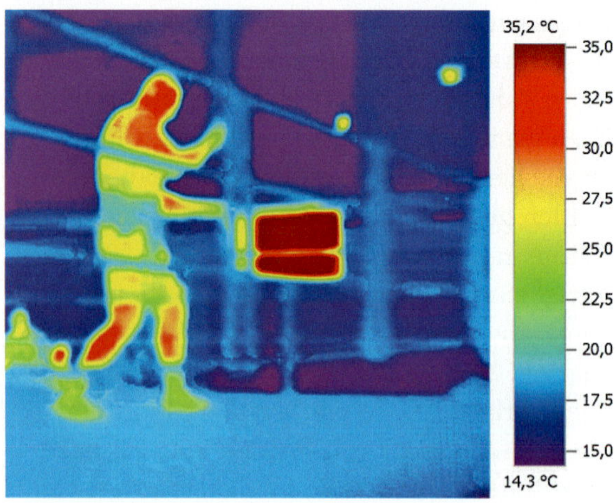

3 Wärmebildaufnahme eines Sportlers

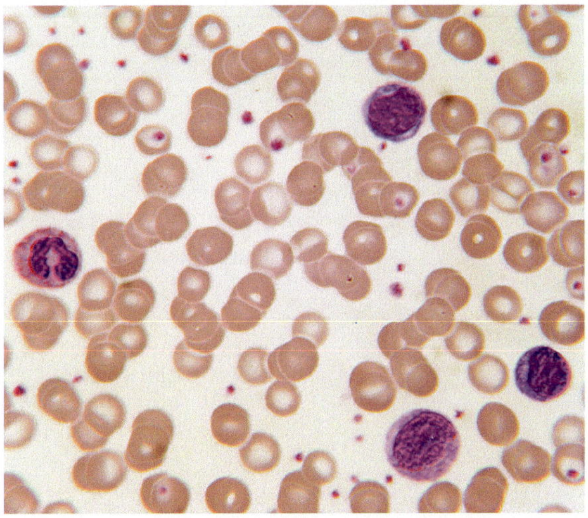

4 Mikroskopische Aufnahme eines Blutausstrichs

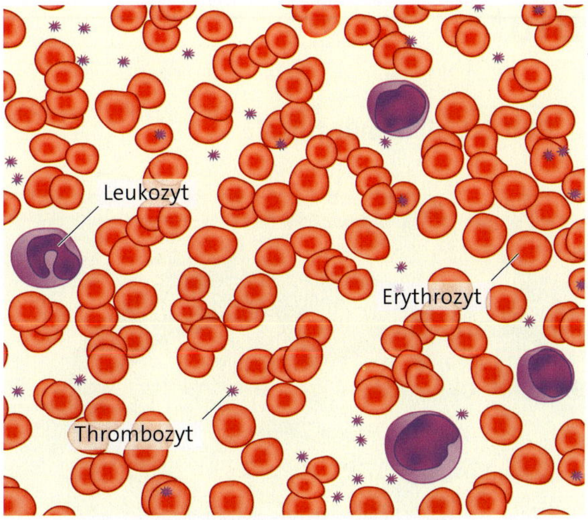

5 Schematische Zeichnung der Blutzellen

portiert. Nach wenigen Wochen werden die Erythrozyten abgebaut. Bei ihrem Abbau entsteht ein Farbstoff, der die Ursache für die Gelbfärbung des Blutplasmas ist. Im Knochenmark werden ständig neue Erythrozyten gebildet.

Weiße Blutkörperchen

Die weißen Blutkörperchen oder *Leukozyten* sind Blutzellen. Im Gegensatz zu den Erythrozyten haben sie unterschiedliche Formen. Man unterscheidet verschiedene Arten von Leukozyten, die gegen Krankheitserreger wirken. Einige können die Blutgefäße verlassen. Auf diese Weise erreichen sie auch Krankheitserreger, die sich außerhalb der Blutgefäße im Gewebe befinden. Leukozyten werden im Knochenmark gebildet. Ihre Lebensdauer kann bis zu mehreren Jahren betragen.

Blutplättchen und Fibrinogen

Das Blut enthält außerdem Blutplättchen, die *Thrombozyten*. Sie spielen bei der Blutgerinnung eine wichtige Rolle. Wo ein Blutgefäß verletzt wird, verändern sie ihre Form. Sie bilden Scheinfüßchen aus, mit denen sie sich gegenseitig verhaken können. Zudem entstehen Stoffe, die die Blutgerinnung auslösen. Diese Stoffe bewirken, dass aus dem gelösten Fibrinogen dünne Fibrinfäden entstehen. Diese bilden ein Netz, in dem sich die Blutzellen verfangen. Dadurch wird die Wunde verschlossen, die Blutung kommt zum Stillstand. Die Lebensdauer der Blutplättchen kann bis zu zwei Wochen betragen.

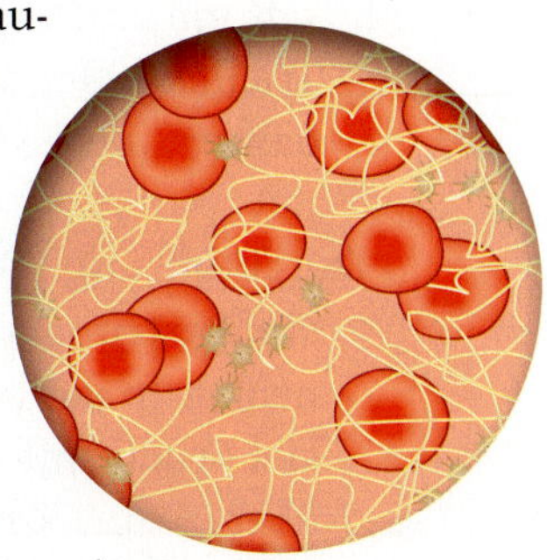

In Kürze

Blut besteht aus Blutplasma und Blutzellen. Das Blutplasma transportiert viele gelöste Stoffe und verteilt Wärme im Körper. Die roten Blutkörperchen transportieren vor allem den Sauerstoff zu den Zellen. Weiße Blutzellen bekämpfen Krankheitserreger. Blutplättchen und Fibrin bewirken den Wundverschluss.

Aufgaben

1 Nenne die Blutbestandteile und ihre Aufgaben.
2 Beschreibe mit Hilfe der kleinen Abbildung, wie eine Blutung vom Körper gestillt wird.
3 Erkläre den Zusammenhang zwischen Struktur und Funktion der Thrombozyten.
4 Begründe, weshalb hoher Blutverlust bei einer Verletzung lebensgefährlich sein kann.
5 Erkläre anhand von Bild 3, weshalb der Körper gleichmäßig warm ist, obwohl überwiegend die Beine bewegt werden und dort Wärme entsteht.

Blut

A Blut ist nicht nur flüssig

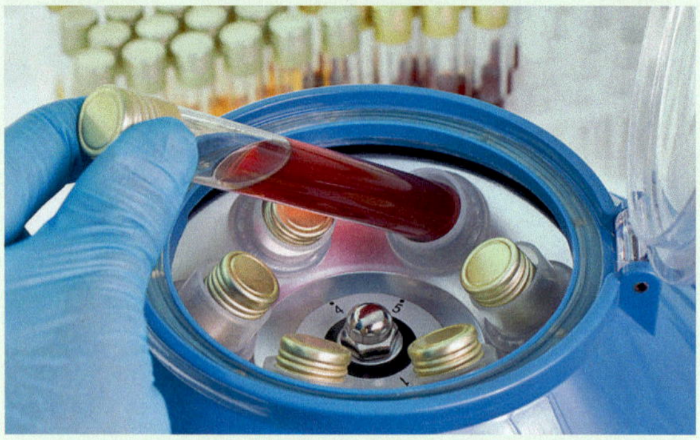

1 In einer Zentrifuge rotieren die Gemische sehr schnell.

Material 100 ml Schweineblut, Blutorangensaft mit Fruchtfleisch, 2 Zentrifugengläser, Trichter, (Hand-)Zentrifuge, Reagenzglashalter, Lineal

Durchführung Arbeitet in Gruppen. Befüllt ein Zentrifugenglas 6 cm hoch mit Schweineblut. In das andere Glas gebt ihr genauso viel Fruchtsaft. Stellt beide Gläser gegenüber in eine Zentrifuge und zentrifugiert für 2 Minuten bei maximaler Umdrehung. Anschließend stellt ihr beide Gläser in den Halter.

Arbeitsaufträge

1 Beschreibt das Aussehen des Inhalts der Gläser vor und nach dem Zentrifugieren.
2 Messt jeweils die Höhe des flüssigen und des festen Bestandteils mit dem Lineal.
3 Berechnet für jedes Glas den prozentuellen Anteil von flüssigem und festem Bestandteil.
4 Erstellt ein Säulendiagramm und vergleicht die Werte des Blut- und Saftglases.
5 Der Anteil an festen Bestandteilen im Blut ist bei Sportlern um bis zu 5 Prozent erhöht. Stellt Vermutungen an, welchen Vorteil Sportler davon haben könnten.
6 Gebt an, wie man ohne Zentrifugieren zu einem ähnlichen Ergebnis kommen kann.

B Blut mikroskopieren

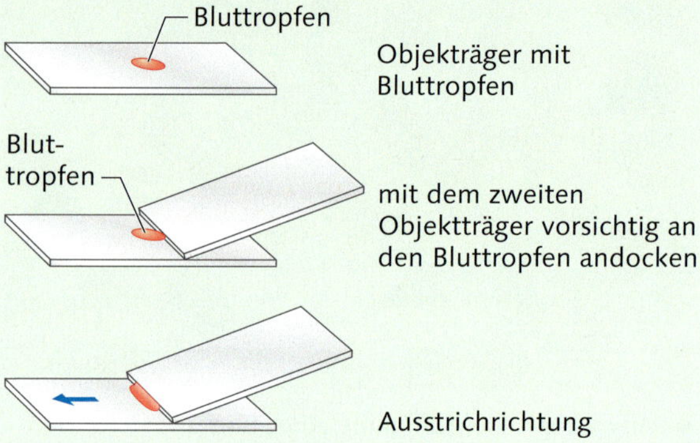

2 Blutausstrich anfertigen

Material 2 Objektträger, Glasstab, Schweineblut

Durchführung Gib mit dem Glasstab einen kleinen Tropfen Blut auf einen Objektträger. Nimm den anderen Objektträger und schiebe diesen, wie in Bild 2 gezeigt, in einem 45°-Winkel über den Blutstropfen. Kontrolliere mit Hilfe von Bild 3, ob der Blutausstrich richtig angefertigt wurde. Lass ihn kurz trocknen und mikroskopiere bei 400-facher Vergrößerung.

Arbeitsauftrag

1 Erstelle eine Zeichnung.

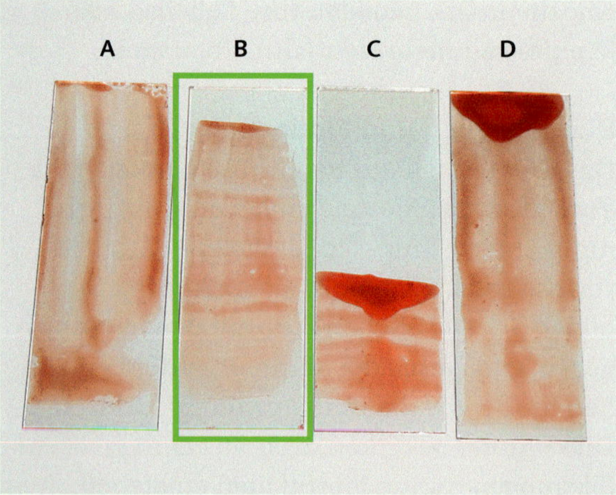

3 Richtiger Ausstrich: A zu lang; B richtig; C zu kurz; D zu dick

C Modellversuch zum Wundverschluss

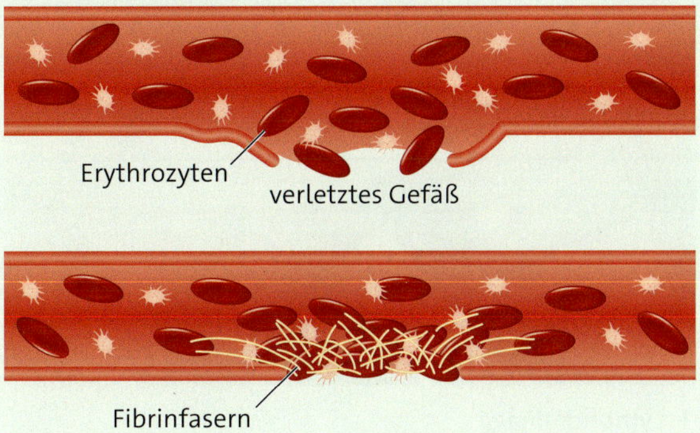

4 Wundverschluss

Material 3 Erlenmeyerkolben (100 ml), Konfetti, Wasser, rote Wassermalfarbe, Pinsel, Mullverband, Schüssel, Haushaltsgummi

Durchführung Fülle in alle Erlenmeyerkolben 50 ml Wasser und färbe es mit der Farbe an. Bereite anschließend jeden Kolben vor:
Kolben 1: Gib zusätzlich Konfetti in das Wasser.
Kolben 2: Verschließe die Öffnung des Kolbens mit Verbandmull. Nutze dazu den Haushaltsgummi.
Kolben 3: Gib Konfetti ins Wasser und verschließe die Öffnung mit Verbandmull wie Kolben 2.
Schütte alle Kolben zügig nacheinander in die Schüssel aus. Notiere jeweils deine Beobachtungen.

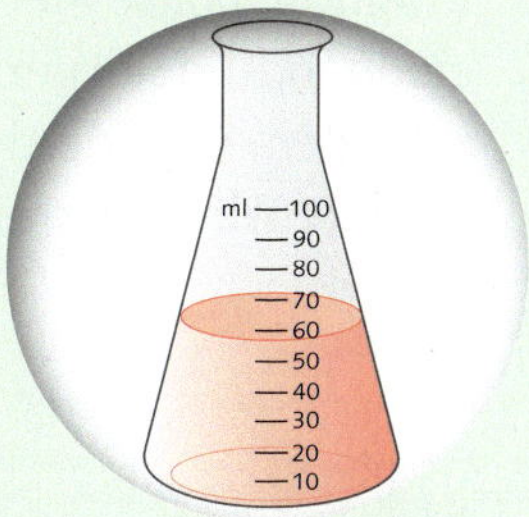

Arbeitsaufträge
1 Erstelle eine Tabelle aller Bestandteile des Modellversuchs und ordne jedem eine entsprechende Struktur des Blutes zu.
2 Formuliere eine Fragestellung, die mit Hilfe dieses Modellversuchs geklärt werden sollte.
3 Nenne Stärken und Schwächen des Modellversuchs. Berücksichtige Fehlerquellen.
4 Begründe, warum große Wunden genäht werden müssen.

D Blockierte Erythrozyten

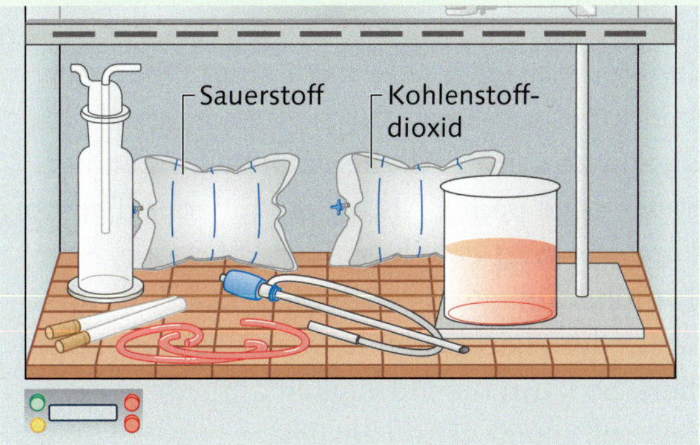

5 Material zum Versuch/Aufbau

Material Waschflasche, Schweineblut, Stativmaterial, Sauerstoff, Kohlenstoffdioxid, eventuell Gastransportsystem, Handpumpe, Zigaretten, Schläuche, Abzug

Durchführung Fülle 100 ml Blut in die Waschflasche. Leite 30 Sekunden lang Sauerstoff in das Blut ein. Leite nun 45 Sekunden lang Kohlenstoffdioxid ein. Leite erneut Sauerstoff ein und miss die Zeit, bis das Blut wieder seine Farbe vom ersten Durchlauf angenommen hat. Befestige mit einem Schlauch eine Handpumpe an der Waschflasche. Befestige auf der anderen Seite eine Zigarette und zünde sie an. Der Rauch sollte durch die Waschflasche ziehen. Leite wieder Sauerstoff ein und miss die Zeit, bis das Blut wieder vollständig hellrot ist. Notiere alle Beobachtungen.

Arbeitsaufträge
1 Nenne jeweils die Farbe von sauerstoffreichem und -armem Blut.
2 Erkläre die unterschiedlichen Zeiten bis zur vollständigen Rotfärbung. Nutze den Text:

> Zigarettenrauch enthält Kohlenstoffmonooxidgas. Dieses bindet stärker als Sauerstoff an die Erythrozyten und blockiert diese.

3 Begründe, weshalb bei einer schweren Kohlenmonooxidvergiftung das gesamte Blut durch eine Transfusion ausgetauscht wird.

Das Lymphsystem

Bei Verletzungen oder nach einer Operation kommt es mitunter durch eingelagerte Flüssigkeit zu schmerzhaften Schwellungen der Arme oder Beine. Als unterstützende Therapie kann der Arzt eine besondere Massage, eine Lymphdrainage, verschreiben. Dabei werden unter der Haut liegende Lymphbahnen stimuliert. So kann die Flüssigkeit abfließen, Schwellungen gehen zurück.

Ein zweites Transportsystem

Das Lymphsystem ist neben dem Blutkreislaufsystem ein zweites Transportsystem, das den gesamten Körper durchzieht. Blutserum, in dem Nährstoffe und geringe Mengen Sauerstoff gelöst sind, verlässt die durchlässigen Blutkapillaren und versorgt die Zellen im Gewebe. Hier befinden sich blind endende Lymphgefäße. Sie nehmen die Zwischenzellflüssigkeit, die *Lymphe*, auf und führen sie wieder dem Blut zu. Die Lymphgefäße münden oberhalb des Herzens in eine Vene.

Das Immunsystem steht bereit

Eine weitere Aufgabe des Lymphsystems ist der Kampf gegen Krankheitserreger. Überwinden Keime die Schutzbarrieren des Körpers, werden sie von den Leukozyten bekämpft. Sie befinden sich nicht nur im Blut, sondern auch im Gewebe und sehr zahlreich in den Organen des Lymphsystems.

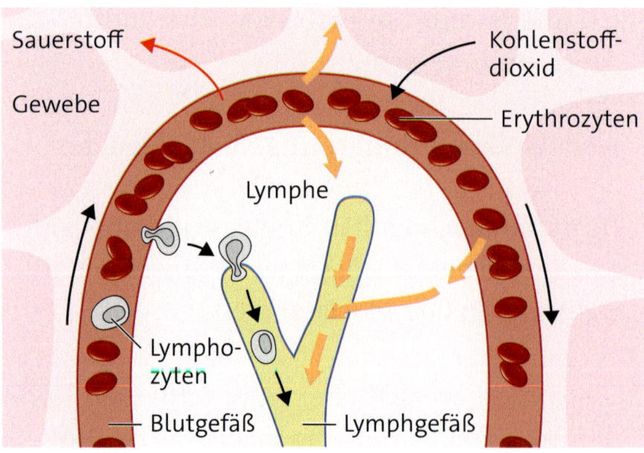

2 Entstehung der Lymphe

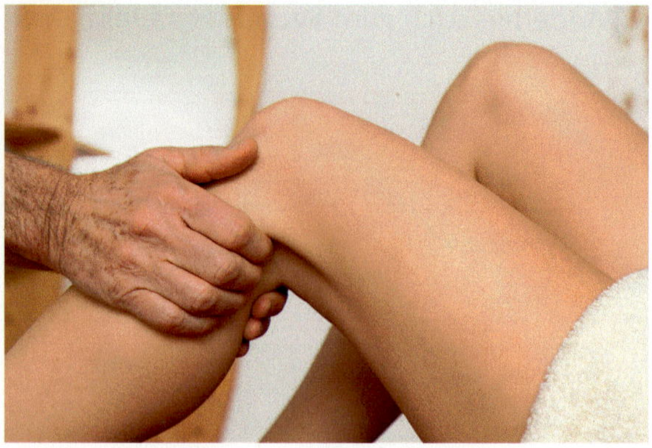

1 Lymphdrainage

Organe des Lymphsystems

Neben den Lymphgefäßen gehören auch die lymphatischen Organe wie Lymphknoten, Knochenmark, Milz, Mandeln, Thymusdrüse und der Wurmfortsatz des Blinddarms, zum Lymphsystem. Die Leukozyten entstehen aus Zellen des roten Knochenmarks. In lymphatischen Organen reifen sie zu unterschiedlichen Typen von Leukozyten heran. Während dieser Prägungsphase »lernen« sie, zwischen körpereigenen und körperfremden Stoffen zu unterscheiden, und werden auf bestimmte Aufgaben der Abwehr spezialisiert.

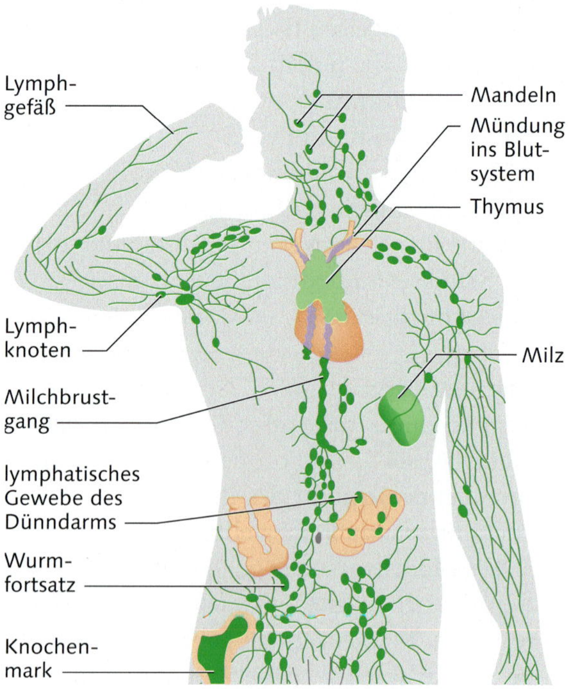

3 Organe des Immunsystems

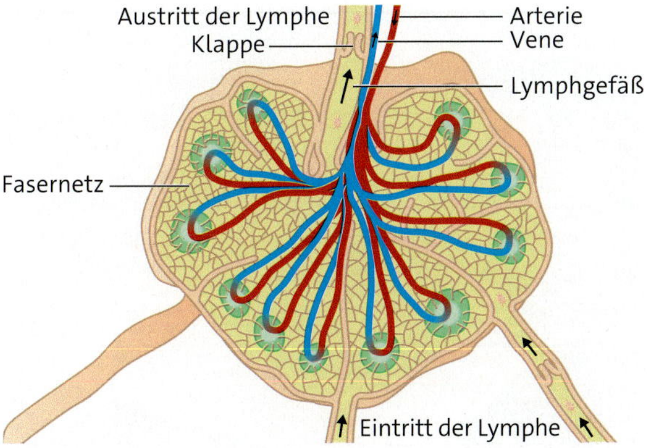

4 Lymphknoten

Funktion der Lymphknoten

Ein Mensch besitzt 500 bis 1000 Lymphknoten. In sie münden Blutgefäße, mehrere zuführende und ein wegführendes Lymphgefäß. Im Inneren durchfließt die Lymphe ein feinmaschiges Fasernetz, in dem sich verschiedene Leukozyten befinden. Sie fangen Keime und andere Fremdstoffe ab. Die Immunreaktion findet größtenteils hier statt.

Hinweis auf Infektionsort

Erreichen viele Erreger einen Lymphknoten, vermehren sich die Leukozyten. Der Knoten schwillt an. Nun kann man ihn ertasten. Da in jeden Lymphknoten nur Gefäße einer bestimmten Region des Körpers münden, kann man über die Lage der Schwellung die Infektion lokalisieren.

In Kürze

Die Lymphe sammelt sich in Lymphgefäßen und wird zum Blut transportiert. In lymphatischen Organen entwickeln sich Leukozyten. Sie bekämpfen Erreger vor allem in den Lymphknoten.

Aufgaben

1 Beschreibe die Entstehung der Lymphe.

2 Besucht man wegen einer Erkältung den Hausarzt, so gehört das Abtasten der Lymphknoten unter den Ohren zur Routine. Erläutere den Sinn dieser Untersuchungsmaßnahme.

Exkurs **Blutvergiftung – Sepsis**

Eine Blutvergiftung oder Sepsis ist eine schwerwiegende Krankheit, bei der sich der Gesundheitszustand schnell verschlechtern kann. Sie ist die dritthäufigste Todesursache in Deutschland. Ausgangspunkt ist eine Infektion. Dies kann eine Wunde der Haut, aber auch eine nicht sichtbare Lungen- oder Harnwegsinfektion sein. Ein mögliches Symptom der Krankheit ist ein bläulich roter Streifen, der in Richtung Herz wandert. Dabei handelt es sich nicht um Blutgefäße. Es sind entzündete Lymphgefäße, in denen die Keime so weit wie möglich zurückgehalten werden. Gelangen die Erreger in die Blutbahn, kommt es bei einer Sepsis im Körper zu einer Fehlfunktion: Die Abwehrreaktion richtet sich dann gegen die eigenen Organe und Gewebe. Es kommt zu lebensbedrohlichen Organeinschränkungen oder zu Organversagen. Die Symptome können sehr vielfältig sein. Bricht eine Sepsis aus, kommt es darauf an, sie schnell zu erkennen und die Behandlung sofort zu beginnen.

Aufgabe

1 Bei einer Sepsis ist Eile geboten. Begründe diese Aussage anhand des Diagramms im Bild 5.

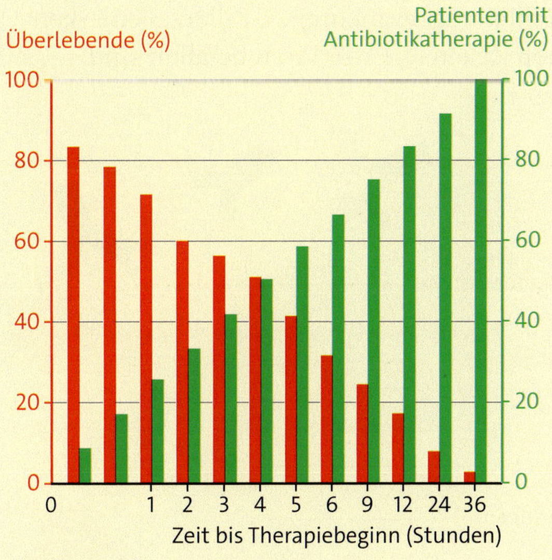

5 Überlebenschancen bei einer Sepsis

Die Immunreaktion

Bakterielle Krankheitserreger sind in den Körper eingedrungen. Fresszellen haben diese als fremd erkannt und fangen an, die Bakterien unschädlich zu machen. Eine Immunreaktion beginnt.

Unspezifische Abwehr

Die Fresszellen, auch *Makrophagen* genannt, gehören zu den Leukozyten. Sie können ihre Gestalt verändern und so aus der Blutbahn ins Gewebe zwischen die Zellen wandern. Fresszellen machen verschiedenste Krankheitserreger unschädlich, indem sie diese in ihr Zellinneres aufnehmen und auflösen. Das heißt, sie wirken unspezifisch. Zusätzlich beseitigen sie abgestorbene und verletzte Körperzellen.

Die Makrophagen präsentieren die Oberflächenmerkmale der Erreger, die *Antigene,* an ihrer Außenseite. Auf diese Weise zeigen sie anderen Leukozyten, den *T-Helferzellen,* welcher Erreger in den Körper eingedrungen ist.

Spezifische Abwehr

Die T-Helferzellen sind ein Teil der spezifischen Abwehr. Sie aktivieren die *T-Killerzellen* und *B-Lymphozyten,* die sich daraufhin durch Zellteilung vermehren. T-Killerzellen erkennen Zellen, die von Viren befallen sind.

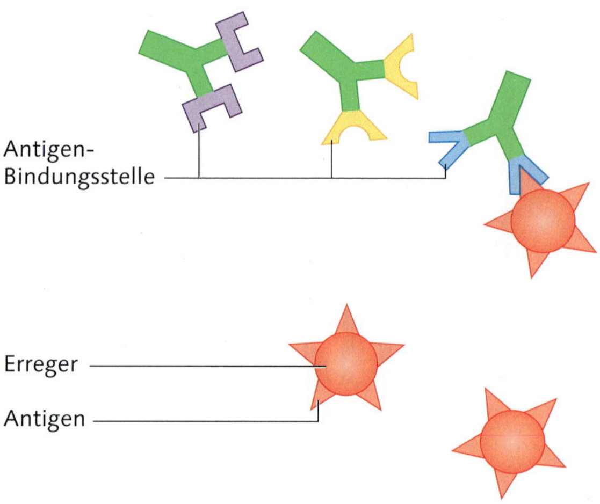

2 Schlüssel-Schloss-Prinzip der Antikörper

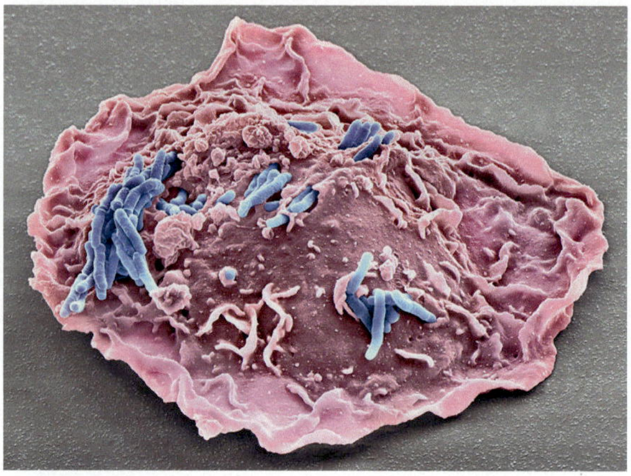

1 Fresszelle bei der »Arbeit«

Diese Zellen werden von ihnen abgetötet. Dadurch können sich die Viren nicht mehr vermehren. Makrophagen nehmen die abgetöteten Zellen auf.

Die aktivierten B-Lymphozyten entwickeln sich zu Plasmazellen, die sich stark durch Zellteilung vermehren. Diese produzieren die Y-förmigen Antikörper. Ihre Enden passen genau auf die Antigene an der Oberfläche des eingedrungenen Erregers.

Da die Antigene bei jedem Erreger anders sind, werden von unterschiedlichen *Plasmazellen* entsprechende *Antikörper* hergestellt. Diese passen auf das jeweilige Antigen wie ein Schlüssel in sein Schloss. Sie verbinden sich mit den Antigenen der Erreger und bilden so einen Komplex. Die Komplexe können von den Makrophagen aufgenommen und verdaut werden. Diese Antigen-Antikörper-Reaktion ist ein Beispiel für das Schlüssel-Schloss-Prinzip.

Bildung von Gedächtniszellen

Einige der aktivierten T- und B-Lymphozyten bleiben als *Gedächtniszellen* jahrelang erhalten. Sie werden bei erneutem Kontakt mit dem gleichen Erreger sehr schnell aktiv. In diesem Fall können die Plasmazellen sofort Antikörper produzieren. Dadurch ist der Körper gegen den Erreger *immun.* Das heißt, die Krankheit bricht in der Regel nicht aus und der Mensch zeigt keine oder nur abgeschwächte Symptome.

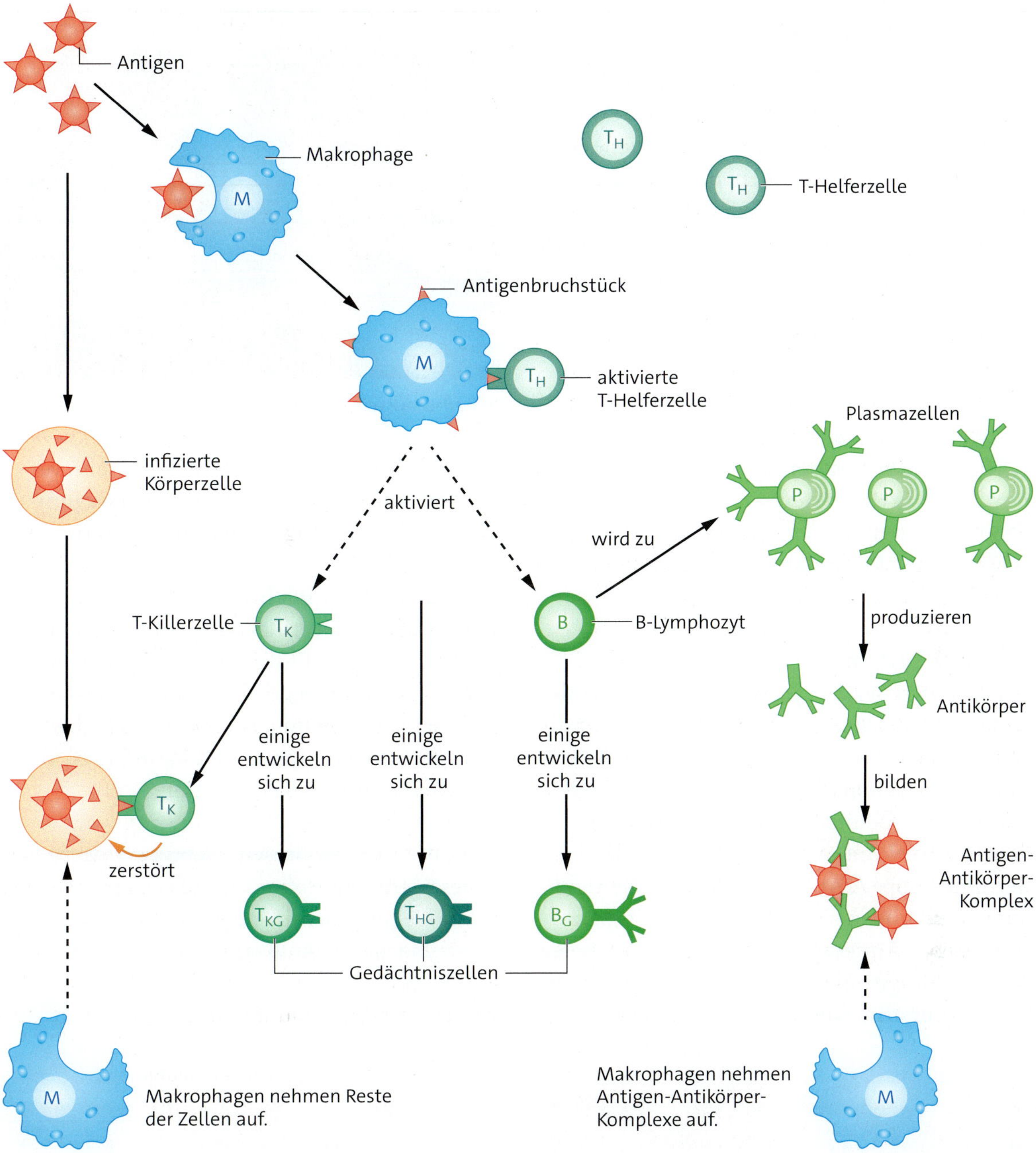

3 Ablauf einer Immunreaktion

In Kürze

Während der unspezifischen Abwehr beginnen Makrophagen Krankheitserreger unschädlich zu machen. Makrophagen geben die Information über die Antigene der Erreger an die spezifische Abwehr weiter. Dabei vernichten spezielle T- und B-Lymphozyten die Krankheitserreger. Durch die Gedächtniszellen wird der Körper über einen längeren Zeitraum immun.

Aufgaben

1 Liste in einer Tabelle die unterschiedlichen Zellen des Immunsystems auf und ordne ihnen ihre entsprechenden Funktionen zu.

2 Beschreibe, welche Folgen sich bei der Immunreaktion ergeben, wenn die Makrophagen funktionsuntüchtig sind.

3 Begründe, weshalb man nicht zweimal an Mumps erkranken kann.

Exkurs

Die Blutgruppen

Bis etwa 1900 verliefen Blutübertragungen oft tödlich. Damals wusste noch niemand etwas darüber, dass Menschen unterschiedliche Sorten an Blut besitzen können, die sich unter Umständen nicht miteinander vertragen. Die Entdeckung der Blutgruppen gelang erst 1928 Karl Landsteiner, einem Arzt aus Wien.

1 Karl Landsteiner bestimmte die Blutgruppen.

Entdeckung der Blutgruppen

Landsteiner nahm seinen Mitarbeitern Blut ab. Dann trennte er jeweils die festen Blutbestandteile vom Serum. Die Erythrozyten schwemmte er in einer Salzlösung auf. Dann mischte er Erythrozyten und Seren verschiedener Personen. Bei einigen Mischungen geschah nichts. Bei anderen konnte er beobachten, dass das Blut verklumpte.

Das AB0-System

Erythrozyten der Blutgruppe A besitzen Antigene A, die der Blutgruppe B Antigene B und Blutgruppe AB beide Antigene. Die Erythrozyten der Blutgruppe 0 besitzen keine Antigene.

Im Serum befinden sich die Antikörper. Zum Beispiel findet man im Serum von Blut der Blutgruppe A Anti-B-Antikörper. Dementsprechend finden sich im Blut der Blutgruppe B Anti-A-Antikörper, bei Blutgruppe 0 beide und bei Blutgruppe AB keine Antikörper. Werden nun Erythrozyten der Blutgruppe A mit dem Serum der Blutgruppe B vermischt, verklumpen diese. Durch solche Untersuchungen unterschied Landsteiner die Blutgruppen.

Blutspenden ist wichtig

Bei großem Blutverlust oder schweren Operationen müssen Blutpräparate bereitstehen. Durch eine Blutspende kann jeder, der 18 Jahre alt ist, dazu beitragen. Eine Spende dauert weniger als eine Stunde und kann bis zu sieben Menschen das Leben retten.

Aufgaben

1 Beschreibe mit Hilfe einer Tabelle, bei welcher Blutgruppe welches Antigen auf den Erythrozyten und welche Antikörper im Serum vorhanden sind.

2 Werte die Grafik in Bild 3 aus.

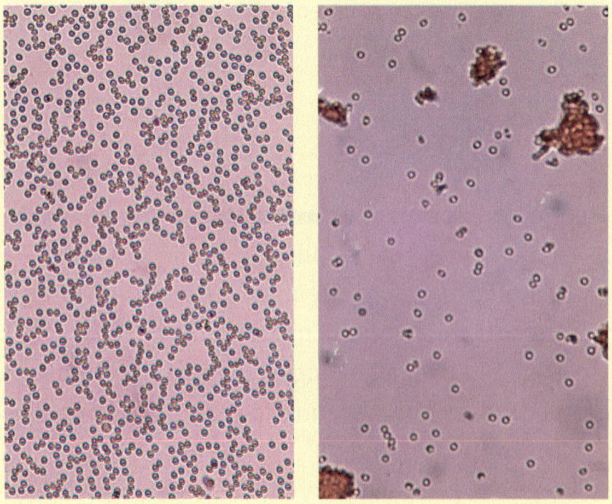

2 Erythrozyten der Blutgruppe A werden mit dem Serum der Blutgruppe B vermischt.

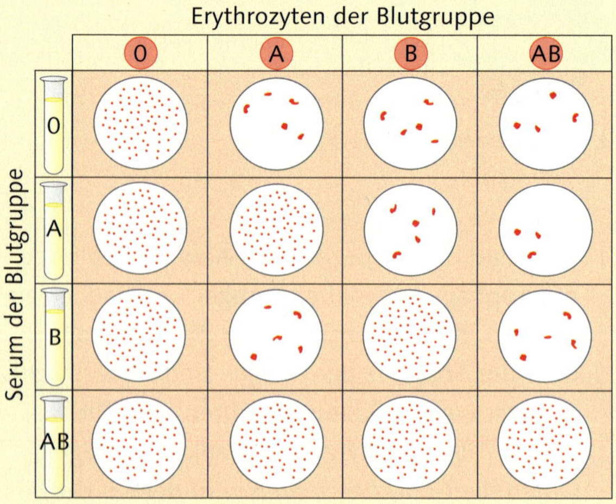

3 Mischungen verschiedener Erythrozyten mit unterschiedlichen Seren

Aufgaben

Das Schlüssel-Schloss-Prinzip

1 Blutspende – aber richtig!

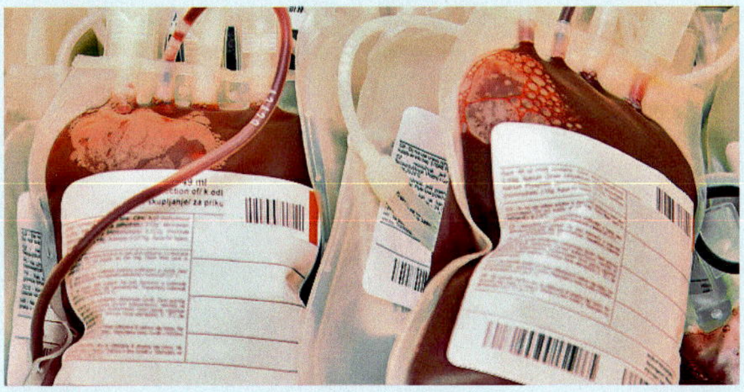

1 Blutbeutel einer Blutbank

In einem Krankenhaus gibt es eine sogenannte Blutbank, in der Blutbeutel aufbewahrt werden. Ein großer Blutverlust kann durch die Übertragung von Blut ausgeglichen werden. Dabei werden heute in der Regel nur Erythrozyten übertragen. Es muss darauf geachtet werden, dass das Blut des Empfängers mit dem gespendeten zusammenpasst.

a Bild 2 zeigt modellhaft die Antigene der Erythrozyten und die Antikörper im Serum der Blutgruppen. Vergleiche diese miteinander.

b Beschreibe anhand der Abbildung rechts, was geschieht, wenn ein Patient mit Blutgruppe A Erythrozyten der Blutgruppe B erhalten würde.

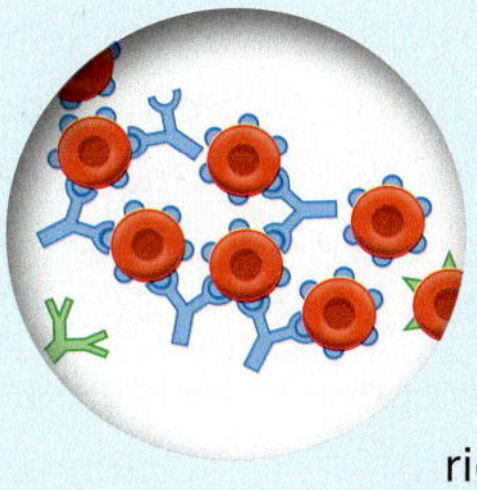

c Begründe, weshalb ein Träger der Blutgruppe 0 als Universalspender eine äußerst wichtige Bedeutung hat.

d Erläutere anhand der Antigen-Antikörper-Reaktion das Schlüssel-Schloss-Prinzip.

2 Das Immunsystem reagiert

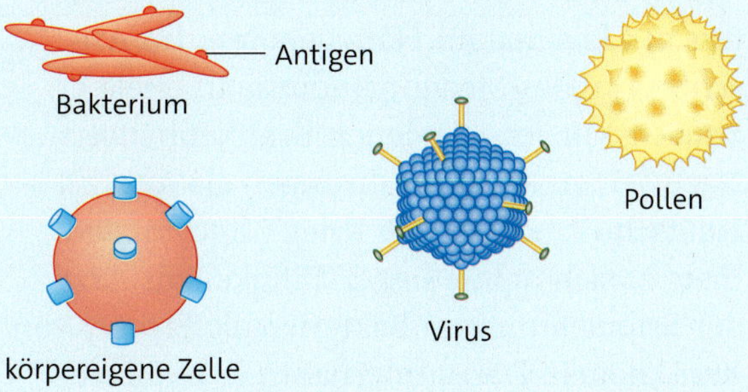

3 Unterschiedliche Antigene

Ständig dringen Fremdkörper in den Körper ein. Das Immunsystem erkennt und bekämpft diese.

a Beschreibe anhand von Bild 3, wie das Immunsystem Fremdkörper und körpereigene Zellen unterscheidet. Verwende Fachbegriffe.

b Entwirf zu jedem Antigen in Bild 3 eine Zeichnung zu den Passstellen der Antikörper.

c Begründe, warum das Immunsystem für jeden Erreger neue Antikörper herstellen muss.

Bakterien bewegen sich selbstständig durch den Körper. Eine örtlich begrenzte Infektion kann sich jedoch sehr schnell im Körper ausbreiten.

d Das Immunsystem stellt gegen Bakterien Antikörper her. Diese binden sich an die Antigene des Erregers. Begründe die Auswirkungen dieser Reaktion. Berücksichtige dabei auch die Rolle der Makrophagen.

e Grippeviren verändern ihre Antigene schnell. Erkläre die Folgen für das Immunsystem.

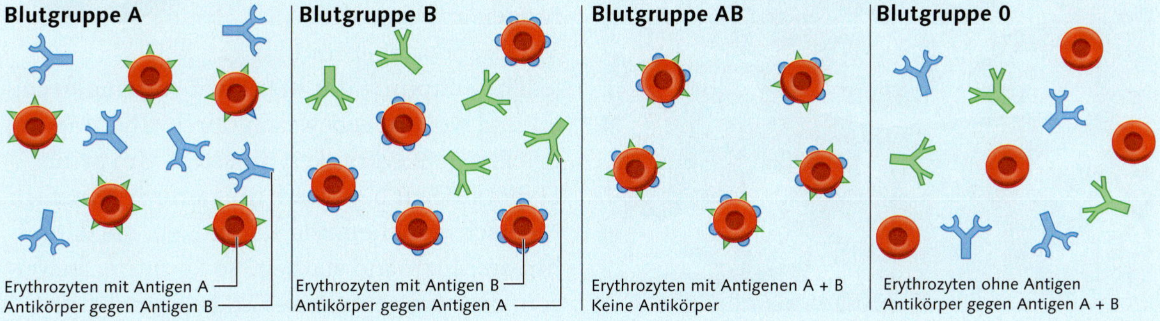

Exkurs

Robert Koch

Leben und Werk

Robert Koch wurde als Sohn eines Bergarbeiters in Clausthal im Harz geboren. Im Anschluss an das Medizinstudium arbeitete er zunächst in verschiedenen Krankenhäusern. Nach seinen Kriegserfahrungen als Arzt im Deutsch-Französischen Krieg (1870/71) widmete er sich neben seiner Tätigkeit als Arzt der Erforschung von Bakterien als Erreger von Krankheiten. Dazu unternahm er mehrere Forschungsreisen nach Asien und Afrika. So entdeckte er den Choleraerreger und wies nach, dass der Erreger der Pest durch Rattenflöhe übertragen wird. Für die Entdeckung des Erregers der Lungentuberkulose 1882 erhielt er 1905 den Nobelpreis für Medizin. Trotz weiterer Forschungen gelang es Robert Koch nicht, mit seinem Präparat Tuberkulin ein Heilmittel gegen die meist tödlich verlaufende Krankheit zu entwickeln – eine der wenigen Niederlagen Kochs. Mit seinen Forschungen und Entdeckungen legte er aber den Grundstein für die Bekämpfung und Eindämmung von verheerenden Infektionskrankheiten.

Robert Koch gilt als Begründer der modernen Bakteriologie. Das nach ihm benannte Robert-Koch-Institut (RKI) ist heute die zentrale Einrichtung der Bundesregierung auf dem Gebiet der Erkennung, Verhütung und Bekämpfung von Infektionskrankheiten.

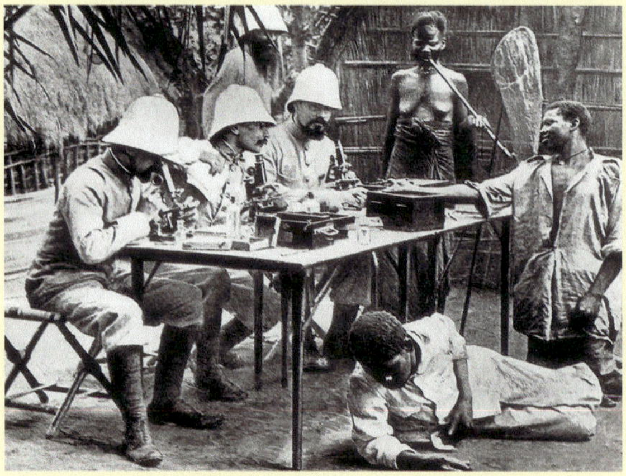

2 Robert Koch auf Expedition in Neuguinea

1 Robert Koch (1843–1910)

Erforschung des Milzbranderregers

Während seiner gesamten Forschung war Robert Koch immer auf dem neuesten Stand der Mikroskopiertechnik und entwickelte verbesserte Verfahren zur Züchtung von Bakterien auf Nährböden. Aus Beobachtungen während seiner Tätigkeit im Feldlazarett stammte sein Interesse für den Erreger des Milzbrands, einer tödlich verlaufenden Viehseuche, an der auch Menschen erkranken können. Mit Hilfe von eigens entwickelten festen, durchsichtigen Nährböden für Bakterien konnte er 1876 als Erster den Milzbranderreger aus Gewebeproben erkrankter Tiere isolieren. Schließlich gelang es ihm, den Erreger mit dem Mikroskop sichtbar zu machen. Er stellte die Vermutungen auf, dass die Milzbranderreger im Blut zu jedem Zeitpunkt der Krankheit vorhanden seien und weitere Lebewesen durch Übertragung des Erregers erkranken müssten. Um seine Hypothese zu beweisen, infizierte er künstlich Meerschweinchen und Kaninchen, die daraufhin an Milzbrand starben. So konnte er beweisen, dass die gefundenen stäbchenförmigen Bakterien die Erreger des Milzbrands sind.

Exkurs

Edward Jenner

Leben und Werk

Edward Jenner kam am 17. Mai 1749 in dem kleinen Dorf Berkeley in England zur Welt. In London ließ er sich zunächst zum Chirurgen ausbilden. 1773 kehrte Jenner in seinen Geburtsort zurück und praktizierte dort als Landarzt. Im 18. Jahrhundert waren die Pocken noch eine weitverbreitete Seuche, an der Millionen Europäer starben. Seit 1721 versuchte man in vielen europäischen Ländern, die Menschen durch eine besondere Impfmethode zu schützen, indem man sie direkt mit Absonderungen Pockenkranker infizierte. Diese Impfart war aber riskant und endete oft tödlich. Sie führte eher zu einer noch stärkeren Verbreitung der Pocken. Als Landarzt machte Jenner eine folgenreiche Beobachtung: Er erkannte den Zusammenhang zwischen den relativ harmlosen Kuhpocken und den bösartigen Menschenpocken. Aufgrund von Untersuchungen und Experimenten konnte er eine sicherere Impfmöglichkeit ableiten. Damit wurde er zum Entdecker der ersten wirksamen Pockenschutzimpfung und legte den Grundstein für das Prinzip der aktiven Immunisierung.

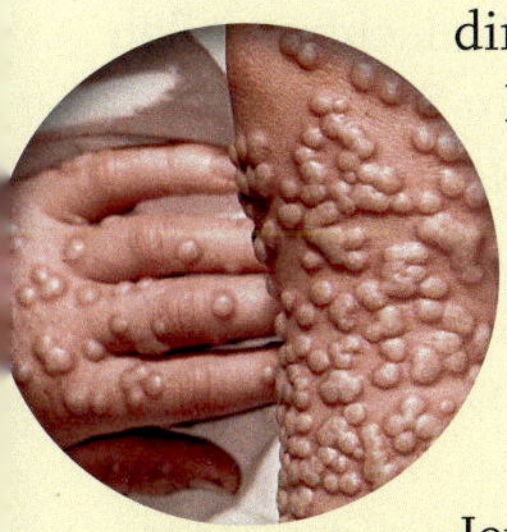

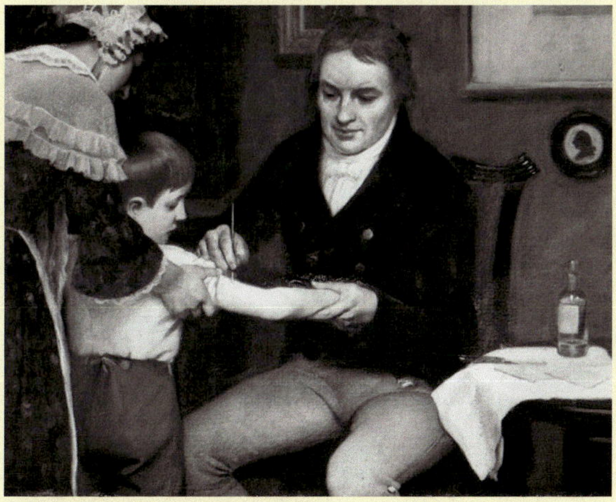

2 Pockenimpfung damals

1 Edward Jenner (1749–1823)

Jenner und die Kuhpocken

Edward Jenner hatte in seiner Landarztpraxis häufig beobachtet, dass sich viele Bauern und Kuhmägde durch direkten Kontakt mit infizierten Kühen mit den Kuhpocken ansteckten. Diese Hautkrankheit verlief meistens harmlos. Diejenigen, die an den Kuhpocken bereits einmal erkrankt waren, erkrankten jedoch nie an den gefährlichen Menschenpocken.

Im Mai 1796 impfte Jenner einen gesunden Waisenjungen mit etwas Eiter aus der Pustel einer Milchmagd, die an Kuhpocken erkrankt war. Nachdem der Junge die Kuhpocken überstanden hatte, infizierte Jenner ihn sechs Wochen später über Pockeneiter mit Pockenviren. Der Junge blieb gesund. Offensichtlich war er durch die Infektion mit Kuhpocken gegen die Menschenpocken immun geworden.

Jenner verschickte daraufhin viele aus Kuhpocken gewonnene Eiterproben als Impfstoff nach ganz Europa. Allerdings erkrankten viele der Geimpften nach einigen Jahren doch an Pocken. Die einmalige Impfung machte noch nicht dauerhaft immun. Dies zeigte sich vor allem nach dem Deutsch-Französischen Krieg (1870-1871), als die heimkehrenden Soldaten die Pocken wieder nach Deutschland einschleppten. Von nun an wurden alle Kinder zweimal gegen Pocken geimpft. Seit 1980 sind die menschlichen Pocken weltweit ausgerottet.

Impfen schützt

Timo aus Hamburg wird mit seinen Eltern einen Wanderurlaub in Süddeutschland machen. Der Hausarzt rät der Familie, sich gegen die Erreger der Hirnhautentzündung impfen zu lassen. Diese werden häufig durch Zecken übertragen. Die Symptome gleichen denen einer Sommergrippe und können zu Lähmungen oder zum Tod führen.

1 Vorsicht: Zecken!

Natürliche Immunisierung

Viele Krankheiten bekämpft unser Körper nach Erstinfektion ohne fremde Hilfe. Die Antigenstruktur des Erregers wurde durch die Gedächtniszellen im Immunsystem gespeichert. Bei erneuter Infektion mit dem gleichen Erreger kann das Immunsystem sofort die passenden Antikörper bilden. Der Körper besitzt nun eine *natürliche Immunität*. Jedoch überfordern manche Erreger durch ihre starke Vermehrungsfähigkeit die körpereigene Abwehr. Hier kann eine *künstliche Immunisierung* helfen.

Aktive Immunisierung

Bei dieser Impfmethode enthalten die Impfstoffe abgeschwächte oder abgetötete Erreger oder deren Bruchstücke. Ihre Antigenstruktur bleibt aber erhalten. Der Geimpfte entwickelt in der Regel keine Krankheitssymptome. Die Immunreaktion läuft wie bei einer normalen Infektion ab. Antikörper und Gedächtniszellen werden gebildet. So entsteht ein Schutz vor dem Erreger, der für mehrere Jahre, teilweise sogar lebenslang anhält. Bei manchen Krankheiten werden die Gedächtniszellen nach einiger Zeit abgebaut. Deshalb muss man diese Impfungen nach einigen Jahren wieder auffrischen. Infiziert sich der Geimpfte mit diesem Erreger, teilen sich die angelegten Gedächtniszellen und regen die Antikörperbildung an. Die Krankheit bricht nicht aus. Da das Immunsystem bei dieser Impfmethode selbst aktiv wird, nennt man diese Impfart aktive Immunisierung. Jede *aktive Immunisierung* muss vorbeugend durchgeführt werden. Deshalb sagt man auch *Schutzimpfung*.

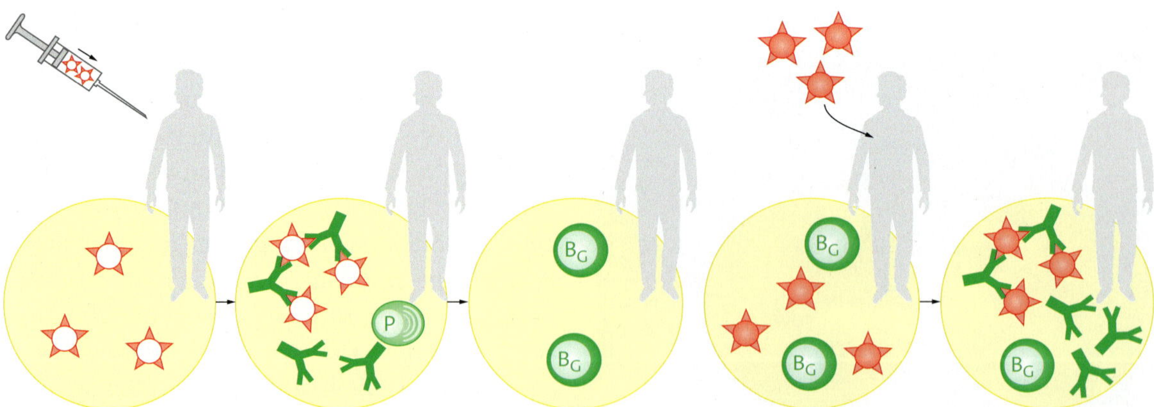

2 Wirkungsweise der aktiven Immunisierung (Schutzimpfung)

Passive Immunisierung
Hat sich ein Mensch bereits mit einem gefährlichen Erreger infiziert oder besteht ein Infektionsverdacht, benötigt er sofortigen Impfschutz. Hier können direkt die passenden Antikörper als Impfserum gespritzt werden. Damit besteht sofort ein Schutz gegen den Erreger. Da das Immunsystem in diesem Fall aber nicht selbst aktiv die Antikörper bildet, sondern eher passiv bleibt, nennt man diese Impfart *passive Immunisierung.*

Gewinnung des Impfstoffs
Das benötigte Impfserum gewinnt man aus Tieren, denen man abgeschwächte oder abgetötete Erreger einimpft. Nach dem Prinzip der aktiven Immunisierung bildet der Tierkörper die passenden Antikörper. Nachdem die Tiere einmal immun sind, kann man die Impfung wiederholen. Dadurch steigert man die Anzahl der Antikörper im Blut der Tiere. Aus deren Blut gewinnt man die Antikörper, die zu dem Impfstoff weiterverarbeitet werden. Heute stellt man Antikörper zur passiven Immunisierung auch mit Hilfe der Gentechnik her.

Gefahren und Risiken bei Impfungen
Durch die Behandlung mit tierischem Impfserum gelangen auch darin enthaltene Tierproteine in den Menschen. Gegen körperfremde Proteine produziert der Körper Antikörper. Bei einer Zweitimpfung mit demselben Serum verklumpen diese Antikörper die tierischen Proteine im Blut. Dies kann zu schweren schockartigen Reaktionen führen. Deshalb verwendet man bei einer wiederholten Impfung ein Impfserum einer anderen Tierart.

In Kürze
Bei der aktiven Immunisierung impft man einen Gesunden vorbeugend mit abgeschwächten Krankheitserregern. Das Immunsystem bildet Antikörper und Gedächtniszellen, die bei einer erneuten Infektion schnell Antikörper bilden. Bei Infektionsverdacht werden dem Patienten durch passive Immunisierung Antikörper geimpft. Sie bekämpfen die Erreger. Man gewinnt sie aus Tieren, die man zuvor immunisiert hat.

Aufgaben
1 Erstelle eine tabellarische Übersicht, die die wesentlichen Merkmale der beiden Immunisierungsarten gegenüberstellt.

2 Begründe, nach welcher Impfmethode die Zeckenimpfung (Bild 1) erfolgen muss.

3 Erkläre, weshalb bei wiederholter passiver Immunisierung nicht das gleiche Impfserum verwendet werden darf.

4 Erkläre, warum ein Mensch nach einer passiven Immunisierung nicht gegen eine Zweitinfektion mit dem gleichen Erreger geschützt ist. Wie könnte Abhilfe geschaffen werden?

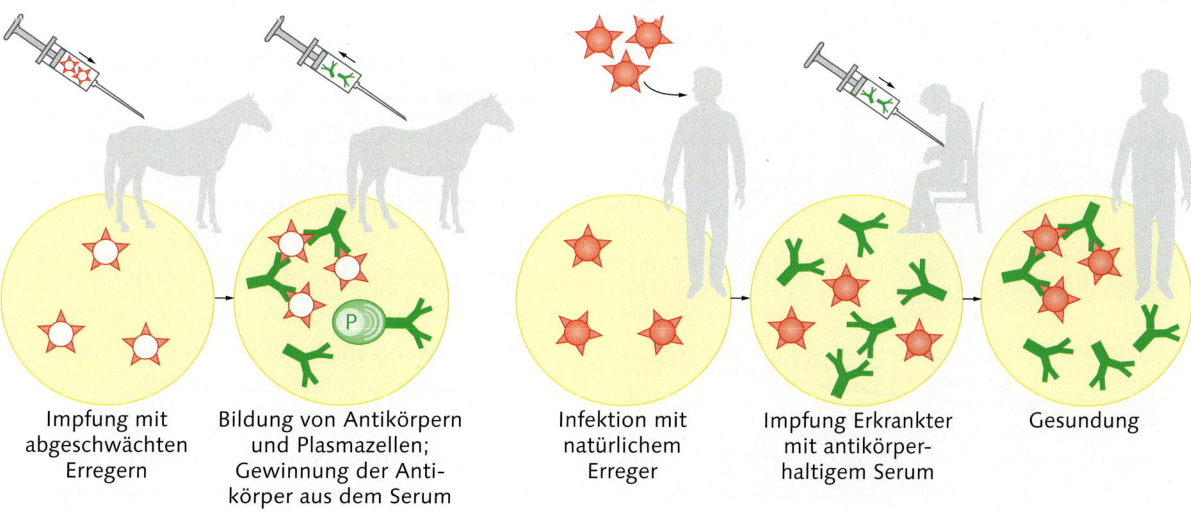

3 Passive Immunisierung

Handlungsoptionen abwägen

»Impfen – ja oder nein« – oder vielleicht? Dies ist ein Thema, zu dem besonders viele Behauptungen und Mythen kursieren. Nicht nur von Laien, auch von Medizinern hört man widersprüchliche Aussagen. Im Internet und in sozialen Medien wird das Thema kontrovers diskutiert. Welche Handlungsoptionen hast du und wie findest du für dich die richtige Entscheidung? Um dies beurteilen zu können, musst du die verschiedenen Handlungsoptionen kennen und diese gegeneinander abwägen können. Die folgenden Schritte können dir dabei helfen:

1 Den Konflikt beschreiben

Als Erstes muss dir bewusst werden, inwiefern mit der Ausgangssituation ein Konflikt verbunden ist, der nach einer Entscheidung verlangt. Worin besteht der Konflikt? Worüber muss entschieden werden? Wen betrifft diese Entscheidung? Welche Folgen wird dies haben?
In unserem Beispiel ist der Konflikt mit der Frage »Impfen – ja oder nein?« begründet. Dabei gibt es verschiedene Impfsituationen, die ganz unterschiedliche Konflikte bedeuten können: die Schutzimpfung einer Person zur Vorbeugung von Krankheiten wie Masern oder Grippe, die Impfung vor Antritt einer Fernreise, etwa zum Schutz vor Gelbfieber, oder eine Impfung bei bereits bestehendem Infektionsverdacht wie Tetanus.

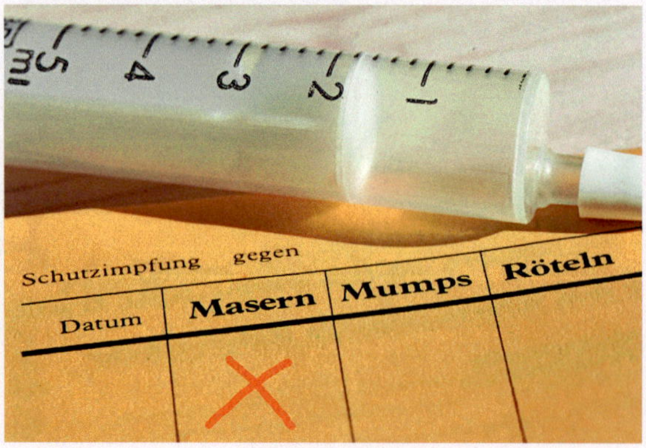

2 Impfpass

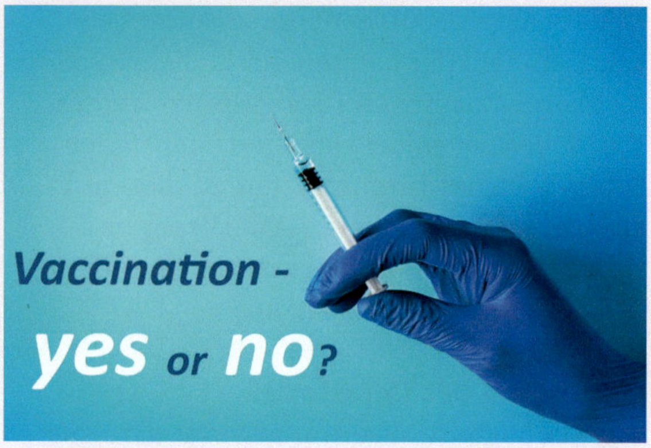

1 »Impfen – ja oder nein« – oder vielleicht ...?

2 Informationen sammeln und vergleichen

Recherchiere zu dem Thema in verschiedenen Quellen wie Internet, Fachbüchern und Zeitschriften. Vergleiche die Quellen und beurteile sie nach ihrer Sachlichkeit. Prüfe, ob die Inhalte neutral und objektiv oder eher subjektiv, eventuell sogar manipulativ dargestellt sind. Ein angegebenes Datum der Veröffentlichung gibt dir Auskunft über die Aktualität der Informationen. Neben dem Quellenstudium kannst du dir auch verschiedene Meinungen durch Informationsgespräche mit Betroffenen, Eltern, Freunden und Fachleuten einholen. Ziel ist es, Sachinformationen zu den jeweiligen Impfungen, den Krankheiten, eventuellen Risiken und den gesetzlichen Vorgaben zu sammeln.

3 Argumente pro und kontra finden und gewichten

Deine gesammelten Informationen und Meinungen lassen sich in Pro- und Kontra-Argumente einordnen. Wichtig ist dabei, zu unterscheiden, ob es sich um beschreibende, also Tatsachen wiedergebende Aussagen handelt oder um bewertende, also eher gefühlsbetonte Aussagen. Nun kannst du diese Argumente gegeneinander gewichten, etwa: Welche Gewichtung hat für dich das Risiko eines möglichen Impfschadens im Gegensatz zum Risiko eine Infektion und eine Krankheit zu erleiden? Bei unserer Frage »Impfen – ja oder nein?« werden der Wert der Gesundheit, die Verantwortung für sich und für andere Menschen eine wichtige Rolle spielen.

4 Handlungsoptionen benennen
Je nach Ausgangssituation und Vergleich der Argumente ergeben sich verschiedene Möglichkeiten zu handeln. Diese Handlungsoptionen gilt es, konkret zu benennen.
Beispiel: Ich lehne die Masernimpfung meiner Tochter ab, ich stimme einer Grippeschutzimpfung zu oder ich gehe nicht das Impfrisiko einer Gelbfieberschutzimpfung ein und verzichte dafür auf die Reise nach Kamerun. Wichtig ist, dass alle Handlungsoptionen benannt werden, ohne sie zu bewerten.

5 Folgen der Handlungsoptionen abschätzen
Jede dieser möglichen Handlungen zieht kurzfristige, aber auch mittel- und langfristige Folgen und Konsequenzen nach sich. Da du dich vorher genau über die Sachlage informiert hast, kannst du diese Folgen besser abschätzen und benennen. Am besten listest du alle Handlungsoptionen und deren Folgen in einer Tabelle auf. Die folgende Tabelle zeigt dies beispielhaft an der Masernimpfung:

Handlungsoption	Folgen, Konsequenz
keine Masern-impfung	– kein Risiko eines Impfschadens – Risiko einer Infektion – Ansteckung von Mitmenschen – Spätfolgen der Infektion – …
sich gegen Masern impfen lassen	– Schutz vor Masern – … – …

6 Handlungsoptionen abwägen
Jetzt kennst du die möglichen Folgen deiner Handlungsoptionen. Dies hilft dir, sie zu beurteilen und gegeneinander abzuwägen. Nun kannst du die für dich richtige Entscheidung treffen und sie mit Argumenten begründen. Für unser Beispiel könnte es heißen: Ich werde meine Tochter gegen Masern impfen lassen, weil mir die Risiken einer Masernerkrankung und deren möglichen Folgen zu gefährlich sind.

Aufgaben

Fallbeispiel: *Zeckenalarm in Bayern*
Die Eltern von Heike und Florian planen einen Wanderurlaub im Bayerischen Wald. Im Radio haben sie gehört, dass sich dort das FSME-Virus immer mehr ausbreitet. Es wird von Zecken übertragen. Eine Infektion kann lebensgefährlich werden. Die Familie ist nicht gegen FSME geimpft. Eine Impfung schützt, kann aber Nebenwirkungen haben.

1 a Beschreibe anhand der Informationen aus dem Fallbeispiel die besondere Ausgangssituation für den geplanten Urlaub.
b Beschreibe den Konflikt, der sich möglicherweise daraus ergibt.

2 Vergleiche die nötigen Informationen aus verschiedenen Quellen zu dem genannten Virus und den Erkrankungen sowie zu den Impfempfehlungen.

3 Nenne anhand dieser Informationen Argumente, die eher für oder gegen eine FSME-Impfung sprechen.

4 Nenne verschiedene Handlungsoptionen, die sich für die Kinder und ihre Eltern ergeben.

5 Beschreibe für jede dieser Handlungen die sich daraus ergebenden Konsequenzen.

6 Wäge nun diese Handlungsoptionen gegeneinander ab und begründe deine Entscheidung.

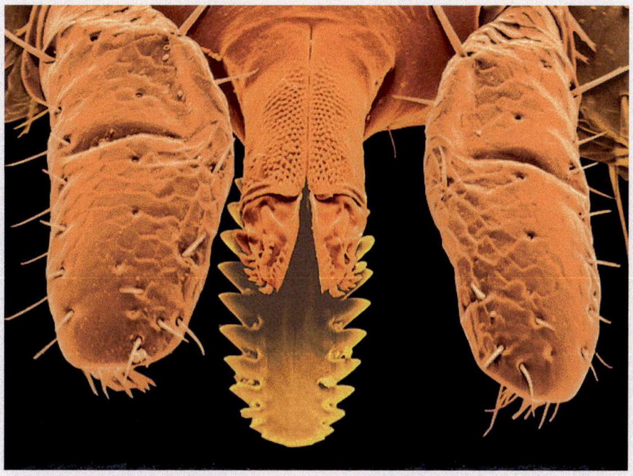

3 Stechend-saugende Mundwerkzeuge der Zecke

Bedeutung der Impfung

Bei einem schweren Ausbruch von Ebola in Westafrika von 2013 bis Ende 2016 waren über 28 000 Menschen mit dem Virus infiziert, von denen etwa 11 000 starben. Ein Medikament gegen das Ebolavirus gibt es nicht. Deshalb lag die ganze Hoffnung in einem neu entwickelten Impfstoff, der 2018 bei einem erneuten Ebolaausbruch im Kongo eingesetzt wurde. Er schützt vollständig bereits nach einer einmaligen Impfung.

Impfen – eine Erfolgsgeschichte

Am 8. Mai 1980 verkündete die Weltgesundheitsorganisation WHO, dass die Welt frei von Pockenviren ist. Die Pocken sind die bisher einzige »besiegte« Infektionskrankheit. Diphtherie, Kinderlähmung, Masern und Typhus sind zwar noch nicht ausgerottet, aber die Zahl der Erkrankungen ist in Europa deutlich zurückgegangen. »*Schluckimpfung ist süß – Kinderlähmung ist grausam*« – mit dieser Aussage warb man 1962 für die Einführung der sogenannten Schluckimpfung gegen Kinderlähmung in Deutschland. Diese Impfaktion war sehr erfolgreich. In den Folgejahren hoffte man sogar, dass Kinderlähmung die zweite Krankheit sein würde, die von der Erde verschwindet. Dieses Ziel konnte noch nicht erreicht werden, da in manchen Ländern aufgrund von Bürgerkriegen und fehlenden Auffrischungsimpfungen eine komplette Durchimpfung der Bevölkerung nicht möglich war. Dennoch hat sich die Zahl der Erkrankungen deutlich verringert.

Jahr	Erkrankungen
1975	49243
2000	2971
2005	1998
2010	1352
2017	22

2 Erkrankungen an Kinderlähmung weltweit

1 Kongo kündigt Impfkampagne gegen Ebola an.

Impfen – Schutz oder Risiko?

Wenn bei Schutzimpfungen abgeschwächte Erreger verwendet werden, besteht ein geringes Restrisiko, dass die Krankheit trotzdem ausbricht oder es zu schwerwiegenden Nebenwirkungen kommt. Dennoch haben Impfungen in den vergangenen Jahrzehnten ihre positive Wirkung auf die Gesundheit der Bevölkerung bewiesen.

Gefahr durch Impfmüdigkeit

Im Rahmen der Vorsorgeuntersuchungen sind bei uns fast alle Kinder geimpft. Weniger gut sieht es bei den Auffrischungsimpfungen aus. Ursachen dafür sind neben Bequemlichkeit eine in der Öffentlichkeit geführte Impfkritik. Da man aufgrund der Impferfolge mit vielen Infektionskrankheiten nicht mehr konfrontiert wird, sehen viele keine Notwendigkeit mehr, sich impfen zu lassen. Durch diese Impfmüdigkeit, das heißt die bewusste Ablehnung oder Vernachlässigung empfohlener Schutzimpfungen, treten manche Infektionskrankheiten wieder vermehrt auf.

In Kürze

Weltweite Impfkampagnen bewirkten, dass viele Infektionskrankheiten zurückgedrängt wurden. Dieser Erfolg ist durch eine sich ausbreitende Impfmüdigkeit gefährdet.

Aufgabe

1 Begründe, warum man durch fehlende Impfbereitschaft nicht nur sich selbst, sondern auch andere gefährdet.

Zur Diskussion

Impfung

Impfpflicht nun auch in Deutschland?
Durch Nachlässigkeit und Skepsis sinken die Impfquoten in der EU immer mehr. Frankreich und Italien haben bereits länger eine Impfpflicht eingeführt und machen gehörig Druck: Bei zwölf Krankheiten besteht für Kinder in Italien Impfpflicht, bei Nichtimpfung droht Eltern ein Bußgeld. Die Aufnahme in eine öffentliche Kindertagesstätte ist in Frankreich an den Nachweis von elf Impfungen bei Kindern unter zwei Jahren gebunden. Wiederkehrende Masernausbrüche und zu niedrige Impfraten führten zu diesen Maßnahmen. Auch in Deutschland wird ab März 2020 eine Impfpflicht eingeführt, nachdem 2018 und 2019 die Masernfälle wieder stark zugenommen haben.

1 Kommt die Impfpflicht?

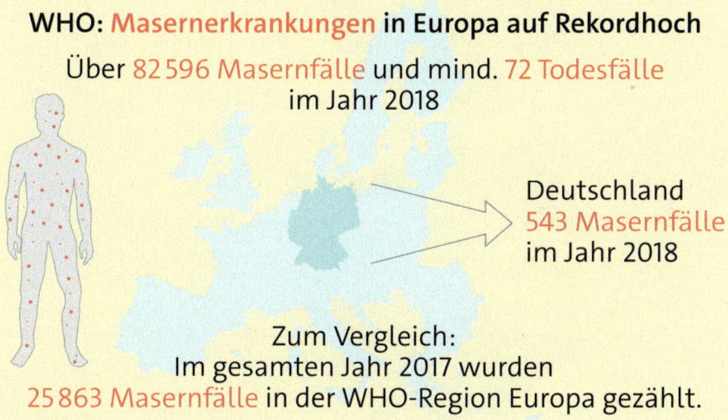

2 Masernerkrankungen in Europa 2018

Die WHO erklärt Impfgegner zur globalen Bedrohung
Masern könnten längst ausgerottet sein. Stattdessen wurde ein globaler Anstieg von rund 30 Prozent an Infizierten festgestellt. 2017 verdreifachte sich in Deutschland die Zahl der an Masern erkrankten Kinder im Vergleich zum Vorjahr auf rund 900 Fälle, wie das Robert-Koch-Institut bekannt gab. Schuld daran tragen die Impfgegner, die Masernimpfungen ablehnen.

3 Impfgegner

Anträge auf Anerkennung von Impfschäden in Deutschland (2005-2009)	
Gesamtanzahl der Impfungen	>211000000
Hinweise, Verdachtsfälle auf Nebenwirkungen	>10600
Anträge auf Anerkennung von Impfschäden	1036
Anerkannte und bewilligte Impfschäden	169

4 Impfschäden

Mein Sohn ist heute ein Jahr alt und war noch kein einziges Mal krank. Der Sohn meiner Freundin ist seit seiner »Schweinegrippeimpfung« ständig krank, genauso wie seine Eltern, die sich auch haben impfen lassen …

5 Behauptung von Eltern zum Gesundheitszustand ihres ungeimpften Sohnes

HPV: Ansteckung
Humane Papillomviren (kurz: HPV) können vor allem am Gebärmutterhals, aber auch am After, Penis, im Mund und Rachen Krebs verursachen. HPV werden meist durch Sexualkontakte übertragen. Erfahrungen haben gezeigt, dass die Impfung gegen HPV sehr wirksam ist und somit das Risiko für diese Krebserkrankungen deutlich senkt. Etwa 70 bis 80 Prozent aller sexuell aktiven Frauen und Männer stecken sich im Laufe ihres Lebens mit diesen Viren an. Diese Impfung wird jetzt nicht nur für Mädchen, sondern auch für Jungen empfohlen. Wer bis zum Alter von 15 Jahren noch nicht gegen HPV geimpft worden ist, sollte dies bis zum 17. Lebensjahr nachholen. Wissenschaftler empfehlen, dass der Aufbau des Impfschutzes gegen HPV möglichst vor dem ersten Sexualkontakt abgeschlossen sein sollte. Dann kann der bestmögliche Schutz erreicht werden.

6 Impfempfehlung

Immunsystem und Impfung

1 Die Immunreaktion

Während eines Krankheitsverlaufs können Ärzte die Anzahl der Antikörper im Blut ermitteln. Dazu wird das Blut in einem Labor untersucht. Die Antikörperkonzentration gibt Auskunft über den Verlauf der Krankheit. Die Kurve in Bild 1 stellt den Verlauf der Antikörperkonzentration beim Erstkontakt mit Grippeerregern sowie bei erneuter Ansteckung mit dem gleichen Erreger dar.

a Beschreibe den in Bild 1 dargestellten Verlauf der Antikörperkonzentration vom ersten Kontakt mit dem Antigen bis zum Tag 28.

Bei überstandener Krankheit haben sich genug Gedächtniszellen gebildet, sodass sich bei einem zweiten Kontakt mit dem gleichen Erreger schneller Antikörper bilden.

b Begründe den Verlauf der Antikörperkonzentration im zweiten Teil der Kurve ab Tag 28.

Bei einer passiven Immunisierung werden von außen Antikörper in hoher Konzentration zugeführt, um die Erreger zu bekämpfen.

c Zeichne eine entsprechende Kurve für eine passive Immunisierung beim Erstkontakt.

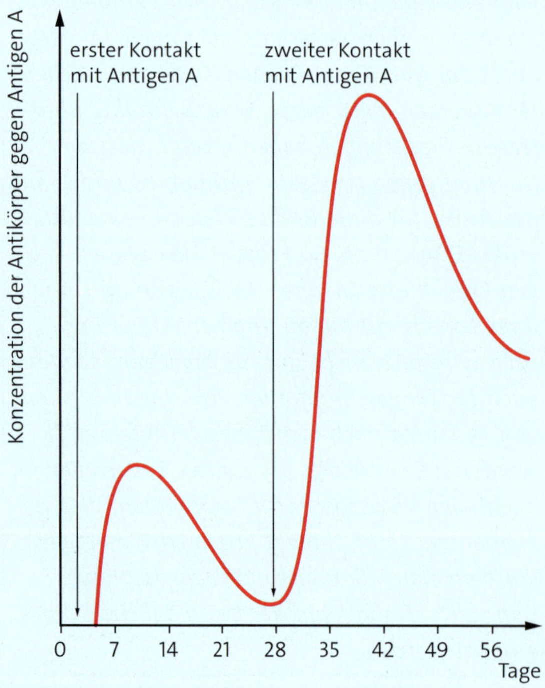

1 Antikörperkonzentration während eines Krankheitsverlaufs

2 Die Aufgabe der Makrophagen

Makrophagen findet man nicht nur in der Blutbahn und dem Lymphsystem, sondern auch in anderen Geweben. Sie bekämpfen Krankheitserreger durch Phagozytose.

a Beschreibe den Vorgang der Phagozytose mit Hilfe von Bild 2.

b Makrophagen werden auch Fresszellen genannt. Erläutere, warum diese Bezeichnung für den Vorgang einer Phagozytose nicht korrekt ist.

c Erreger dringen oft über Schleimhäute in den Körper ein. Erläutere, warum es von Vorteil ist, dass Makrophagen nicht nur in Blut und Lymphe vorhanden sind.

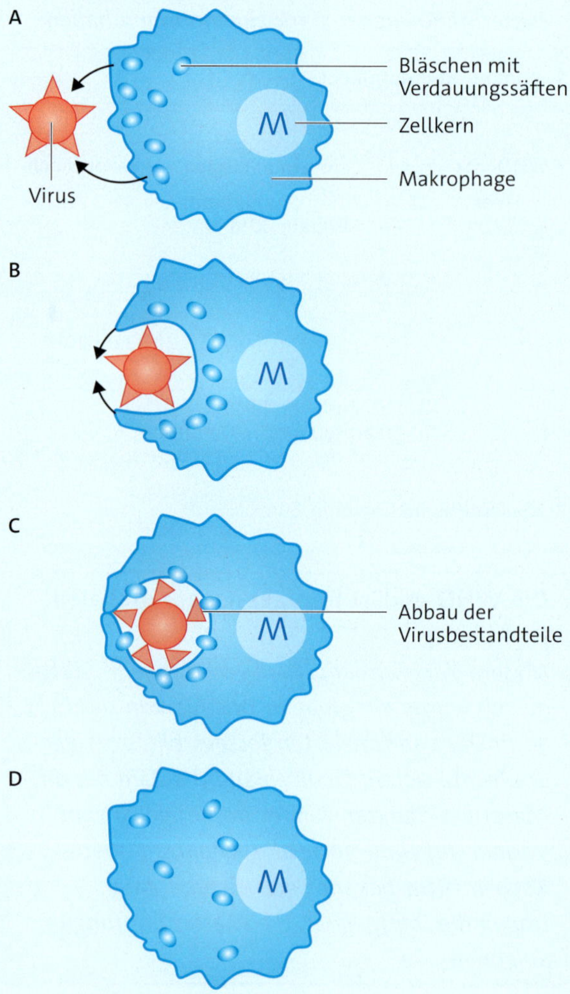

2 Phagozytose bei Makrophagen

3 Immunsystem in der Übersicht

Bei der spezifischen Abwehr des Immunsystems gegen Krankheitserreger sind verschiedene Abwehrzellen und Abwehrmechanismen in Aktion. Um nach erfolgreicher Abwehr die Immunreaktionen regulieren zu können, gibt es noch eine weitere Gruppe von T-Zellen: die Unterdrückerzellen. Sie hemmen die B- und T-Lymphozyten, somit kommt es nicht zu einer Überproduktion von Antikörpern. Das Immunsystem wird wieder heruntergefahren.

a Ordne die in Bild 3 abgebildeten Phasen in einen sinnvollen zeitlichen Ablauf.

b Ordne nun die in Bild 4 enthaltenen Textfelder den jeweiligen Phasen sinngemäß zu. Kennzeichne diese durch passende Farbgebung. Erstelle dazu ein Flussdiagramm.

1 Abschaltphase	2 Aktivierungs- und Differenzierungsphase
3 Erkennungsphase	4 Wirkungsphase

3 Zeitliche Phasen der Immunreaktionen

a Killerzellen werden aktiv, Bildung und Vermehrung von Antikörpern, Entstehung von Antigen-Antikörper-Komplexen

b Differenzierung und Bildung von T-Helfer-, T-Killer-, T-Gedächtnis- und T-Unterdrückerzellen

c Unterdrückerzellen stoppen die Immunreaktionen, Gedächtniszellen bleiben erhalten, Erholungsphase des Organismus beginnt.

d T-Lymphozyt hat Kontakt mit Antigen präsentierenden Makrophagen. Folge: Teilung und beginnende Vermehrung

e Aktivierung von B-Lymphozyten, Vermehrung und Differenzierung zu Plasmazellen und B-Gedächtniszellen

4 Aktivitäten des Immunsystems

4 Impfung gegen Kinderkrankheiten

Kinderlähmung (Polio) ist eine hochansteckende Krankheit, die durch Viren ausgelöst wird und in der Regel Kinder unter 5 Jahren betrifft. In den meisten Fällen verläuft sie relativ harmlos. Befallen die Viren jedoch Nervenzellen im Rückenmark, nimmt die Krankheit einen sehr schweren Verlauf. Oft bleiben Lähmungen. Sie kann auch zum Tod durch Atemlähmung führen. Mit Medikamenten lassen sich nur Symptome der Kinderlähmung lindern, eine Heilung ist nicht möglich. Schutz vor dieser Krankheit bietet nur die Impfung. Polio ist weltweit fast besiegt. Aber noch immer gibt es Länder, in denen neue Poliofälle auftreten. Deutschland ist seit 1992 praktisch poliofrei. Deshalb sehen viele Eltern seit mehreren Jahren keine Notwendigkeit mehr, ihre Kinder impfen zu lassen, obwohl Experten es empfehlen.

Jahr	Erkrankte
1960	4236
1961	4661
1962	234
1963	234
1964	44
1965	45
1966	15
1970	367
1980	8
1990	–
2000	1
2010	–

5 Krankheitsfälle der Kinderlähmung in Deutschland

a Stelle die Daten der Tabelle in einem geeigneten Diagramm dar.

b Werte das Diagramm aus.

c Begründe, in welchem Jahr in Deutschland die Polioschutzimpfung eingeführt wurde.

d Stelle begründete Vermutungen an, warum die Impfung empfohlen wird, obwohl es in Deutschland keine Polio mehr gibt.

Infektionskrankheiten

1 Infektion mit Influenzaviren

Die echte Grippe, auch Influenza genannt, ist eine ernsthafte Atemwegserkrankung, die durch die Influenzaviren ausgelöst wird. In Deutschland wurden bei einer Grippewelle über 300 000 Influenzafälle gemeldet, über 1500 Patienten sind gestorben. Die Mehrheit der Verstorbenen war älter als 60 Jahre.

Verlauf einer Infektionskrankheit

Krankheiten, die durch Erreger ausgelöst werden, nennt man *Infektionskrankheiten*. Sie zeigen meist einen typischen Verlauf: Mit dem Eindringen der Erreger in den Körper, der *Infektion*, beginnt jede Infektionskrankheit. Darauf folgt die *Inkubationszeit*, also die Zeit zwischen der Infektion und dem Krankheitsausbruch, in der sich die Erreger vermehren. Sie beträgt meist einige Tage, im Extremfall nur wenige Stunden oder aber gar Jahre. Mit dem Auftreten der typischen Krankheitsmerkmale, den *Symptomen*, beginnt die Phase der Erkrankung. Bei einem grippalen Infekt gehören meist Husten, Schnupfen, Fieber und Gliederschmerzen dazu. Verursacht werden die Symptome durch die Erreger selbst oder durch Giftstoffe, die sie produzieren. Wenn das Immunsystem die Vermehrung der Erreger hemmt und sie letztlich vernichtet, setzt mit dem Abklingen der Symptome die *Gesundung* ein.

Infektionskrankheiten – früher

Früher waren Menschen Infektionskrankheiten wie Pest und Pocken schutzlos ausgeliefert. Die Erreger der Pest, bestimmte Bakterien, werden von Flöhen auf den Menschen übertragen. Im 14. Jahrhundert verstarb daran ein Drittel der Bevölkerung Europas. Das Pockenvirus führte bei rund 30 Prozent der Erkrankten in wenigen Wochen zum Tod. Noch im 18. Jahrhundert fielen jährlich fast 100 000 Menschen allein in Deutschland den Pocken zum Opfer.

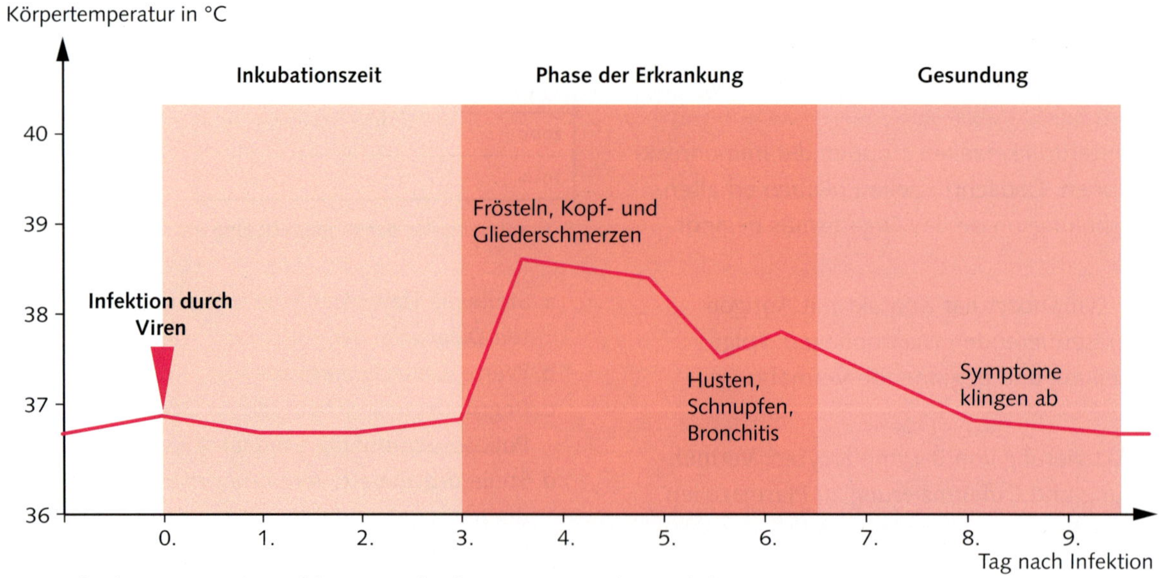

2 Verlauf eines grippalen Infekts, einer durch Viren verursachten Erkältung

Bekämpfung und Behandlung – früher

Früher war eine erfolgreiche Behandlung dieser tödlichen Infektionskrankheiten nicht möglich, da weder die Erreger als Ursache noch die Infektionswege bekannt waren. Mit Arzneien versuchte man lediglich, Symptome zu lindern. Ein wirksamer Schutz vor Ansteckung war, die betroffenen Erkrankten zu isolieren. Das Massensterben konnte man medizinisch jedoch nicht verhindern.

Infektionskrankheiten – heute

So gefürchtete Infektionskrankheiten wie Pest und Pocken kommen dank des medizinischen Fortschritts im 20. Jahrhundert und des hohen Hygienestandards heute nur noch vereinzelt oder gar nicht mehr vor. Heute kennt man Erreger und Infektionswege. Impfstoffe wurden entwickelt und mit der Entdeckung der Antibiotika stehen wirksame Medikamente gegen bakterielle Infektionen bereit. Bei Viruserkrankungen hilft nur eine Impfung, soweit Impfstoffe vorhanden sind. Antibiotika sind hier wirkungslos. Heutzutage stellt die Bekämpfung von Infektionskrankheiten wie Aids, Malaria, Cholera, Ebola und Influenza eine Herausforderung für die Medizin und die Gesellschaft dar.

Infektionskrankheiten – in Zukunft

Die Bedrohung durch Infektionskrankheiten wird weiter bestehen. Sogenannte *multiresistente Keime*, gegen die heutige Antibiotika wirkungslos sind, nehmen immer mehr zu.

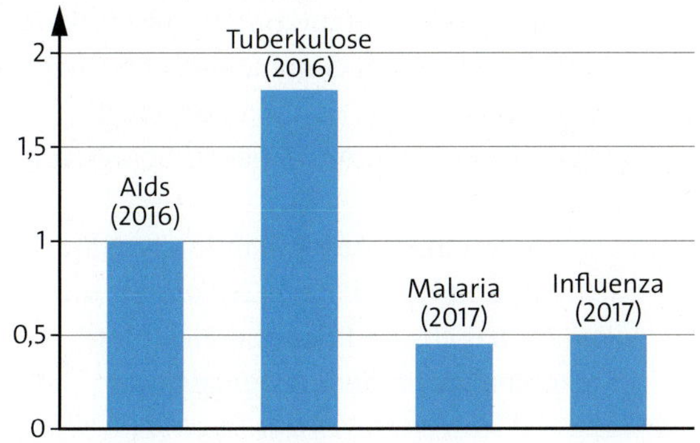

3 Todesfälle gefährlicher Infektionskrankheiten weltweit

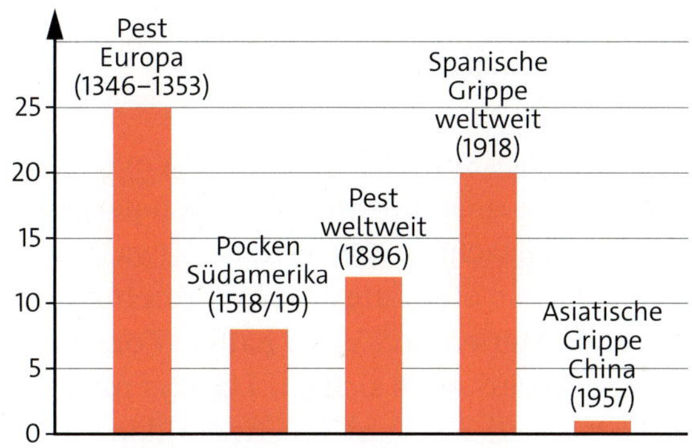

4 Todesfälle großer Epidemien

Viren, die normalerweise nur Tiere infizieren, wie das Vogelgrippevirus, können durch ihre Wandelbarkeit plötzlich auch Menschen befallen und so neue *Epidemien* auslösen. Eine Epidemie ist eine regional begrenzte Ausbreitung einer Infektionskrankheit. Künftige medizinische Herausforderungen werden veränderte Erreger und neu auftretende Krankheiten sein. Armut, der Hygienestatus in der Dritten Welt und das Bevölkerungswachstum sind weitere Problemfelder. Durch die zunehmende Mobilität der Menschen können gefährliche Erreger schnell über alle Kontinente verbreitet werden. Dies kann zu einer weltweiten Ausbreitung, einer *Pandemie*, führen.

In Kürze

Infektionskrankheiten verlaufen in typischen Phasen und mit charakteristischen Symptomen. Der Kampf gegen Infektionskrankheiten bleibt weltweit eine medizinische und gesellschaftliche Herausforderung.

Aufgaben

1 Beschreibe die verschiedenen Phasen einer Infektionskrankheit.

2 Erkläre, inwiefern ein äußerlich gesund erscheinender Mensch eine ansteckende Krankheit haben kann.

3 Nenne Gründe, warum frühere Krankheiten wie Pest oder Pocken so katastrophal verliefen.

4 Nenne Herausforderungen, die sich in Zukunft hinsichtlich der Bekämpfung von Infektionskrankheiten ergeben.

Vermeidung von Infektionskrankheiten

Smartphones sind Brutstätten für Viren und Bakterien – nicht nur weil sie selten gereinigt werden. Tatsächlich gibt es kaum etwas, das wir täglich so oft in unsere Hände nehmen, an denen Bakterien und Viren haften. Forscher fanden heraus, dass sich auf Handys mehr Keime befinden als auf Toilettenbrillen.

Bester Schutz durch Hygiene

Mit dem Einhalten von Hygienestandards kann man sich effektiv vor Infektionen mit Keimen schützen. Dazu gehören die Körperhygiene sowie auch Maßnahmen im Haushalt und beim Umgang mit Lebensmitteln.

Vermeidung von Kontakt mit Erregern

Beim Besuch von erkrankten, infektiösen oder immungeschwächten Menschen ist es ratsam, einen Mundschutz zu tragen, die Hände zu desinfizieren und direkten Körperkontakt zu vermeiden. Dabei gilt es, sowohl sich selbst als auch andere zu schützen. Öffentliche Verkehrsmittel und Toiletten sowie Menschenansammlungen sind immer mit einem erhöhten Risiko von Schmier- und Tröpfcheninfektionen verbunden. Fußpilzinfektionen in Schwimmbad und Sauna können durch Tragen von Badeschuhen reduziert werden. Die richtige Verwendung von Kondomen schützt vor einer HIV-Infektion und vor den meisten sexuell übertragbaren Krankheiten.

2 Handdesinfektion

1 Handy am Ohr – Gefahr für Schmierinfektion

Schutz vor Parasiten

Erreger von Infektionskrankheiten sind oft auch Parasiten. Dies sind Lebewesen, die einen Organismus, den Wirt, befallen, ihn zum eigenen Nutzen schädigen oder sogar töten können. Beispiele für Parasiten sind einige Zeckenarten. Beim Blutsaugen können sie Bakterien oder Viren auf den Menschen übertragen. Die Bakterien verursachen die Borreliose, die zu schmerzhaften Gelenkentzündungen oder zu Schädigungen des Nervensystems führt. Die Viren verursachen eine Hirnhautentzündung, kurz FSME genannt. Mittlerweile gilt fast ganz Bayern als Risikogebiet, sodass eine Impfung gegen FSME dringend angezeigt ist.

Tipps zur Vermeidung von Zeckenstichen

- Vermeide zu nahen Kontakt mit Unterholz, Sträuchern und hohem Gras.
- Trage lange Hosen und langärmlige Kleidung, um direkten Hautkontakt mit Zecken zu vermeiden. Auch Gummistiefel erschweren den Zecken den Kontakt zur Haut.
- Verwende spezielle Anti-Zecken-Sprays auf Haut und Kleidung.
- Suche nach einem Aufenthalt in der Natur Kleidung und Körper nach Zecken ab, vor allem im Bauch- und Brustbereich, den Kniekehlen sowie der Leistengegend.

3 Zeckenabwehr

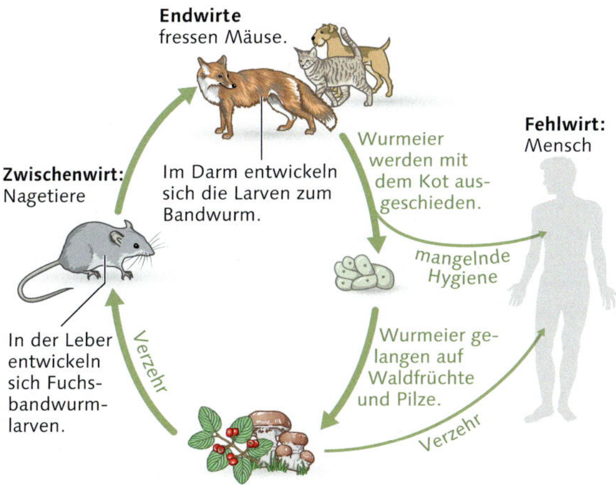

4 Entwicklung des Fuchsbandwurms

6 Orientalischer Gemüsemarkt

Weitere Beispiele für Parasiten sind Würmer wie Rinder-, Schweine- und Fuchsbandwurm. Ein Befall mit dem Fuchsbandwurm kann unbehandelt tödlich enden. Eigentlich lebt er im Darm von Füchsen. Gelangen die ausgeschiedenen Wurmeier beispielsweise über Waldfrüchte in den menschlichen Körper, entwickeln sich daraus Larven, welche die Leber zerstören. Deshalb sollten niedrig wachsende Beeren gemieden werden.

Vorsorge durch Impfen

Impfen ist eine hochwirksame Schutz- und Vorbeugemaßnahme für sich und andere. Dies gilt für die Grundimpfungen im Kindes- und Jugendalter sowie für saisonale Impfungen wie die Grippeimpfung. Der Impfpass erinnert daran, dass Auffrischungsimpfungen nicht vergessen werden. Informationen erhält man beim Hausarzt und bei kostenlosen Impfberatungsstellen.

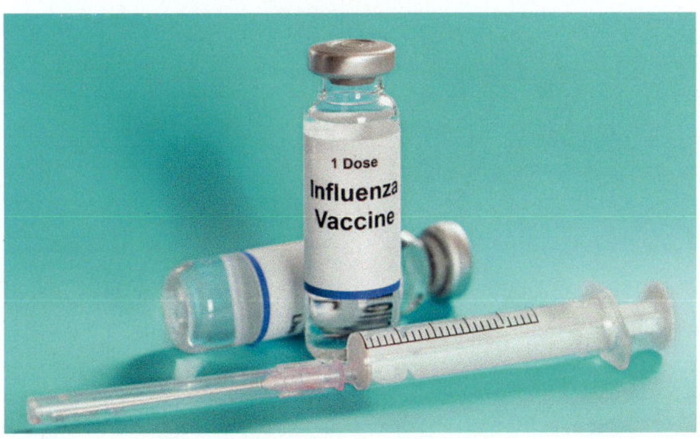

5 Grippeschutzimpfung

Vorsichtsmaßnahmen bei Fernreisen

Schon mancher ist in einem fernen Land von einer massiven Darminfektion überrascht worden oder erkrankte an einer Tropenkrankheit wie Malaria. Tropische Länder bergen besondere Gesundheitsrisiken, deshalb gilt es, Vorsichtsmaßnahmen zu treffen, um Infektionen zu vermeiden. Vorsicht bei Leitungswasser: Besser nur »sicheres« Wasser aus industriell abgefüllten Behältern trinken. Gefahr besteht auch bei Salaten und Gemüse, wenn sie mit Leitungswasser gewaschen oder zubereitet wurden. Beim Essen gilt die Faustregel: »Cook it, boil it, peel it – or forget it!«

Mückenschutzmittel und Moskitonetze schützen vor Insekten. Vor Reiseantritt sollte man sich rechtzeitig über vorgeschriebenen oder empfohlenen Impfschutz informieren.

In Kürze

Besondere Hygienemaßnahmen und Impfungen schützen vor Infektionskrankheiten. Parasiten wie Zecken und Fuchsbandwürmer können Krankheiten verursachen, die durch Vorsichtsmaßnahmen vermeidbar sind.

Aufgaben

1 Nenne vier Maßnahmen, die dazu beitragen, direkten Kontakt mit Erregern zu vermeiden.
2 Erläutere mit Hilfe von Bild 4, wie sich der Mensch mit Fuchsbandwürmern infizieren kann.
3 Erläutere den Rat: »Cook it, boil it, peel it – or forget it!«

Aufgaben

Infektionskrankheiten

1 Verlaufsformen von Virusinfektionen

Wie eine Virusinfektion verläuft, hängt von den Eigenschaften des Virus und der Wirtszelle sowie den Wechselwirkungen zwischen beiden ab. Daher beobachtet man unterschiedliche Krankheitsverläufe nach Virusinfektionen. Bild 1 zeigt vier verschiedene Verlaufsformen, die in den Texten A bis D beschrieben werden.

a Ordne die Grafiken 1, 2, 3 und 4 den vier Texten A, B, C und D passend zu.

b Erläutere den jeweiligen Kurvenverlauf.

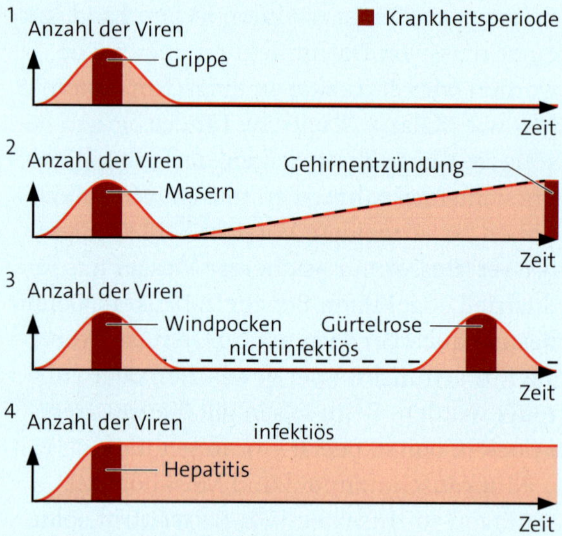

1 Verlauf von Virusinfektionen

A **Latente Infektion:** Nach akuter Infektion verbleibt das Virus im Körper, wird nach einiger Zeit wieder reaktiviert und führt zum Auftreten neuer akuter Erkrankungen.

B **Akute Infektion:** Nach kurzer Inkubationszeit treten die Krankheitssymptome auf. Infektiöse Viren sind meist nur kurz vor bis nach der Krankheitsperiode nachweisbar.

C **Chronische Infektion:** Nach akuter Erkrankung werden infektiöse Viren über einen längeren Zeitraum produziert und ausgeschieden.

D **Akute Infektion mit seltenen Spätfolgen:** Nach der akuten Erkrankung verbleiben Viren im Körper. Erneute Virusaktivierung führt nach Jahren zu einer schwer verlaufenden Erkrankung.

2 Die Pest – der Schwarze Tod

Die Pest war im Mittelalter eine der schlimmsten Seuchen. Bei der größten Pestpandemie von 1347 bis 1351 starben über 25 Millionen Menschen in Europa. Die Pest wurde über Handelswege, vor allem über den Seeweg, von Asien eingeschleppt. Flöhe waren die Überträger der Erreger, die man erst 1894 als Bakterien identifizierte. Im Mittelalter herrschten katastrophale hygienische Verhältnisse. Ratten und damit die auf ihnen lebenden Flöhe fanden so ideale Lebensbedingungen.

Die Beulenpest führt beim Menschen zu fieberhaften Entzündungen, schwarzblau verfärbten Beulen und eiternden Geschwüren an den Lymphknoten. Gelangen die Erreger durch Tröpfcheninfektion in die Atemwege, entsteht die sehr rasch verlaufende und unbehandelt tödliche Lungenpest. Die Seuche wurde auch als »Schwarzer Tod« bezeichnet.

a Nenne Krankheitssymptome der zwei Pestformen.

b Beschreibe die Übertragungswege der Pest.

c Erläutere die Bedeutung der hygienischen Verhältnisse bei der Ausbreitung der Pest.

d Begründe, welche der Pestformen die Pandemie in Europa verursacht hat.

e Da die Pest unheilbar war, versuchten viele, der Seuche durch Flucht zu entkommen. Gerade deshalb verbreitete sich die Pest über ganz Europa. Nimm Stellung zu dieser Aussage.

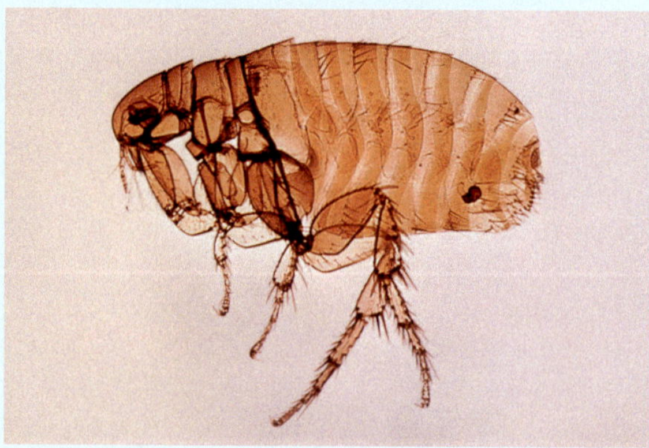

2 Rattenfloh

3 Malaria – nicht nur eine Tropenkrankheit

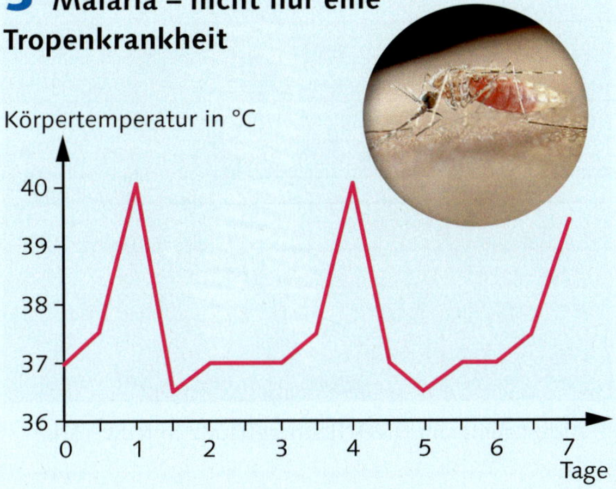

3 Fieberkurve eines an Malaria erkrankten Menschen

Der Überträger der Malariaerreger ist die Anophelesmücke, eine Stechmückenart, die in tropischen Gebieten lebt. Die Erreger sind tierische Einzeller, die in den Speicheldrüsen der Mücken leben und beim Blutsaugen von Erkrankten auf Gesunde übertragen werden. Die Erreger vermehren sich in den roten Blutkörperchen so stark, bis diese platzen. Die neuen Erreger befallen weitere Erythrozyten. Nach zwei bis drei Tagen zerfallen diese wieder. Die dabei freigesetzten Stoffwechselprodukte lösen meist heftige Fieberanfälle aus, die sich regelmäßig wiederholen. Malaria gibt es nur dort, wo Anophelesmücken vorkommen. Weltweit sterben täglich mehr als 1100 Menschen an Malaria. In Deutschland gibt es nur eingeschleppte Malariafälle, jedoch hat sich ihre Zahl durch zunehmenden Tourismus in den letzten Jahren nahezu verdoppelt.

a Wechselfieber ist eine andere Bezeichnungen für Malaria. Erkläre.

b Beschreibe den Verlauf der Fieberkurve und erläutere den Zusammenhang mit der Vermehrungsart der Malariaerreger im Blut.

c Zeichne zu dieser Fieberkurve die passende Vermehrungskurve der Malariaerreger.

d Vergleiche diese Vermehrungskurve mit der von Viren. Begründe.

e Erkläre die Zunahme von eingeschleppten Malariafällen in Deutschland.

f Könnte sich aufgrund der globalen Klimaerwärmung die Malaria auch bei uns ausbreiten? Nimm dazu kritisch Stellung.

4 Masern – tückische Viren

Was man wissen sollte über … Masern

Infektion:
- Tröpfchen- oder Schmierinfektion
- 95 % der Menschen mit Viruskontakt erkranken.

Symptome:
- nach 8 bis 10 Tagen untypische Symptome wie Fieber, Bindehautentzündung, Schnupfen, Husten, Ausschlag an Gaumen und Mundschleimhaut
- nach 14 Tagen rosafarbene Hautflecken, beginnend im Gesicht

Mögliche Komplikationen:
- zusätzliche Infekte durch Immunschwäche
- lebensbedrohliche Hirnentzündung (auch erst Jahre später)

4 Infoplakat zur Masernerkrankung

a Nenne den Erreger der Masern.

b Beschreibe die Art der Ansteckung.

c Erkläre, warum eine Masernerkrankung meist spät erkannt wird.

Masernviren können bis zu zwei Stunden in der Luft überleben. Ansteckend ist eine Person bereits fünf Tage vor Auftreten des Masernausschlags. In Deutschland sind wegen Impfmüdigkeit die Impfungsraten für Masern gesunken.

d Erläutere anhand der Textinformationen und Bild 4, inwiefern Masern eine hochansteckende und gefährliche Erkrankung sind.

Nach überstandener Masernerkrankung bleibt das Immunsystem geschwächt, etwa sechs Wochen besteht erhöhte Anfälligkeit für andere Infektionen. Neuere Forschungen ergaben, dass Masernviren das Immunsystem sogar über Jahre schwächen können, da sie T-Lymphozyten zerstören, die eigentlich Gedächtniszellen gegen bekannte Erreger bilden würden. Somit wird das immunologische Gedächtnis außer Gefecht gesetzt.

e Beschreibe die Auswirkungen einer Maserninfektion auf das Immunsystem und mögliche Folgen für weitere Erkrankungen.

HIV und Aids

Aids ist die bekannteste, noch nicht heilbare Infektionskrankheit. 1964 gab es weltweit etwa 17 Millionen und 2017 fast 37 Millionen HIV-Infizierte. Die Tendenz ist in Deutschland leicht fallend. Seit Beginn der Seuche im Jahre 1981 sind über 35 Millionen Menschen an ihr gestorben. Die rote Schleife ist ein Zeichen für den weltweiten Kampf gegen Aids.

1 Aidsschleife am UNO-Hauptgebäude in New York

Unterschied: HIV-positiv und aidskrank
Das Wort Aids setzt sich aus den Anfangsbuchstaben der englischen Wörter *acquired immune deficiency syndrome* zusammen. Auf Deutsch heißt das »erworbene Immunschwächekrankheit«. Die Krankheit schädigt das Immunsystem des menschlichen Körpers. Auslöser ist das HI-Virus, kurz HIV *(human immunodeficiency virus)*. Man kann jahrelang mit HI-Viren infiziert, also HIV-positiv sein, ohne dass man es merkt. Von »aidskrank« spricht man erst, wenn die Krankheit mit ihren Symptomen ausgebrochen ist.

Weltweite Bedrohung durch Aids
Trotz der Erfolge im Kampf gegen Aids breitet sich die Seuche immer noch stark aus. 2017 haben sich weltweit etwa 2 Millionen Menschen infiziert. Das bedeutet täglich eine Zunahme von etwa 5 500 HIV-Infizierten.

Das HI-Virus
Das kugelförmige HI-Virus besteht aus einer Hülle mit vielen Fortsätzen, den *Spikes*. An diese Hülle schließen sich nach innen zwei weitere Eiweißhüllen an. Die innerste umgibt die Erbsubstanz.

Angriff auf die Helferzellen
Auf eine Infektion mit HI-Viren reagiert das Immunsystem, indem es spezifische Antikörper gegen die HIV-Antigene bildet. Die besondere Wirkung dieser Viren beruht darauf, dass sie T-Helferzellen befallen und deren Erbinformation verändern. Fortan produzieren diese nur noch HI-Viren. Dabei gehen die T-Helferzellen zugrunde. Bei einem gesunden Menschen befinden sich in einem Mikroliter Blut rund 1 000 Helferzellen, bei einem Aidskranken sind es weniger als 200.

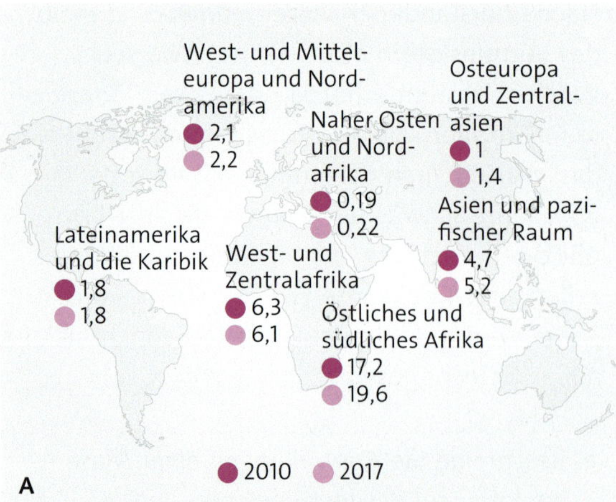

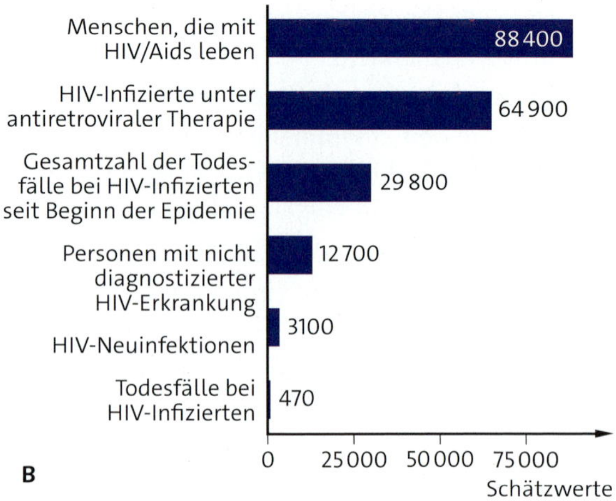

2 HIV und Aids: A weltweite Verbreitung (in Millionen); B Daten zu Deutschland

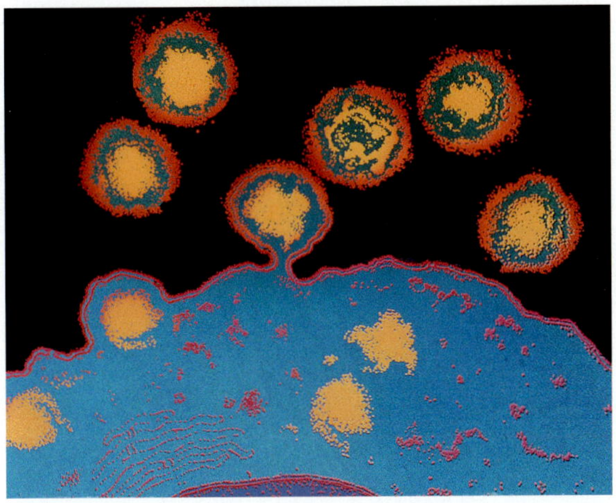

3 Neue HI-Viren verlassen die infizierte Helferzelle.

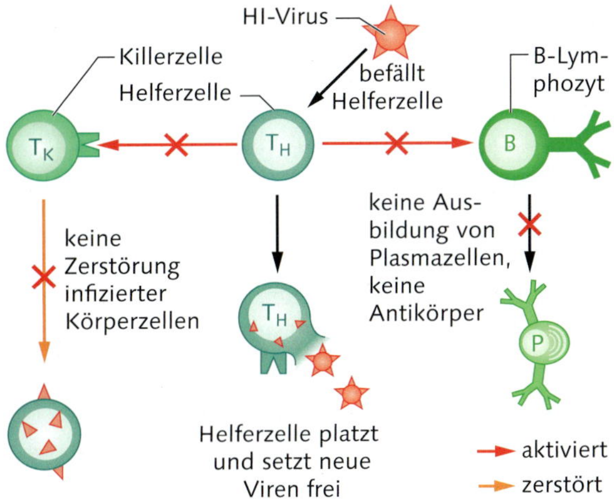

4 Folgen der HIV-Infektion

Das Immunsystem bricht zusammen

Durch das allmähliche Zerstören der T-Helferzellen werden weder die für die Immunreaktion wichtigen Plasmazellen noch die Killerzellen aktiviert. Die Zahl der Helferzellen nimmt ab, sodass die körpereigene Abwehr keine Krankheitserreger mehr bekämpfen kann. Aidskranke können deshalb bereits an harmlosen Infektionskrankheiten sterben.

Infektion mit HI-Viren

Durch HI-Viren in Blut, Sperma, Scheidenflüssigkeit und Muttermilch eines HIV-positiven Menschen kann eine Infektion erfolgen. Diese Flüssigkeiten müssen in die Körper von nicht infizierten Personen gelangen. Die intakte Haut stellt eine sichere Barriere dar und schützt im Gegensatz zu den Schleimhäuten vor einer Ansteckung.

Krankheitsverlauf bei Aids

Aids verläuft in Phasen. Nach der Infektion treten Fieber und Gliederschmerzen auf, die meist rasch verschwinden. Die Infizierten fühlen sich gesund. Dieser Zustand kann lange Zeit andauern. Allerdings sind sie HIV-positiv und können andere Menschen anstecken. Später treten erneut Krankheitssymptome auf, bis schließlich das Immunsystem zusammenbricht. Aids ist nicht heilbar, aber so behandelbar, dass im Körper keine HI-Viren mehr nachweisbar sind.

In Kürze

Aids wird durch HI-Viren verursacht. Sie befallen die T-Helferzellen, wodurch die körpereigene Abwehr allmählich zerstört wird.
Die Ansteckung kann über Blut, Sperma oder Vaginalflüssigkeiten sowie Muttermilch erfolgen. Aids ist unbehandelt bis heute tödlich.

Aufgaben

1 Nenne den Zusammenhang von Aids und HIV.

2 Stelle die in Bild 2 enthaltenen Daten über die regionale Verbreitung von HIV-Infizierten mit Hilfe eines geeigneten Diagramms dar.
   a Begründe die Auswahl des Diagramms.
   b Werte das Diagramm aus.

3 Erkläre, weshalb HIV-Infizierte öfter krank werden können als Nichtinfizierte.

4 Stelle eine begründete Vermutung an, ob Bild 5 die Anzahl der Helferzellen, der HI-Viren oder der Antikörper darstellt.

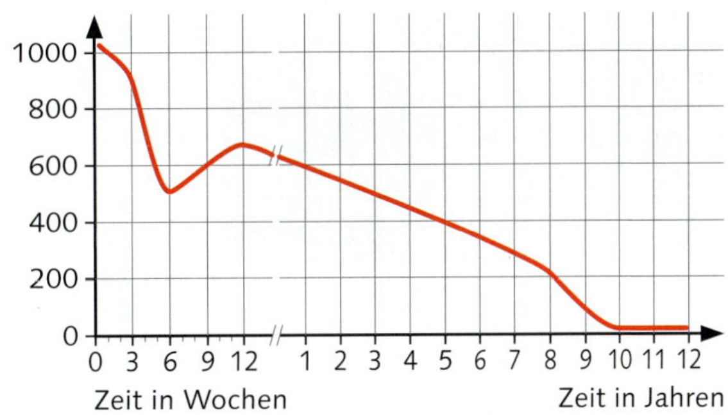

5 Abnahme bei HIV-Infektion

Schutz vor Aids

Wie ein Spielbrett mit Spielfiguren sieht das Ergebnis aus, das Forscher am Ende ihrer Untersuchungen vorstellten. Tatsächlich handelt es sich um die Aufzeichnungen der sexuellen Beziehungen von Schülerinnen und Schülern einer Kleinstadt. Die vielfältigen Sexualkontakte wirken verwirrend und interessant zugleich, sie bergen aber auch ein hohes Risiko.

Safer Sex

Hauptansteckungsquelle für HI-Viren ist der ungeschützte Geschlechtsverkehr. Schon vor dem »ersten Mal«, aber auch später sollten die Partner darüber reden, wie sie sich schützen wollen. Der Gebrauch von Kondomen bietet einen sehr hohen Schutz vor der Ansteckung mit HI-Viren sowie vor den Erregern von Geschlechtskrankheiten wie Syphilis oder Gonorrhö. »Safer Sex« heißt frei übersetzt »sicherer Geschlechtsverkehr« und meint die konsequente Verwendung von Kondomen. Sexualität bedeutet nicht nur Geschlechtsverkehr. Auch Kuscheln, Küssen, Streicheln und Petting drücken Zuneigung aus und gehören zur Sexualität.

2 Werbung für Kondome
Mit freundlicher Genehmigung und Unterstützung der Bundeszentrale für gesundheitliche Aufklärung (BZgA) im Rahmen der HIV/STI-Kampagne »LIEBESLEBEN«

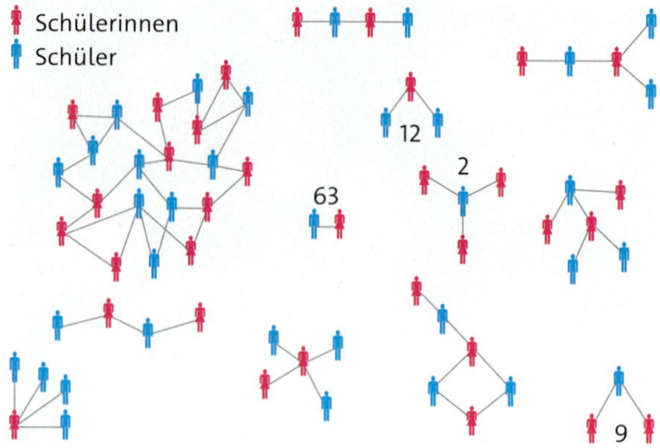

1 Liebesnetzwerk

Schutz durch Prävention

Der direkte Kontakt mit Blut eines Infizierten ist eine weitere Infektionsquelle für HI-Viren. Deshalb gehören Einweghandschuhe zur Grundausstattung eines Erste-Hilfe-Koffers. Diese sollte man anziehen, falls man eine blutende Wunde versorgen muss. Eine Ansteckung durch Blutkonserven ist in Deutschland nahezu auszuschließen, da diese sehr streng kontrolliert werden. Mit einer Eigenblutspende vor einer Operation kann man das sehr geringe Restrisiko ausschließen.

Aids und Alltagstätigkeiten

Viele Tätigkeiten des Alltags sind ungefährlich, wenn man die Hygieneregeln beachtet. Händeschütteln, Umarmen, Tränenflüssigkeit, WC-Besuch, Insektenstiche und auch Küssen stellen keine Ansteckungsgefahr dar.

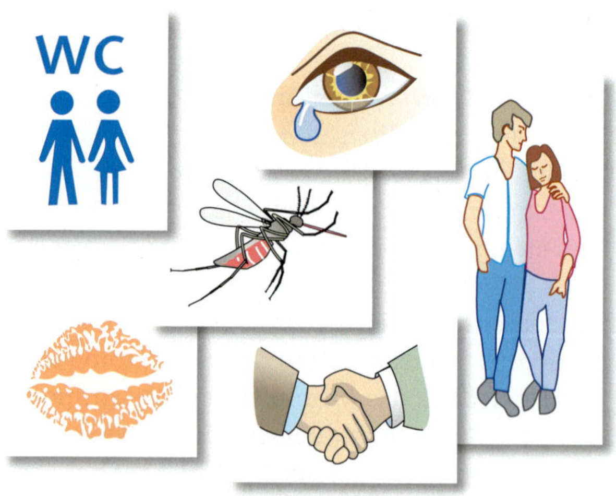

3 Hier droht keine Gefahr einer Ansteckung mit HI-Viren.

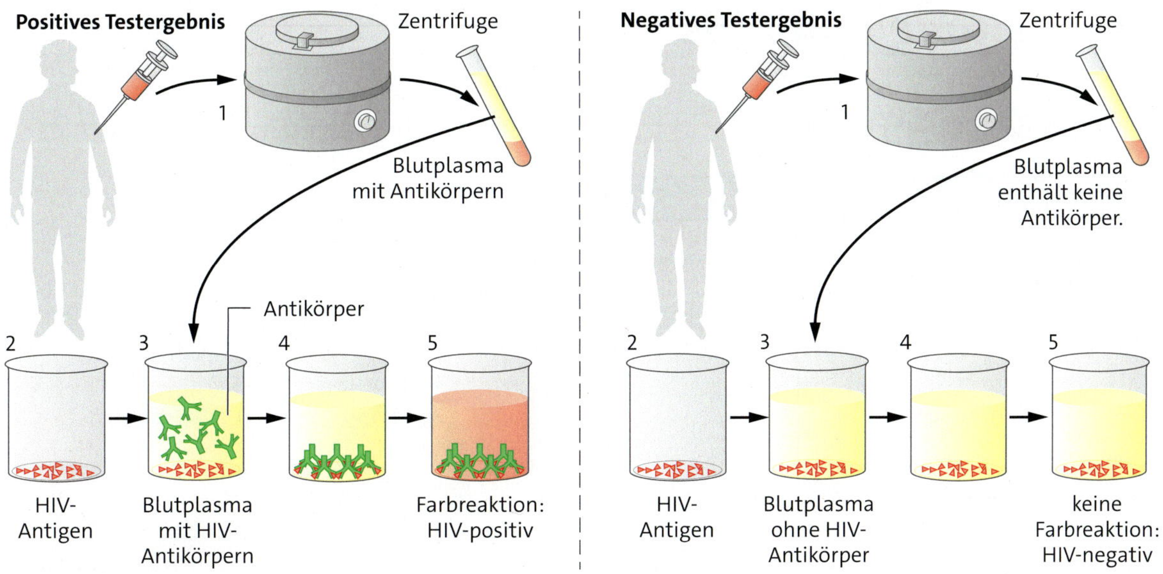

4 Der HIV-Antikörper-Test

Suche nach dem HI-Virus

Mit dem HIV-Antikörper-Test kann man die Antikörper nachweisen, die der Mensch nach einer Ansteckung mit HI-Viren bildet. Den Test kann man etwa sechs Wochen nach einer möglichen Ansteckung durchführen. Dabei entnimmt man der Testperson eine Blutprobe. Hat sie sich mit HI-Viren infiziert, dann enthält ihr Blutplasma HIV-Antikörper. Nun werden Antigene hinzugegeben, die sich mit den Antikörpern verbinden. Mit einer Farbreaktion lassen sich die gebundenen Antikörper nachweisen. Seit 2018 kann man Schnelltests in Apotheken oder Drogerien kaufen und zu Hause durchführen. Die Auswertung dieser Tests dauert nur etwa 20 Minuten. Aber auch sie können erst sechs Wochen nach einer möglichen Ansteckung angewandt werden.

PrEP – wirksamer Schutz vor Aids

PrEP oder HIV-PrEP ist eine Abkürzung, die auf Deutsch »Vorsorge vor einem Risikokontakt« heißt. Es handelt sich dabei um ein Medikament, das HIV-negative Menschen wirkungsvoll vor einer Ansteckung mit HI-Viren schützt. Die blaue Tablette soll regelmäßig und nur mit ärztlicher Beratung eingenommen werden. PrEP enthält zwei Wirkstoffe, die die Vermehrung der HI-Viren verhindern.

In Kürze

Der beste Schutz vor HI-Viren ist das Vermeiden von Infektionsrisiken, zum Beispiel durch die Verwendung eines Kondoms beim Geschlechtsverkehr. Eine Ansteckung weist man mit dem HIV-Antikörper-Test nach.

Aufgaben

1 **a** Ermittle in Bild 1 die Zahl der Paare, die sich während der gesamten Zeit treu waren.
b Selbst eine feste Beziehung bietet keinen absoluten Aidsschutz. Begründe.

2 Begründe, weshalb in jedem Erste-Hilfe-Koffer Einweghandschuhe enthalten sein müssen.

3 **a** Erkläre mit Hilfe von Bild 5, weshalb man den HIV-Antikörper-Test erst einige Wochen nach einer möglichen Infektion durchführen kann.
b Erkläre den Kurvenverlauf ab der 6. Woche.

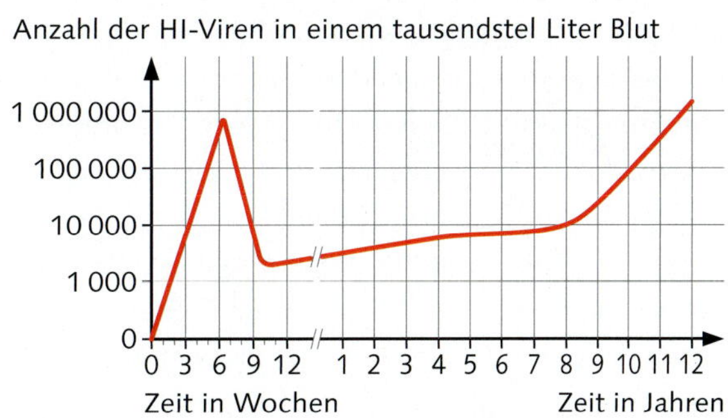

5 Anzahl der HI-Viren nach einer Infektion

Ausbreitung von Aids

1 HIV/Aids in Deutschland

Jahr	Männer	Frauen
1985	16 000	6 000
1990	24 000	8 000
1995	24 000	9 000
2000	30 000	10 000
2005	40 000	11 000
2010	50 000	12 000
2015	67 000	15 000
2017	68 000	18 000

1 Anzahl von HIV-Infizierten in Deutschland (geschätzt) *(nach RKI, 2018)*

a Stelle die in Bild 1 enthaltenen Daten in einem Diagramm dar.

b Werte das Diagramm aus.

2017 lebten in Deutschland rund 86 100 HIV-positive Menschen, aber nur etwa 74 800 wussten, dass sie infiziert waren. 68 800 dieser Infizierten wurden gegen HIV behandelt. Bei 65 500 Menschen war diese Therapie erfolgreich, das heißt, dass keine HI-Viren mehr nachweisbar waren.

c Ermittle, wie viele Menschen 2017 nicht wussten, dass sie HIV-infiziert sind.

d Berechne in Prozent, bei wie vielen Menschen die Therapie erfolgreich war.

Mit Hilfe der »90-90-90-Ziele« versuchen die Vereinten Nationen die Ausbreitung von Aids einzudämmen. Demnach sollen jeweils 90 Prozent aller Menschen mit HIV wissen, dass sie HIV-positiv sind. Von diesen sollen 90 Prozent mit HIV-Medikamenten behandelt werden und bei 90 Prozent der Behandelten soll die Therapie erfolgreich sein.

e Ermittle mit Hilfe der oben genannten Informationen, ob Deutschland im Jahr 2017 die 90-90-90-Ziele erreicht hat.

Ergebnisse Ende 2015: 86 Prozent der HIV-Positiven wussten von ihrer Infektion, 84 Prozent von ihnen wurden behandelt. Bei 93 Prozent war die Behandlung erfolgreich.

f Vergleiche mit deinen Werten aus 2017.

2 PrEP gegen Ausbreitung von HIV/Aids

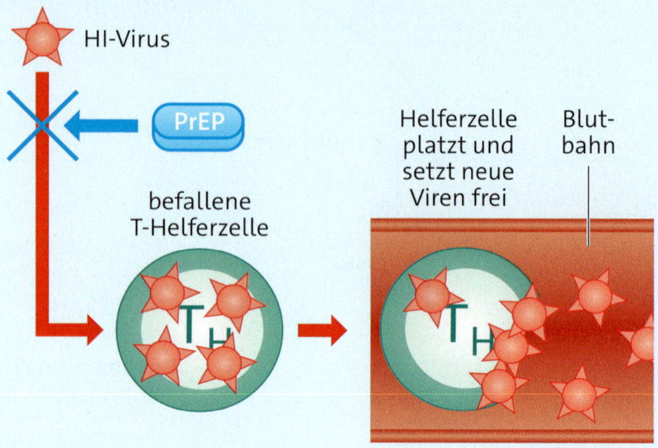

2 Infektion mit HIV

PrEP ist eine Safer-Sex-Methode, bei der HIV-negative Menschen Medikamente einnehmen, die vor einer Ansteckung mit HI-Viren schützen. Regelmäßig eingenommen blockieren diese Medikamente ein Enzym des HI-Virus, das es zum Einschleusen seiner Erbinformation in die Wirtszelle, der T-Helferzelle, braucht. Dadurch verhindern sie, dass sich das Virus vermehren kann, und dämmen so die Ausbreitung von HIV ein. Die Medikamente sind unwirksam, wenn HI-Viren bereits in T-Helferzellen eingedrungen sind.

a Erläutere mit Hilfe von Bild 2 die Wirkung von PrEP-Medikamenten.

b Nenne den Grund, weshalb diese Medikamente nur bei HIV-negativen Menschen wirken.

c Begründe, weshalb diese Medikamente nur bei regelmäßiger Einnahme schützen.

d »Auch PrEP kann Aids nicht heilen.« Nimm kritisch Stellung zu dieser Aussage. Das Medikament schützt nur zuverlässig, wenn es täglich eingenommen wird. Als zusätzliche Schutzmaßnahme wird deshalb der Gebrauch von Kondomen dringend empfohlen.

e Begründe, warum auch bei Einnahme dieses Medikaments der Gebrauch von Kondomen empfohlen wird.

f Vergleiche die Vor- und Nachteile des Medikaments mit denen des Kondoms.

Exkurs

Sir Alexander Fleming

Alexander Fleming wurde am 6. August 1881 in Schottland geboren. Zum Studium der Medizin ging er an die St. Mary's Hospital Medical School in London, an der er auch später als Bakteriologe forschte. Im September 1928 machte er hier eine Beobachtung, die zu einer Revolution in der Geschichte der Medizin führen sollte.

Fleming und das Penicillin

Bereits während des Ersten Weltkriegs wies Fleming darauf hin, dass viele Soldaten nicht an ihren Verletzungen, sondern an Infektionen durch Bakterien starben, die durch die Wunden in den Körper gelangten.

Fleming versuchte herauszufinden, wie man das Wachstum von Bakterien hemmen und damit Infektionskrankheiten bekämpfen kann. Er war bekannt dafür, dass sich sein Labor mitunter in einem chaotischen Zustand befand, da er Bakterienproben oft einfach zur Seite legte, ohne sie fachgemäß zu entsorgen. Dies führte rein zufällig zu einer bahnbrechenden Entdeckung: Als er nach einem längeren Urlaub in sein Labor zurückkehrte, fiel ihm eine Bakterienkultur auf, die durch Schimmelpilze verunreinigt war. Normalerweise hätte man diese Probe entsorgt – nicht aber Fleming. Ihm war aufgefallen, dass in der Umgebung des Schimmels keine Bakterienkolonien mehr zu sehen waren. Fleming vermutete, dass Schimmelpilze einen Bakterien tötenden Stoff produzieren. Diese von dem Schimmelpilz *Penicillium notatum* gebildete Substanz nannte er »*Penicillin*«. Weitere Forschungen und Experimente zeigten, dass Penicillin die Erreger von Infektionskrankheiten wie Diphtherie oder Scharlach sowie Geschlechtskrankheiten tötet.

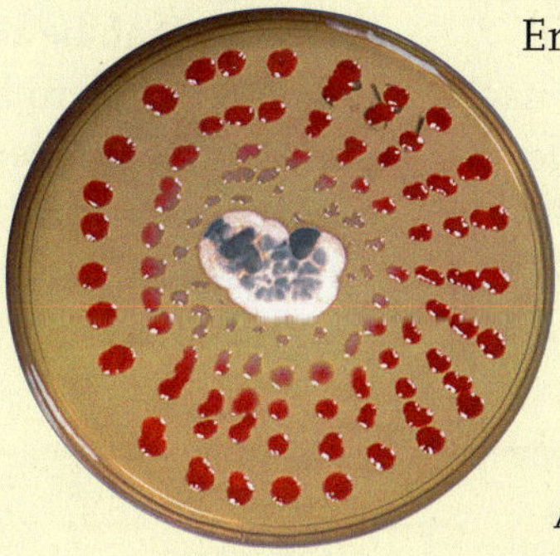

1 Sir Alexander Fleming (1881–1955)

Der lange Weg zum Erfolg

Fleming gelang es nicht, aus den Schimmelpilzen so viel Penicillin herzustellen, dass man es als Medikament hätte einsetzen können. Erst im Jahr 1939 konnten der deutsch-britische Biochemiker Chain in Zusammenarbeit mit dem Australier Florey Penicillin in größeren Mengen gewinnen. 1941 wurde der erste Patient erfolgreich behandelt. Vier Jahre später erhielten Fleming, Chain und Florey den Nobelpreis für Medizin. Als Anerkennung für die bahnbrechenden Erkenntnisse wurde Fleming in den Adelsstand erhoben. Er starb 1955 als Sir Alexander Fleming.

Flemings Leistung

Fleming war nicht der Erste, der die antibakterielle Wirkung von *Penicillium notatum* beobachtete. Aber er war der Einzige, der den Ursachen so zielstrebig und ausdauernd nachging. Auf seine Forschungsergebnisse konnten Chain und Florey zurückgreifen und Penicillin zu einem in der Medizin bedeutenden Medikament entwickeln.

Aufgaben

1 Die kleine Abbildung zeigt eine Petrischale, so wie Fleming sie vermutlich betrachtet hatte. Beschreibe deine Beobachtung und formuliere daraus eine Hypothese.

2 Erkläre, weshalb Fleming den Namen »Penicillin« wählte.

Antibiotika bekämpfen Bakterien

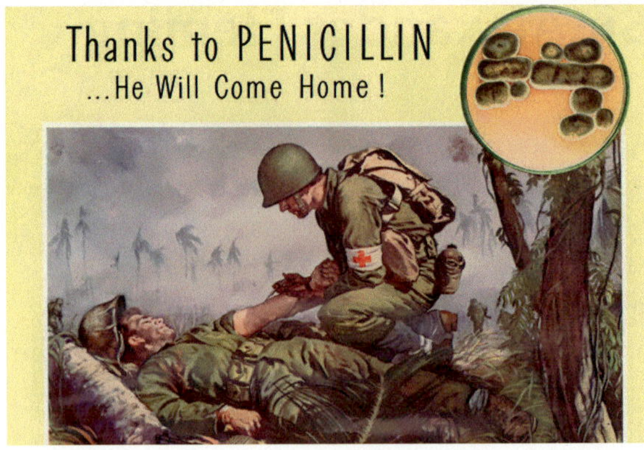

1 Behandlung verwundeter Soldaten mit Penicillin

Viele Menschen starben im Zweiten Weltkrieg nicht an den Verwundungen selbst, sondern an bakteriellen Infektionen, da Erreger über Wunden in den Körper gelangten. Die Entwicklung des Antibiotikums Penicillin brachte den Soldaten Hoffnung, denn endlich gab es ein wirksames Medikament gegen die Wundinfektionen.

Was sind Antibiotika?

Antibiotika sind Medikamente, die zur Behandlung von Infektionen durch Bakterien eingesetzt werden. 1928 entdeckte Alexander Fleming das erste Antibiotikum. Er konnte den Wirkstoff Penicillin aus einer Schimmelpilzkultur gewinnen. Heute gibt es Tausende von antibakteriellen Medikamenten. Man unterscheidet *Breitbandantibiotika*, die gegen mehrere Bakterienarten wirken, von spezifisch wirkenden Antibiotika, die gegen ganz bestimmte Bakterien eingesetzt werden.

Wirkungsweise von Antibiotika

Antibiotika schädigen nur Bakterien, aber nicht die Zellen von Mensch und Tier. Je nach Antibiotikum werden entweder bakterielle Stoffwechselprozesse blockiert oder bestimmte bakterienspezifische Zellorganellen zerstört. Manche schädigen die Zellwand, andere die Zellmembran oder die Erbsubstanz. Wieder andere wirken auf die Plasmide oder an den Geißeln. Letztlich können Bakterien sich nicht mehr vermehren, wachsen oder bewegen.

Da Antibiotika auf alle Bakterien wirken, können sie auch die Bakterien der Darmflora schädigen. Dies ist vor allem bei der Einnahme von Breitbandantibiotika eine häufige Nebenwirkung. In der Folge kann es zu Verdauungsproblemen und Durchfall kommen.

Entwicklung von Resistenzen

Bei jeder Zellteilung von Bakterien entstehen zufällige Veränderungen in der Erbsubstanz. Diese können bewirken, dass die Bakterien gegenüber einem bestimmten Antibiotikum unempfindlich werden. Sie sind *resistent* geworden. Zusätzlich kann beim Austausch von Erbinformationen zwischen Bakterien auch die Information zur Resistenzbildung

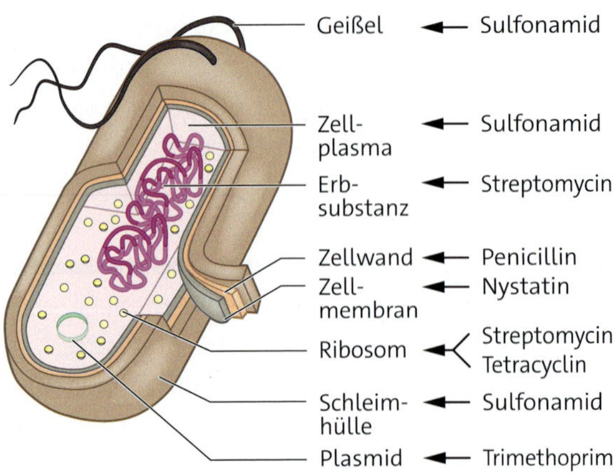

2 Wirkungsweise ausgewählter Antibiotika

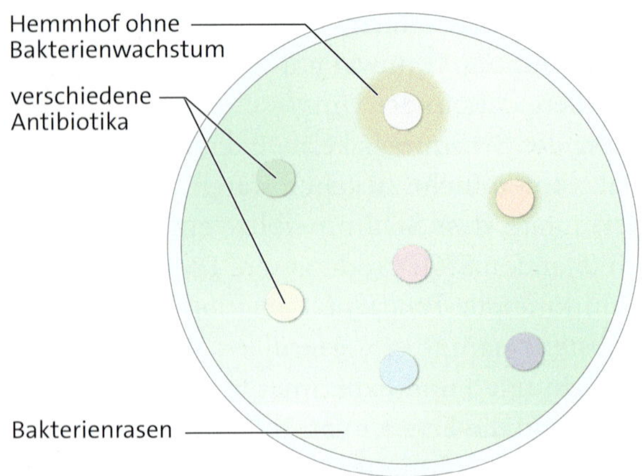

3 Antibiotikaresistenztest bei Darmbakterien

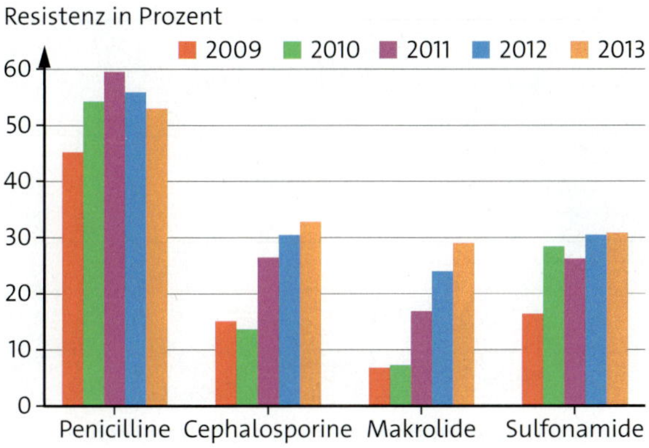

4 Resistenzbildung bei verschiedenen Antibiotika

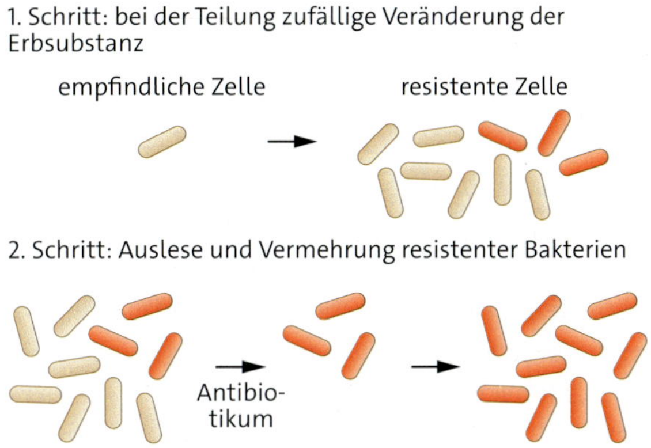

5 Resistenzentwicklung bei Bakterien

weitergegeben werden. Dadurch können Bakterien entstehen, die gegenüber einem Antibiotikum resistent sind. So wurden im Laufe der Zeit durch die häufige, bisweilen auch unüberlegte Anwendung von Antibiotika immer mehr Bakterienstämme resistent. Wirkte Penicillin ursprünglich gegen 99 Prozent aller Bakterieninfektionen, so liegt dieser Wert heute unter 50 Prozent. Die Bildung und Ausbreitung von MRE, sogenannte *multiresistente* Erreger, haben in den vergangenen Jahren stark zugenommen. Gegen MRE sind fast alle heute gebräuchlichen Antibiotika wirkungslos. So müssen immer neue Antibiotika entwickelt oder gefunden werden.

Richtige Einnahme von Antibiotika

Nur durch richtige Einnahme des Antibiotikums kann eine optimale Wirkung erzielt werden. Dabei sollen die Nebenwirkungen und das Risiko der Resistenzbildung minimiert werden. Früher galt die Regel, ein verschriebenes Antibiotikum so lange einzunehmen, bis die letzten Bakterien abgetötet sind, auch wenn sich schon Tage vorher die Symptome deutlich verbessert haben. Heute heißt es eher: »so lang wie nötig, so kurz wie möglich«. Denn neuere Forschungen haben ergeben, dass sich Resistenzen bereits während der Einnahme bilden oder sogar schon vorher bestanden haben. Wenn Antibiotika länger als nötig eingenommen werden, könnten sich so mehr resistente Keime bilden. Letztlich entscheidet über die richtige Einnahme der Arzt.

In Kürze

Antibiotika wirken gegen Bakterien, indem sie bakterienspezifische Zellorganellen schädigen oder in deren Stoffwechsel eingreifen. Resistenzen gegen Antibiotika entstehen durch zufällige Veränderung der Erbsubstanz von Bakterien und werden durch den Austausch von Erbsubstanz zwischen ihnen verbreitet.

Aufgaben

1 Beschreibe die Wirkungen von Antibiotika.

2 Begründe, warum Antibiotika nur Bakterienzellen, nicht aber menschliche Körperzellen schädigen können.

3 Erläutere, warum es bei der Behandlung einer Infektionskrankheit mit einem Breitbandantibiotikum häufig zu Durchfall kommen kann.

4 Beschreibe zwei Möglichkeiten, wie sich Resistenzen bei Bakterien bilden können.

5 **a** Beschreibe, was man unter multiresistenten Erregern versteht.
b Erläutere die auftretenden Probleme.

6 Nenne begründete Vermutungen, warum Antibiotika bei Viruserkrankungen wirkungslos sind.

7 In der Massentierhaltung müssen oft Antibiotika eingesetzt werden, um Krankheiten zu behandeln. Damit wird auch die Bildung von MRE begünstigt. Der Verzehr von nicht ausreichend erhitzten Fleischprodukten fördert zusätzlich die Resistenzbildung von Bakterien.
Erläutere die Zusammenhänge zwischen Antibiotika in der Massentierhaltung und Gefährdung für den Menschen.

Allergien

1 Haselnussblüten sind nicht nur Frühlingsboten.

Nach einem langen Winter sehnen sich alle nach dem Frühling. Mit den ersten warmen Sonnenstrahlen im März beginnt die Blüte der Haselnuss. Aber nicht für jeden ist sie ein willkommender Frühlingsbote. Tränende Augen und eine triefende Nase machen jetzt manchen Menschen das Leben schwer.

Allergie und Allergene

Eine *Allergie* ist eine heftige Reaktion des Immunsystems auf körperfremde Stoffe wie etwa Blütenpollen, Staub, Insektengifte, Tierhaare, Nahrungsmittel oder Medikamente. Diese für den Körper eigentlich harmlosen Stoffe, die bei manchen Menschen allergische Reaktionen auslösen, nennt man *Allergene.*

Allergieformen

Je nach den auslösenden Allergenen unterscheidet man verschiedene Formen von Allergien: Bei einer *Pollenallergie* reagiert das Immunsystem auf Blütenstaub. Allergene an Haaren von Katzen oder Hunden lösen *Tierallergien* aus. Bestimmte Nüsse und Früchte sind oft Ursache von *Nahrungsmittelallergien.* Ausscheidungen von kleinsten Milben führen zur *Hausstauballergie.* Heute sind Hunderte von Allergenen bekannt. Meist werden Allergene eingeatmet oder mit der Nahrung aufgenommen. Bei einer *Kontaktallergie* genügt schon die Berührung mit der Haut, wie beim Tragen von nickelhaltigem Schmuck.

2 Pollen

3 Milben

Symptome einer allergischen Reaktion

Die häufigsten Symptome von Allergien sind Schwellungen der Schleimhäute, schmerzhafte Hautausschläge, Verdauungsstörungen und in schweren Fällen akute Atemnot. Die Symptome können kurz nach dem Allergenkontakt, aber auch erst nach Tagen auftreten. In sehr seltenen Fällen besteht bei einem *allergischen Schock* als schwerste allergische Immunreaktion Lebensgefahr durch Kreislaufversagen.

Allergische Reaktion und Immunsystem

Sind Allergene wie Pollen in den Körper eingedrungen, setzen die Plasmazellen des Immunsystems Antikörper frei. Diese heften sich an die Oberfläche von besonderen Leukozyten, den *Mastzellen.* Sie enthalten mit Histamin gefüllte Bläschen. Diese erste, noch symptomfreie Phase der allergischen Reaktion nennt man *Sensibilisierung.* Bei erneutem Kontakt mit dem Allergen beginnt die zweite Phase. Das Allergen bindet an die spezifischen Antikörper auf den Mastzellen. Die so aktivierten Mastzellen setzen Histamin frei, dies löst die typischen Allergiesymptome aus.

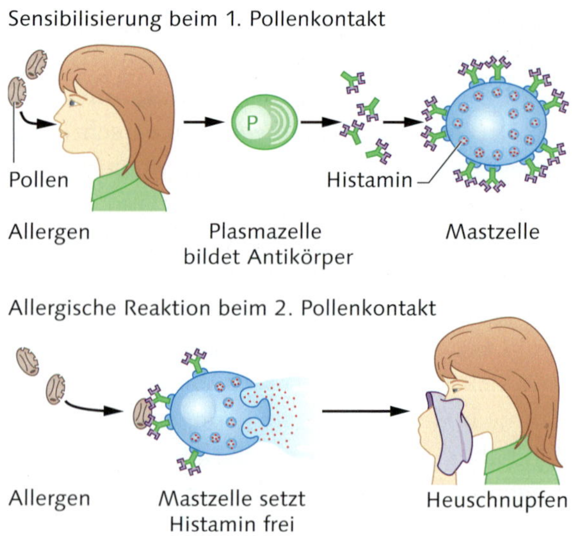

4 Allergische Reaktion auf Pollen bei Heuschnupfen

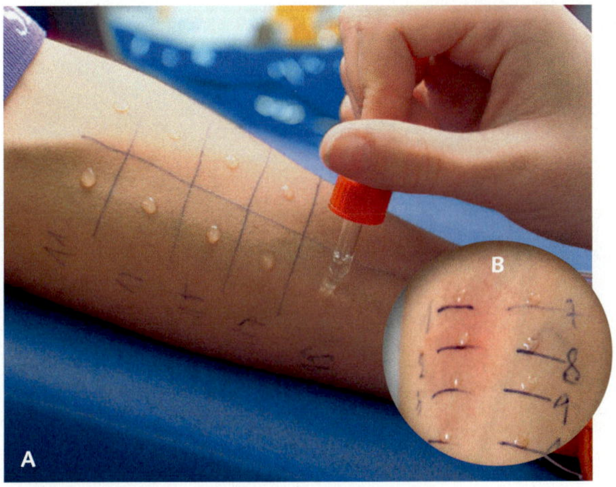

5 A Allergietest; B Auswertung

Diagnostik bei Allergien

Mit einem Allergietest versucht man herauszufinden, ob und wie stark man auf bestimmte Stoffe reagiert. Dabei tropft der Arzt verschiedene Testsubstanzen mit unterschiedlichen Allergenen auf die Haut. Mit einer Nadel sticht er durch den Tropfen in die Haut. Dadurch gelangt das Allergen in den Körper. Nach etwa 30 Minuten erkennt man eine allergische Reaktion an einer Rötung und juckenden Schwellung.

Behandlung – Leben mit der Allergie

Zur Milderung der Symptome werden Medikamente eingesetzt, welche die Histaminausschüttung verhindern. Die *Hyposensibilisierung* ist eine Behandlungsmethode, bei der der Körper über einen längeren Zeitraum bei zunehmend höherer Dosierung des Allergens durch Injektion an den Kontakt damit gewöhnt wird. Die Überempfindlichkeit geht schließlich zurück.

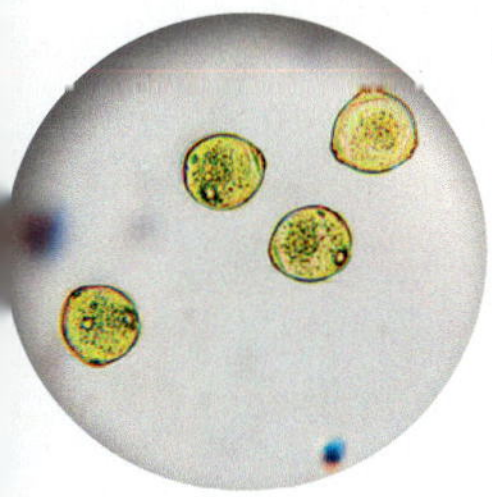

Jeder Allergiker sollte seine Allergene kennen und sie möglichst vermeiden. Bei einer Lebensmittelallergie ist das häufig möglich, da auf der Verpackung die Inhaltsstoffe in der Regel angegeben sind. Pollenallergiker sollten den Aufenthalt im Freien meiden, wenn »ihre« Pollen fliegen.

Allergien auf dem Vormarsch

Allergische Erkrankungen gehören heute zu den häufigsten Erkrankungen in Industrieländern. In Entwicklungsländern ist ihre Bedeutung dagegen gering. Derzeit leiden etwa 30 Prozent der Bevölkerung in den westlichen Industrieländern an Allergien. Innerhalb der letzten 50 Jahre hat sich der Anteil der von einer Allergie Betroffenen etwa verdoppelt. Ursache ist unter anderem die Zunahme der Allergene durch die wachsende Schadstoffbelastung der Umwelt.

In Kürze

Als Allergie wird eine heftige Reaktion des Immunsystems auf ansonsten harmlose körperfremde Stoffe aus der Umwelt bezeichnet. Die Allergien auslösenden Stoffe nennt man Allergene. Durch eine Hyposensibilisierung versucht man, den Körper an Allergene zu gewöhnen.

Aufgaben

1 Nenne verschiedene Allergene und Formen von Allergien.

2 Beschreibe auch mit Hilfe von Bild 4 den Ablauf einer allergischen Reaktion.

3 Beschreibe Behandlungsmöglichkeiten einer allergischen Erkrankung.

4 Werte den Pollenflugkalender in Bild 6 für einen Pollenallergiker aus, der auf Hasel und Gräser reagiert.

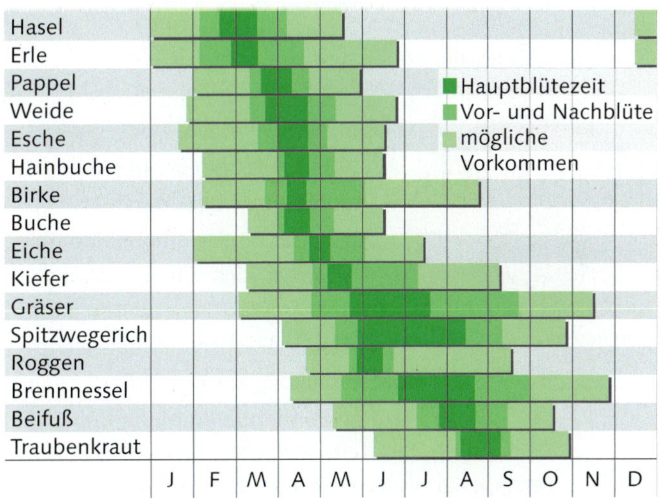

6 Pollenflugkalender

Schutz- und Abwehrsystem beim Menschen

1 Gesund und krank

a Gesund sein ist mehr als die Abwesenheit von Schmerz oder Gebrechen. Erläutere diese Aussage mit Hilfe der Definition von Gesundheit.

b Nenne wichtige Gesundheits- und Risikofaktoren des Menschen.

2 Schutzeinrichtungen

Krankheitserreger können auf verschiedenen Wegen in den Körper eindringen.

a Ordne in einer Tabelle die Schutzeinrichtung dem Übertragungsweg zu.

b Die Haut ist das größte Organ des Menschen. Benenne A, B, C und D.

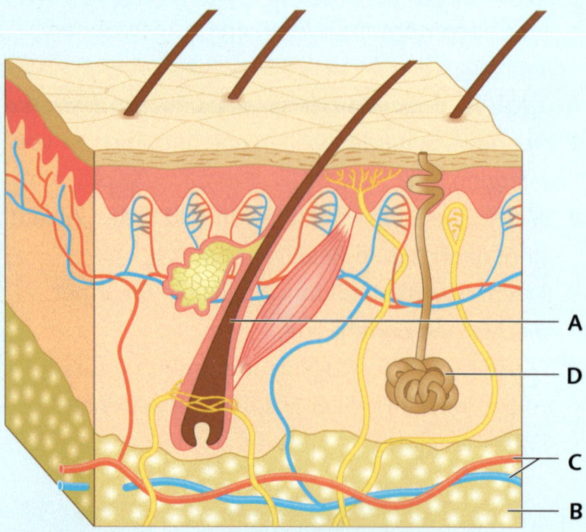

1 Querschnitt der Haut

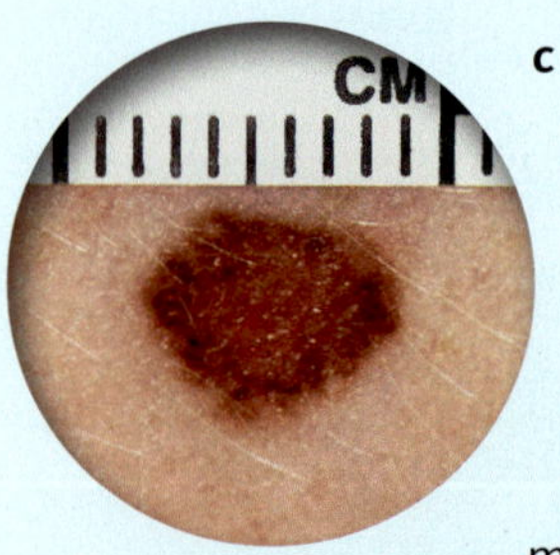

c Erläutere, inwieweit der Säureschutzmantel ein Schutz gegen Krankheitserreger darstellt.

d Durch Hygienemaßnahmen kann man sich vor Krankheitserregern schützen. Nenne die verschiedenen Hygienebereiche mit jeweils einem Beispiel.

e Häufige Sonnenbestrahlung und Sonnenbrände erhöhen das Hautkrebsrisiko. Erläutere die Bedeutung der ABCD-Regel anhand des Bildes.

3 Die körpereigene Abwehr

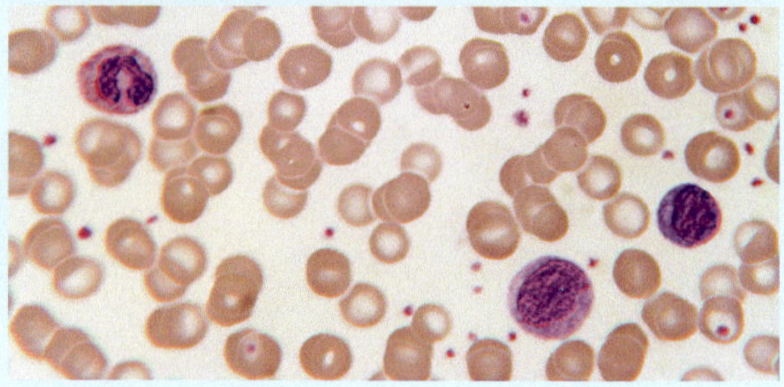

2 Blutbestandteile unter dem Mikroskop

a Beschreibe die in Bild 2 dargestellten Blutbestandteile und deren Aufgaben.

b Eingedrungene Erreger werden zum Teil in den lymphatischen Organen bekämpft. Nenne drei lymphatische Organe.

c Erkläre, weshalb Lymphknoten bei einer Infektion anschwellen sowie druck- und meist auch schmerzempfindlich werden.

d Makrophagen sind ein Teil der Körperabwehr. Beschreibe die Aufgaben, die sie bei der spezifischen Abwehr spielen.

e Erkläre die Funktion, die die Gedächtniszellen im Rahmen der körpereigenen Abwehr haben.

4 Schutz durch Impfung

a Vergleiche die aktive und passive Immunisierung.

b Impfung zum Schutz vor einer Infektionskrankheit oder bei Infektionsverdacht? Ordne diese Begriffe den beiden Impfmethoden zu.

c Begründe deine Zuordnung.

d Beschreibe die Impfstoffgewinnung für eine passive Immunisierung.

e Begründe, warum man nur einen gesunden Menschen aktiv impfen darf.

f Nenne Gründe und Folgen zunehmender Impfmüdigkeit in Deutschland.

g Durch Impfmüdigkeit könnten sich bereits fast ausgerottete Infektionskrankheiten wie Kinderlähmung und gefährliche Erkrankungen wie Masern wieder stärker ausbreiten. Nimm kritisch Stellung zu dieser Behauptung.

5 Infektionskrankheiten

A B

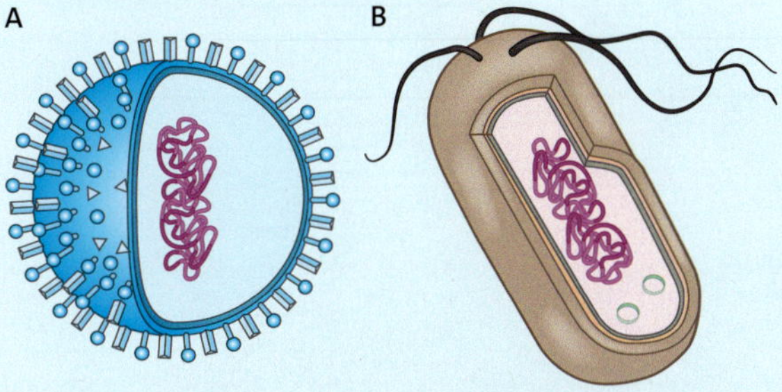

3 Verschiedene Arten von Krankheitserregern

a Benenne die in Bild 3 dargestellten Krankheitserreger und begründe deine Zuordnung.

b Erläutere, worin sich die beiden Erreger in ihrer Wirkung als Krankheitserreger unterscheiden.

c Nenne Gründe, warum in früheren Zeiten Infektionskrankheiten wie Pocken oder Pest so katastrophale Folgen hatten.

d Begründe, weshalb man Antibiotika bei bakteriellen Infektionen einsetzt.

e Erläutere, was man unter der Resistenzbildung von Bakterien gegen Antibiotika versteht. Berücksichtige dabei die Entwicklung und Weitergabe.

f Erläutere den Zusammenhang zwischen steigender Mobilität der Menschen und der Verbreitung sowie Entstehung neuer Infektionskrankheiten.

6 HIV und Aids

a Erläutere den Unterschied zwischen HIV und Aids.

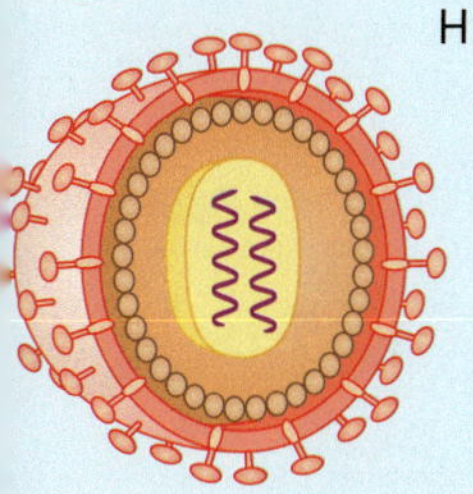

b Beschreibe mit Hilfe des Bildes den äußeren Aufbau des HIV.

c Vergleiche das Blut eines Aidskranken mit dem eines gesunden Menschen bezüglich der Anzahl der T-Helferzellen. Nenne die Folgen.

d Nenne mögliche Risiken für eine Infektion mit HIV. Erläutere, wie man sich davor schützen kann.

Die Lösungen zu diesen Aufgaben findest du auf auf den Seiten 189 und 190.

Auf den Punkt gebracht

Schutz- und Abwehrsystem beim Menschen

- Gesundheit ist der subjektiv empfundene Zustand des körperlichen, geistigen und sozialen Wohlbefindens.
- Krankheitserreger können auf unterschiedliche Arten in den Körper eindringen.
- Blut besteht aus Blutplasma, Erythrozyten, Leukozyten und Blutplättchen. Stofftransport und Blutgerinnung sind Aufgaben des Blutes. Weiße Blutkörperchen sind Teil des Immunsystems. Krankheitserreger bekämpft das Immunsystem mit speziellen Zellen.
- Aktive und passive Immunisierung dienen dem Schutz vor und der Bekämpfung von Infektionskrankheiten.
- Infektionskrankheiten werden durch Erreger ausgelöst und sind ansteckend. Gegen bakterielle Infektionen wirken Antibiotika.
- Allergien sind Überreaktionen des Immunsystems auf harmlose Stoffe.
- HI-Viren zerstören bei ihrer Vermehrung die T-Helferzellen. Den Zusammenbruch des Immunsystems nennt man Aids.

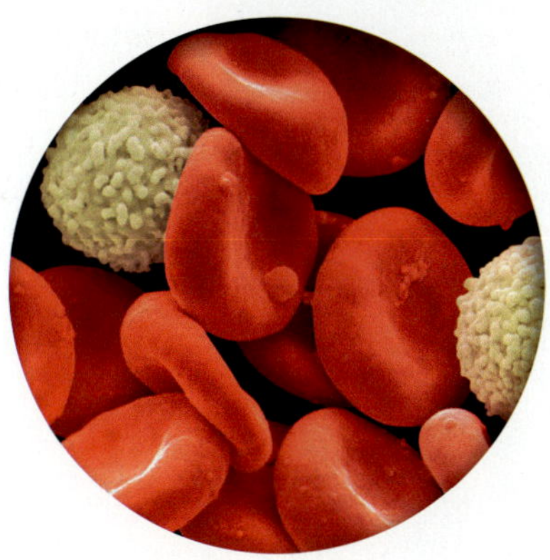

Menschliche Sexualität und Entwicklung

Typisch Mann – typisch Frau

Nils findet seine Frisur lässig. Seit einiger Zeit aber wird er immer wieder von anderen Jungs seiner Klasse deswegen aufgezogen. Das letzte Mal auf der Toilette wurde er von Einigen mit dem Kommentar »Die Mädchentoilette ist nebenan!« rausgeworfen. Nils denkt gerade darüber nach, sich die Haare abschneiden zu lassen, nur damit das aufhört. Aber sind lange Haare wirklich nur typisch für Mädchen?

1 Nils hat, seit er denken kann, lange Haare.

Die Geschlechterrolle

Menschen werden in verschiedene Geschlechter eingeteilt. Die Geschlechterrolle hingegen beschreibt Eigenschaften und Verhaltensweisen, die einem bestimmten Geschlecht von der Gesellschaft als typisch zugeschrieben werden.

Veränderung der Rollen

Die Geschlechterrollen haben sich im Laufe der Zeit und in verschiedenen Kulturen unterschiedlich entwickelt.

Bei uns galten Männer früher als die Ernährer der Familie, die Frau war für die Versorgung der Kinder und des Haushalts zuständig. Heute sind meist beide Partner berufstätig und versuchen, sich Haushalt und Kindererziehung aufzuteilen.

In Deutschland sieht das Grundgesetz vor, dass niemand wegen seines Geschlechts, seiner Abstammung, seiner Rasse, seiner Sprache, seiner Heimat und Herkunft, seines Glaubens, seiner religiösen oder politischen Anschauungen benachteiligt oder bevorzugt werden darf. Die Realität sieht nicht immer so aus, wie das Gesetz es vorsieht. Frauen haben mitunter nicht die gleichen Rechte wie Männer. In manchen Kulturen sind die Rollen von Mann und Frau auch heute noch sehr unterschiedlich.

Einflussfaktoren durch die Gesellschaft

Die Geschlechterrollen werden meist von Eltern weitergegeben, sie werden anerzogen. Eltern sehen ihre Töchter oft als zart oder feingliedrig, Söhne als stark und robust an. Auch Spielzeug prägt Rollenvorstellungen. Während Jungs mit dem Bagger oder der Werkbank spielen, bekommen Mädchen Puppen oder Ponys geschenkt. Farben für das Kinderzimmer, Kleidung oder Schulsachen werden nach zugewiesener Geschlechterrolle ausgesucht.

Heute wird die Entwicklung und das Rollenverständnis von Jugendlichen stark von Medien geprägt. Sie zeigen oft starre Geschlechterrollen, wie ein bestimmtes Geschlecht zu sein hat.

Eltern, Lehrer und andere Erwachsene können Vorbilder für Kinder sein. Diese ahmen oft unterschiedliche Erwachsene nach, um eine eigene Geschlechterrolle zu entwerfen.

2 Womit Kinder spielen

3 Geschlechterrollen sind in den meisten Berufen unwichtig – Können und Fähigkeiten zählen.

Vorurteile und Klischees

»Mädchen haben lange Haare und tragen gerne schöne Kleider. Jungs sind unordentlich und rüpelhaft.« Solche Klischees, Vorstellungen, wie ein Geschlecht zu sein hat, kennt jeder. Gerade durch Werbung und soziale Netzwerke werden Vorurteile und Klischees verstärkt. Dabei können solche Vorurteile einen Jugendlichen in seiner persönlichen Entwicklung einschränken. Talente, Interessen für ein bestimmtes Hobby oder einen gewissen Beruf werden dadurch stark beeinflusst. Mädchen sind meist genauso gut für technische Berufe geeignet wie Jungen für den Sozialbereich. Dass ein Mensch aufgrund seines Geschlechts etwas nicht gut kann, ist schlichtweg falsch. Jugendliche benötigen deshalb Unterstützung und Toleranz, wenn sie nicht der vermeintlichen Geschlechterrolle entsprechen.

In Kürze

Die Geschlechterrolle beschreibt Eigenschaften, die einem bestimmten Geschlecht zugeschrieben werden. Rollenspezifische Einflüsse prägen die Entwicklung von Jugendlichen.

Aufgaben

1 Beschreibe, was man unter dem Begriff Geschlechterrolle versteht.

2 Kinder werden nicht selten zur Übernahme einer Geschlechterrolle gedrängt. Begründe. Nutze dazu auch Bild 2.

3 Männer im Erzieherberuf
- **a** Werte die Grafik in Bild 5 aus.
- **b** Stelle Vermutungen an, weshalb ein ausgeglichener Frauen- und Männeranteil im Erziehungs- und Bildungsbereich erstrebenswert wäre.

4 Bewerte die Behauptung von Nils' Mitschülern, dass lange Haare typisch für Mädchen seien.

4 Mädchen beim Fußball? Jungs im Ballett?

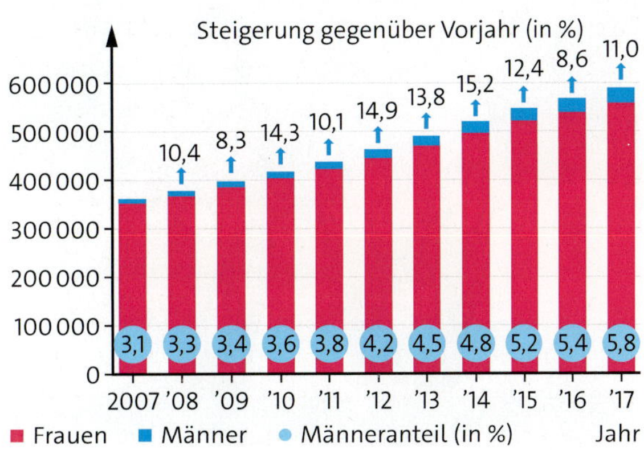

5 Anteil an Männern als Erzieher (Quelle: Statistisches Bundesamt/Bundesregierung; statista)

Liebe und Partnerschaft

Für Sarah und Tobias war es Liebe auf den ersten Blick. Sie treffen sich so gut wie jeden Tag. Sarah ist fest davon überzeugt, den »Mann fürs Leben« gefunden zu haben. Für Tobias steht fest: »Sarah und ich, wir bleiben für immer zusammen.«

1 Verliebt – und die Welt erscheint rosarot.

Auf den ersten Blick

Es kann oft nur ein Blick, eine Geste, ein Lächeln oder die Art, wie ein Mensch sich bewegt, sein, die das Gefühl des Verliebtseins auslösen. Es kommt meist ganz plötzlich: Du kommst dir wie verzaubert vor, im siebten Himmel, auf Wolken schwebend. Du fühlst dich zu jemandem hingezogen und denkst nur noch an diese Person. In jedem, der so »verknallt« ist, werden vom Gehirn Hormone freigesetzt, die sowohl Glücksgefühle hervorrufen als auch anfälliger für Enttäuschung und Verletztsein machen.

Verliebtsein ist der Anfang

»Auf jemanden stehen« oder »verknallt sein« sind Umschreibungen für das Verliebtsein. Aber dies ist noch keine Liebe, sondern eine Vorstufe zur Liebe, die zunächst vor allem durch Gefühle bestimmt ist. Die Erwartungen sind sehr hoch, sowohl bei Mädchen als auch bei Jungen. Es tut sehr weh, in jemanden verliebt zu sein, der die Liebe nicht oder nicht mehr erwidert. Liebeskummer ist meist schwer zu verkraften.

2 Sich richtig kennenzulernen ist schwer.

Die besondere Chance des Verliebtseins

Wer verliebt ist, hat den Wunsch, den anderen näher kennenzulernen. Das bedeutet: seine Ansichten, Einstellungen, Hobbys und Gewohnheiten, kurz all das, was ihn oder sie ausmacht. Anfangs bemerkt man meist nur die positiven Eigenschaften, man hat eine »rosarote« Brille auf. Erst nach einer Kennenlernphase merken zwei Menschen, ob sie zueinander passen: Entweder das Gefühl des Verliebtseins entwickelt sich zur Liebe und die beiden entschließen sich, den Schritt in Richtung feste Beziehung zu wagen. Oder man trennt sich, weil man erkannt hat, dass man nicht zueinander passt.

Liebe – was ist das?

Liebe ist mehr als nur ein starkes Gefühl. Wenn sie echt ist, ist immer der Verstand beteiligt. Sie setzt höchstes Vertrauen voraus und die Bereitschaft, den anderen so anzunehmen, wie er ist: mit allen seinen Stärken und positiven Eigenschaften, aber auch mit seinen Schwächen. Liebe ist Geben und Nehmen. Wenn sich zwei lieben, lernen sie, miteinander Freude und Leid zu teilen. Sie nehmen in vielen Situation aufeinander Rücksicht und respektieren sich gegenseitig. Sie erwarten voneinander Ehrlichkeit und Treue.

3 Zärtlichkeiten erfordern Vertrauen.

4 Gemeinsame Aktivitäten stärken die Bindung.

Sich körperlich nahe sein

Um ihrer Liebe Ausdruck zu verleihen, sehnen sich die Partner nach Zärtlichkeiten. Diese fühlen sich gut an, wenn Liebende sie spielerisch gestalten und dabei auf die Wünsche des Partners Rücksicht nehmen. Das heißt, dass beide Partner sich gegenseitig mitteilen können, was ihnen gefällt oder was ihnen nicht gefällt. Vielen Jugendlichen fällt es anfangs schwer, über die eigenen Gefühle oder über körperliche Bedürfnisse zu reden: Offen intime Wünsche zu äußern ist erst einmal unangenehm und vielen Jugendlichen peinlich. Miteinander sprechen hilft jedoch, sich gegenseitig besser zu verstehen und aufeinander einzugehen. So können zum Beispiel gemeinsame Erfahrungen lustvoll für beide werden.

Echte Liebe strebt nach Partnerschaft

Die meisten Paare wollen ihre Liebesbeziehung partnerschaftlich gestalten. Damit ist gemeint, dass sie sich als gleichwertige und gleichberechtigte Partner anerkennen. Sie entscheiden und handeln gemeinsam. Beide sehen ihre Rechte und Pflichten und sie wissen um ihre gegenseitige Verantwortung. Damit eine partnerschaftliche Beziehung auf Dauer funktionieren kann, hilft es, wenn beide Partner miteinander im Gespräch und auch offen für Veränderungen bleiben. Wichtig dabei ist, sich als Paar zu sehen und dennoch eine eigenständige Person zu bleiben.

In Kürze

Verliebtsein ist eine Vorstufe der Liebe. Bei näherem Kennenlernen kann daraus Liebe erwachsen. Die meisten Paare möchten heute ihr Zusammenleben nach dem Leitbild der Partnerschaft gestalten.

Aufgaben

1 Vergleiche Verliebtsein und Liebe.

2 Beschreibe Situationen, in denen ein Partner Verantwortung für den anderen übernimmt.

3 Ratgeber, die Tipps über die Art und Weise geben, wie man eine erfolgreiche Beziehung führt, gibt es viele.
Nenne fünf Regeln, die solch ein Ratgeber aufführen müsste.

5 »Liebe braucht (keine) Regeln«: Lesen in einem Ratgeber

Menschliche Sexualität

»Sexualität ist ein Ausdruck der Liebe!« Auf diese Behauptung seines Lehrers meldet sich Leon und meint: »Liebe und Sexualität sind doch zwei ganz verschiedene Dinge. Ich kann einen Menschen lieben, ohne mit ihm ins Bett zu gehen. Und ich kann mit jemandem Sex haben, ohne ihn zu lieben.« Hat Leon recht?

1 Körperliche Nähe spüren

»Sexualität« – was ist das?

Im engeren Sinn bedeutet Sexualität die mit der sexuellen Fortpflanzung verknüpften Vorgänge, wie zum Beispiel den Geschlechtsverkehr.

Im weiteren Sinn versteht man unter dem Begriff »Sexualität« Gefühle, Bedürfnisse und Verhaltensweisen, die mit dem Geschlechtstrieb und seiner Befriedigung in Zusammenhang stehen – und damit ist mehr als nur der Geschlechtsverkehr gemeint. Zur Sexualität zählt das Händchenhalten mit dem Partner ebenso wie das Kuscheln und Küssen. Aber auch gemeinsames Lachen oder die Anziehung, die Menschen füreinander empfinden, sind Teil der Sexualität.

Sexualität hat mehrere Funktionen

Aus biologischer Sicht dient die Sexualität in erster Linie der Fortpflanzung und Arterhaltung. Zum anderen kann sie beim Menschen aber auch dazu beitragen, die Bindung in einer Partnerschaft zu festigen: In ihrer Sexualität möchten Menschen glücklich werden, Geborgenheit und Anerkennung finden, gemeinsam Freude erleben und Liebe zum Ausdruck bringen. Darüber hinaus finden zwei Menschen durch ihre Sexualität vielfältige Formen, Lust zu empfinden. Sexuelles Verhalten, aber auch die darauf abzielenden Reize, sind immer mit Kommunikation verbunden. Sie können missverstanden werden, wenn unterschiedliche Erwartungen bestehen. Während für den einen Menschen Knutschen auf einer Party ein spaßiger Zeitvertreib ist, können beim Gegenüber falsche Hoffnungen auf den Beginn einer Beziehung geweckt werden.

2 Sexualität hat viele Gesichter.

3 Das Spiel mit sexuellen Reizen in der Werbung

Sexualität als Werbefänger

»Sex sells« ist ein Slogan aus der Werbebranche. Produkte werden mit Hilfe von sexuellen Reizen beworben, um Lust zu wecken. Die Unternehmer erhoffen sich dadurch einen höheren Absatz und einen größeren Bekanntheitsgrad ihrer Marken. Produkte, aber auch Personen, die mit erotischen Reizen werben, bleiben nachweislich länger im Gedächtnis. Da sie emotional anregend wirken, werden die Produkte besser verkauft.

Worauf es ankommt

In jeder sexuellen Beziehung sollte man menschenwürdig und verantwortlich miteinander umgehen. Dazu braucht man Werte und Maßstäbe, an denen man sich orientieren kann: Respekt vor dem anderen, Mitgefühl, Rücksichtnahme, Liebe und freie Entscheidung sind Beispiele dafür. Damit beide Partner aufeinander eingehen und Rücksicht nehmen können, sollten sie sich gegenseitig mitteilen, was sie erregend finden oder welche Hemmungen sie haben. Man kann sexuelle Wünsche offen ansprechen oder durch kleine Gesten dem Partner andeuten.

In Kürze

Sexualität beim Menschen hat mehrere Funktionen: Sie dient der Fortpflanzung, der Kommunikation, der Partnerbindung und dem Erleben von Lust. Erfüllte Sexualität bedarf eines verantwortungsvollen Umgangs miteinander.

Aufgaben

1 Menschliche Sexualität bedeutet mehr als nur den Geschlechtsverkehr. Erläutere.

2 Beschreibe die Wirkung der Werbung in Bild 3.

3 Nimm Stellung zu Leons Aussage im Einstiegstext. Folgende Werte können dir unter anderem dabei behilflich sein:

Vertrauen | Selbstbestimmung
Liebe
Glaubwürdigkeit | Ehrlichkeit

Exkurs Pornografie

Medien, die ausschließlich sexuelle Inhalte zeigen, werden als Pornografie, kurz Pornos, bezeichnet. Sie sind heutzutage leicht über das Internet zugänglich und für Jugendliche unter 18 Jahren verboten. Pornografie soll dazu dienen, sexuell zu erregen. Sexuelle Handlungen werden überzogen dargestellt. 90 % aller Pornos sind von Männern für Männer gemacht. Daher zeigen sie den Geschlechtsverkehr sehr einseitig. Pornografie ignoriert alles Zwischenmenschliche, das Liebe und Partnerschaft ausmacht. So gehören zum Beispiel auch sanftes Kuscheln, Küssen oder Streicheln von intimen Stellen zu einem erfüllten Sexualleben. Dies wird in den Pornos in der Regel nicht dargestellt.

Sexualität ist vielfältig

Karim und Tobi kennen sich seit dem Kindergarten. Karim hat seinem besten Freund vor zwei Monaten gesagt, dass er glaubt, auf Jungs zu stehen. Tobi war erst mal überrascht, aber für ihn hat sich deswegen nichts geändert. Tobi ist und bleibt sein bester Freund.

1 Karim und Tobi sind beste Freunde.

Die sexuelle Orientierung

Unter der *sexuellen Orientierung* versteht man, zu welchem Geschlecht sich jemand sexuell hingezogen fühlt. Heutzutage gehen viele Wissenschaftler davon aus, dass die Ausrichtung der sexuellen Orientierung durch die Gene mitbeeinflusst wird. Studien haben gezeigt, dass sich die sexuelle Orientierung während der Lebenszeit mehr oder weniger stark in alle Richtungen verändern kann. Trotzdem kann sich niemand entscheiden, welches Geschlecht er oder sie anziehend findet.

Unterschiedliche Orientierungen

Am häufigsten verbreitet ist die *Heterosexualität*. Zwei Menschen unterschiedlichen Geschlechts, die sich gegenseitig anziehend finden, bezeichnet man als heterosexuell.

2 Die sexuelle Orientierung ist vielfältig.

Diejenigen, die das gleiche Geschlecht anziehend finden, nennt man *homosexuell*. Etwa 7 Prozent der deutschen Bevölkerung sind nicht heterosexuell. Homosexuelle Männer bezeichnen sich selbst als schwul, homosexuelle Frauen sich als lesbisch. Menschen, die beide Geschlechter attraktiv finden, werden als *bisexuell* bezeichnet. Schwule, Lesben oder Bisexuelle sind, genau wie Heterosexuelle, auf der Suche nach dem Partner für das Leben.

Transgender – andere Geschlechterrollen

Menschen nehmen während ihrer Entwicklung eine Geschlechterrolle ein. Für die meisten gibt es männlich oder weiblich. Diese Rollen kennen sie durch ihre Eltern. Erst in der Pubertät festigt sich ein eigenes Verständnis für die Geschlechterrolle. Es gibt allerdings auch Menschen, die eine Geschlechterrolle einnehmen, die nicht zu ihrem äußerlichen Erscheinungsbild passt. Diese fasst man unter dem Oberbegriff *Transgender* zusammen.

Beispiele für Transgender

Transsexuelle empfinden, dass ihr körperliches Geschlecht nicht zu ihrer geschlechtlichen Identität passt. Damit sie dementsprechend leben können, gehört dazu die Rollenübernahme des anderen Geschlechts: von der Lebensweise über das Aussehen, die Kleidung, aber oft auch die Angleichung an das empfundene Geschlecht durch eine Operation. Ein Beispiel ist Balian: Er kam als Yvonne mit aus seiner

3 Geschlechtsidentität suchen ist nicht einfach

Sicht falschen Geschlechtsmerkmalen zur Welt. Nach einer angleichenden Operation und Hormonen lebt er heute als Mann.

Personen, die zeitweise oder dauerhaft ihre Kleidung beziehungsweise ihr äußeres Erscheinungsbild dem anderen Geschlecht anpassen, nennt man *Transvestiten*. Die Gründe können das Empfinden erotischer Reize oder eine Interpretation des eigenen Geschlechts sein.

4 Balian hieß früher Yvonne.

Ohne eindeutiges Geschlecht – Intersexualität

Als *intersexuell* werden Menschen bezeichnet, deren primäre Geschlechtsmerkmale nicht biologisch eindeutig einem Geschlecht zuzuordnen sind. Intersexuelle Menschen können sich, wenn sie möchten, für ein Geschlecht entscheiden und entsprechende Hormone einnehmen. Oft sind damit auch geschlechtsangleichende Operationen verbunden.

Eine zwingende Entscheidung ist jedoch nicht nötig. Dazu gibt es die geschlechtsneutrale Eintragung *divers* im Pass.

In Kürze

Die sexuelle Orientierung beschreibt die Anziehung zu einem bestimmten Geschlecht. Menschen, die Gefühle für das andere Geschlecht haben, bezeichnet man als heterosexuell, die das gleiche Geschlecht anziehend finden als homosexuell. Personen, die ihre Geschlechtsrolle für sich als unpassend empfinden, bezeichnet man als Transgender.

Aufgaben

1 Erläutere die Begriffe hetero-, homo- und transsexuell.

2 Beschreibe, was man unter einem intersexuellen Menschen versteht.

3 »Entweder ist jemand lesbisch oder hetero.« Diskutiere mit einem Partner diese Aussage mit Hilfe von Bild 5.

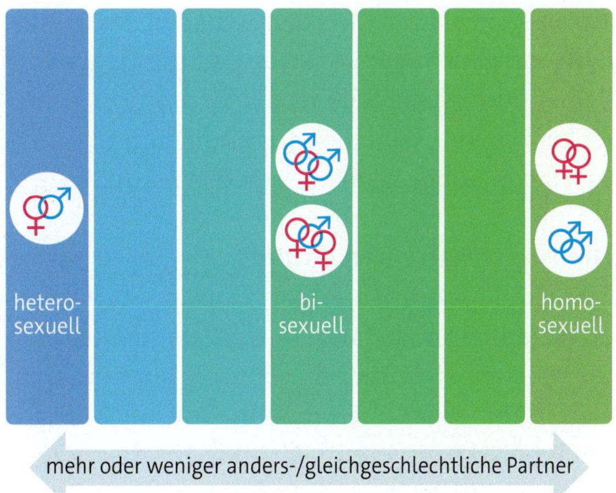

5 Kinsey-Studie zur sexuellen Orientierung

Zusammenleben braucht Toleranz

Michael Schmidpeter, ein bayerischer Schüler, nahm sich mit 17 Jahren das Leben. Der bis dahin lebensbejahende Schüler verzweifelte, als er sich in einen Schulkameraden verliebte. Statt sich jemandem anzuvertrauen, sah er nur die Selbsttötung als Ausweg. In Erinnerung an ihn wird jedes Jahr der Michael-Schmidpeter-Preis verliehen. Der Preis würdigt Projekte an Schulen, die auf Toleranz und Wertschätzung für jeden Menschen aufmerksam machen, unabhängig von der sexuellen Orientierung oder anderen alternativen Lebensweisen.

Anders sein macht Angst

Gründe, sich »anders« zu fühlen, gibt es viele: die Zugehörigkeit zu einer anderen Nationalität, eine ungewöhnliche Körpergröße oder ein Körpergewicht, das aus dem Rahmen fällt. Aber auch die religiöse Überzeugung kann zur Ausgrenzung führen. Auch eine Behinderung körperlicher oder geistiger Art stößt oft auf Unsicherheit bei anderen Menschen.

Manche Jugendliche stellen fest, dass sie nicht der Norm entsprechen, weil sie das gleiche Geschlecht anziehend finden oder sich gerne wie das andere Geschlecht kleiden. Diese Jugendlichen haben Angst, sich ihrer Umwelt mitzuteilen. Sie fürchten sich davor, zurückgewiesen zu werden. Die Angst vor Ablehnung geht sogar so weit, dass die Rate der Selbsttötungsversuche und Selbsttötungen unter nichtheterosexuellen Jugendlichen um das Vierfache höher ist als bei Heterosexuellen.

Die Angst hat einen Grund

Manchen Menschen fällt es schwer, Menschen zu akzeptieren, die anders sind als sie selbst. Sie machen sich über diese lustig oder äußern sich ihnen gegenüber abfällig. Solches Verhalten ist diskriminierend. Gründe für diskriminierendes Verhalten sind oft Unwissenheit und Unsicherheit dem Fremden gegenüber.

1 Der Regenbogen ist das Symbol für Toleranz gegenüber Homosexuellen.

Selbstbewusst anders

Tolerant sein bedeutet, eine Person so anzunehmen, wie sie ist. Alle Jugendlichen möchten, dass die Umwelt ihnen mit Toleranz begegnet. Eine wichtige Voraussetzung, ein stabiles Selbstbewusstsein zu entwickeln, ist die Unterstützung durch verständnisvolle Verwandte sowie vertrauensvolle Freunde.

In Kürze

Sich anders zu fühlen, kann verschiedene Gründe haben. Jugendliche, die das Gefühl haben, anders zu sein, befürchten oft, abgelehnt zu werden. Damit sie sich selbstbewusst entwickeln, braucht es die Toleranz ihrer Umwelt.

Aufgaben

1 Begründe, weshalb viele Jugendliche Angst haben, über ihre Gefühle zu sprechen.

2 Gestalte ein Toleranz-Plakat. Bild 2 zeigt ein mögliches Beispiel.

2 Plakat, das Toleranz erklären soll

Alle Menschen sind gleich?!

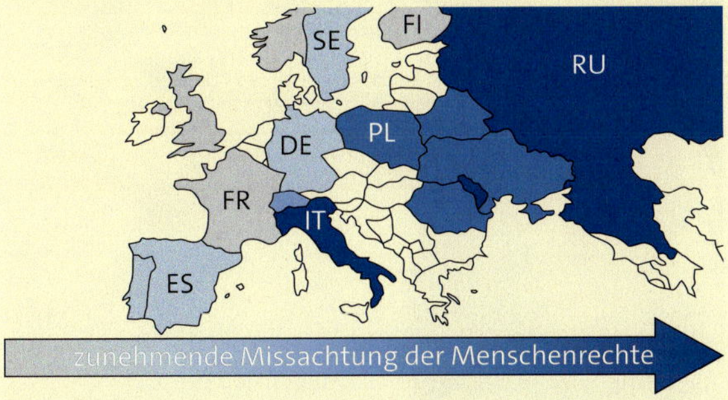

1 Menschenrechtslage in Europa für homo-, bitrans- und intersexuelle Menschen (2018)

2 Nadine Angerer war Nationalspielerin beim DFB und outete sich als lesbisch.

Ein Rechtsstaat zeichnet sich dadurch aus, wie er mit Minderheiten umgeht. Transsexuelle Menschen möchten nicht mehr Rechte als andere. Transsexuelle Menschen möchten keine Sonderrechte. Sie wollen nur eines: anerkannt und akzeptiert werden in ihrem empfundenen Geschlecht.

3 Was Transsexuelle möchten

Befürchtung	%
Ablehnung durch Freunde und Freundinnen	73,9
Zurückweisung in der Familie	69,4
diskriminierende Bemerkungen	66,1
Probleme in der Schule	60,5
sexuelle Belästigungen	36,5
Bestrafung durch die Eltern	20,6
körperliche Gewalt	20,2
Ende einer bestehenden Beziehung	4,8

4 Befürchtungen vor dem Coming-out

Grund der Diskriminierung	%
Geschlecht / Geschlechtsidentität	9,2
Religion / Weltanschauung	8,8
rassistische Gründe	8,4
Behinderung	7,9
sexuelle Orientierung	2,4
andere Merkmale	8,2

5 Warum erfolgt Diskriminierung? Angabe in % von diskrimierten Personen, die befragt wurden

»Schwule Profifußballer?
Schwule können nicht Fußball spielen.«

Das Wort SCHWUL wird oft missbräuchlich in Stadien als Schimpfwort verwendet.

6 Zitate

1933–45: Schwule werden in Konzentrationslagern inhaftiert. Sie müssen den »Rosa Winkel« als Erkennungsmerkmal tragen und unter anderem die Zwangskastration als »Behandlung ihrer Krankheit« über sich ergehen lassen.
1992: Die Weltgesundheitsorganisation (WHO) entfernt Homosexualität von der Liste der Krankheiten.
1994: In Deutschland wird der §175 StGB aufgehoben. Er stellte sexuelle Handlungen zwischen Personen männlichen Geschlechts unter Strafe.
2001: In Deutschland wird ein Gesetz erlassen, das die Eintragung von homosexuellen Paaren als Lebenspartnerschaft ermöglicht.
2006: In Deutschland wird ein Gesetz erlassen, dass niemand aufgrund seiner geschlechtlichen Identität diskriminiert werden darf.
2015: Der Oberste Gerichtshof der Vereinigten Staaten erklärt die gleichgeschlechtliche Ehe in allen Bundesstaaten für zulässig.
01.10.2017: Der Deutsche Bundestag beschließt die »Ehe für alle«.
18.06.2018: Die WHO streicht Transsexualität von der Liste der psychischen Erkrankungen.

7 Aus der Geschichte

Partner gesucht

Simon ist total aufgeregt. Endlich hat er sie angesprochen: Julia aus der Nachbarklasse. Sie haben sich zum ersten Date getroffen und albern nur herum. Simon stellt bald einen Selfie-Rekord auf, um den Tag festzuhalten. Verdammt sexy sieht sie aus! Ihre blonden Haare, ihre grünen Augen und dieses Lächeln. So ein Mädchen gibt es nur einmal auf der Welt. Simon ist sich absolut sicher: Julia ist seine Traumfrau.

1 Selfie beim ersten Date

Werbung in eigener Sache

Jede Partnersuche beginnt mit einer Selbstdarstellung. Dabei machen Menschen durch Aussehen und Verhalten auf sich aufmerksam und geben den anderen die Möglichkeit einer ersten Einschätzung. Um attraktiv zu wirken, betonen Menschen Elemente des Frau- oder Mannschemas: Frauen heben zum Beispiel ihre Lippen hervor, Männer ihre muskulöse Erscheinung.

Männer achten beim weiblichen Geschlecht zunächst auf die Figur und die Bewegungen. Frauen hingegen ziehen vor allem aus dem Gesicht des Mannes Informationen. Eine erste Beurteilung der Attraktivität des anderen dauert meist nur etwa drei Sekunden. Der so entstehende Eindruck kann Empfindungen wie Sympathie oder Ablehnung, Respekt oder Unsicherheit hervorrufen.

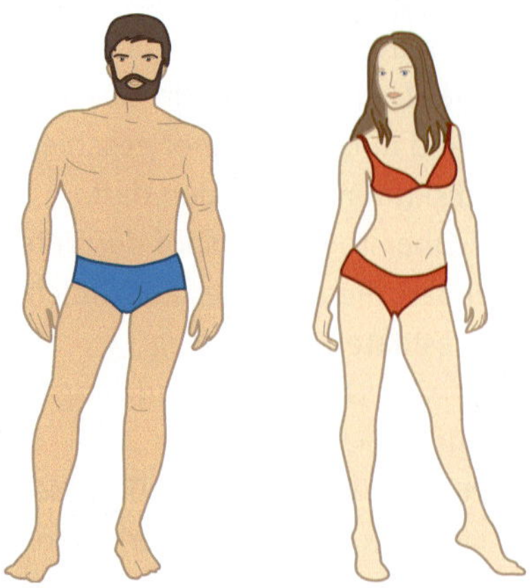

2 Körperproportionen sind Elemente des Mann-Frau-Schemas.

Erste Flirtversuche

Wer Interesse am anderen hat und dies auch zeigen möchte, muss Kontakt aufnehmen, um herauszufinden, ob das Interesse auf Gegenseitigkeit beruht. Dies geschieht anfänglich durch die Aufnahme von Blickkontakt und die Blickabwendung oder das Anlächeln. Auch Erröten kann Interesse signalisieren. Man zeigt sich durc h Mimik und Gestik eine gegenseitige Anziehung. Zu einem Flirt gehört aber auch, dass man irgendwann die interessante Person anspricht.

Unterschiedliche Flirtsignale

Männer richten sich auf und machen sich dadurch groß. Ihre Körperhaltung ist gespannt, sie wenden sich der Frau zu und nehmen Blickkontakt auf.

Wenn Frauen den Mann in seinem Verhalten bestärken möchten, zeigen sie das mit verschiedenen Signalen an. Das Heben der Augenbrauen, intensive Blickkontakte, Lächeln, das Freilegen des Halses durch einen Hairflip oder das Zwirbeln der Haare mit den Fingern sind häufige Flirtsignale. Flirten ist aber nicht einfach, manche Signale kann man nur schwer deuten. Ein Lächeln kann eine Aufforderung zum Flirt oder auch nur Verlegenheit bedeuten, ein Augenzwinkern Interesse oder ein Staubkorn im Auge. Allgemein ist Flirten nur

3 Flirtsignale

dann erfolgreich, wenn beide Flirtpartner aufrichtiges Interesse am Gegenüber verspüren.

Wenn es ernst wird

Bei der Partnersuche zählen anfänglich oft Aussehen, die Persönlichkeit und Humor. »Gleich und gleich gesellt sich gern« ist ein Sprichwort aus dem Volksmund. Eine längerfristige Partnerschaft entsteht, wenn beide viele Gemeinsamkeiten besitzen. Dazu zählen häufig neben ähnlichen Interessen oder dem Alter auch der Bildungsgrad und Wertvorstellungen der Partner. Eine Beziehung ist umso häufiger erfolgreich, wenn man die Welt in ähnlicher Weise betrachtet.

Probleme bei der Partnersuche

Viele Jugendliche haben Hemmungen, ihrem Schwarm sofort ihre Gefühle mitzuteilen.

4 Wie sagt man jemandem: »Ich finde dich toll!«?

Schließlich weiß man nicht, ob der Mensch gegenüber die eigenen Gefühle erwidert. Eine Zurückweisung ist schmerzhaft. Gerade Jugendliche, die beispielsweise schüchtern sind oder nicht den gängigen Vorstellungen entsprechen, haben es noch ein bisschen schwerer bei der Partnerfindung.

In Kürze

Alle Menschen wollen für die Partnerwahl attraktiv wirken. Flirten ist eine Möglichkeit, auf sich selbst aufmerksam zu machen. Männer und Frauen unterscheiden sich bei der Partnersuche.

Aufgaben

1 Beschreibe Merkmale und Eigenschaften, die deiner Meinung nach zur Attraktivität eines Menschen beitragen.

2 Nenne Beispiele, wie man flirten könnte.

3 »Homosexuelle haben es nicht leicht bei der Partnerfindung.« Begründe diese Aussage.

4 Bild 5 zeigt die Nutzung von Dating-Portalen in Deutschland von Männern und Frauen in verschiedenen Altersklassen.

a Werte die Grafik aus.

b Stelle Vermutungen an, weshalb Menschen im Internet einen Partner suchen und nicht im echten Leben.

c Beim Flirten in sozialen Netzwerken musst du vorsichtig mit persönlichen Daten umgehen. Erläutere, welche Informationen du beim Flirten im Internet erzählen kannst und welche nicht.

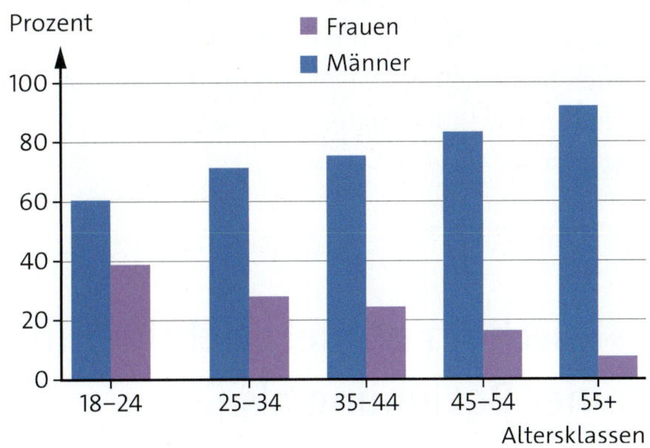

5 Nutzung von Dating-Portalen

Liebe & Partnerschaft

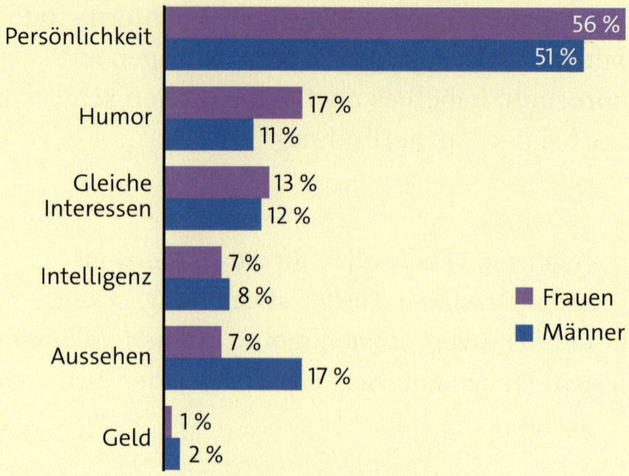

1 Worauf es bei der Partnerwahl ankommt

2 So, wie man sich Liebe vorstellt?

Nur sehr wenige Jugendliche wissen, was Liebe wirklich bedeutet. Im Alter zwischen 13 und 19 Jahren nehmen viele Jugendliche an, eine Beziehung bestehe nur aus Treffen, Küssen, Sex und »Gesehen werden«. Dass in Wahrheit viel mehr dazugehört und dass eine Beziehung auch beiderseitige Arbeit erfordert, verstehen viele erst weitaus später. Andere verstehen das sogar nie.

3 Was bedeutet Liebe?

»Kuscheln ist viel wichtiger in einer Beziehung als Sex.«

4 Aussage eines 18-jährigen Mädchens

5 Verliebt wie am ersten Tag

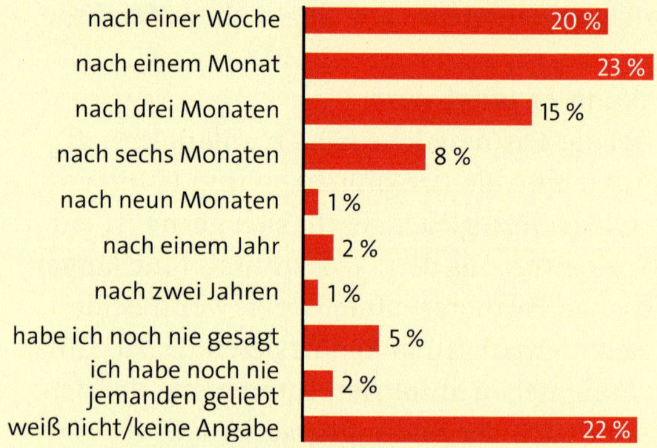

6 Wann sagt man »Ich liebe dich«?

So verändern sich die Charaktereigenschaften der Deutschen in einer Partnerschaft:

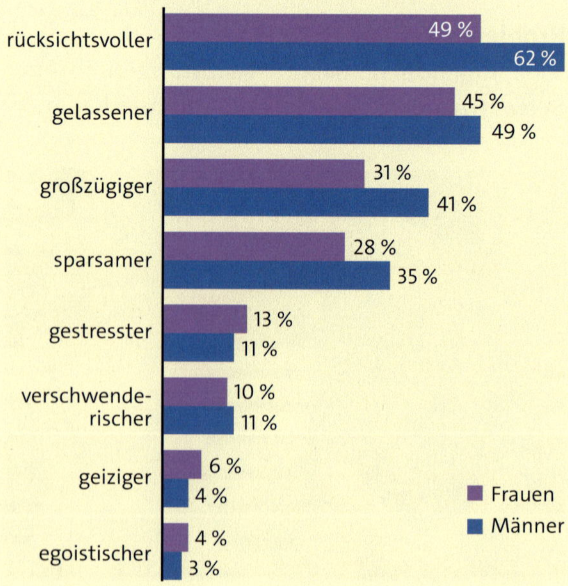

7 Wie Beziehungen uns verändern

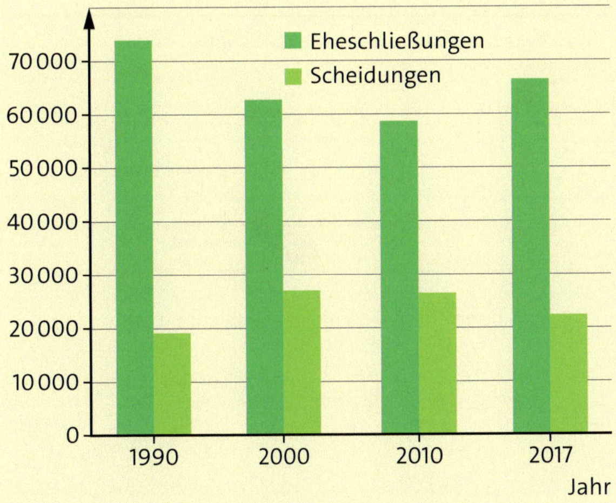

8 Statistische Übersicht zur Ehe in Bayern

1. Gesprächsverhalten, wenn es Probleme in der Partnerschaft zu lösen gibt (52 %)
2. Art und Weise, negative Gefühle oder Kritik zu zeigen oder zu äußern (50 %)
3. Sex/Erotik (49 %)
4. Lebendigkeit/Spontaneität in der Beziehung (44 %)
5. Zärtlichkeit/Körperliche Zuwendung (40 %)
6. Änderungsbereitschaft (39 %)
7. Ausmaß an Zeit/Energie, die für die Partnerschaft aufgebracht wird (37 %)
8. Gemeinsame Aktivitäten/Zeit füreinander (37 %)
9. Ausmaß an Liebe und Zuneigung (33 %)
10. Erwartungen aneinander (33 %)

9 Häufigkeit von Problemen in der Beziehung

10 Der schönste Tag im Leben?

50 % der Millennials, also Menschen unter dreißig Jahren, sehen laut einer US-Studie eine monogame Beziehung als die ideale Beziehungsform an. Die anderen können sich demnach eine offene oder eine polyamore Beziehung vorstellen. Doch was heißt das? In einer offenen Beziehung geht es hauptsächlich darum, neben der traditionellen Zweierbeziehung auch Sex mit anderen Menschen zu haben. Polyamorie ist ein Kunstbegriff aus dem griechischen *poly* (= viel) und dem lateinischem *amor* (= Liebe). Hier geht es darum, einvernehmliche und verantwortungsvolle Liebesbeziehungen zu mehreren Menschen zu haben. Parallel. Im Gegensatz zur offenen Beziehung ist hier Verlieben ausdrücklich erwünscht. Polyamor lebende Personen sind davon überzeugt, dass sie mehr als einen Menschen gleichzeitig lieben können.

11 Alternative Beziehungsformen?

12 Glücklich zu dritt?

13 Was ist Jugendlichen wichtig? Umfrage 2017

Über Sexualität sprechen

Ein Chatverlauf unter Jugendlichen ohne Smileys und Abkürzungen ist eher eine Seltenheit. Ein Herz oder ein küssender Smiley vermitteln dem Empfänger oft die Zuneigung des Absenders. Aber auch sexuelle Wünsche werden mit verschiedenen Emojis ausgedrückt. Warum fällt dies aber um einiges leichter, als die eigenen Gefühle tatsächlich in Worte zu fassen?

1 Ein Chatverlauf

Verschiedene Sprachebenen

Vor allem Jugendliche, aber auch Erwachsene verwenden in Alltagssituationen häufig Begriffe aus der Umgangs- oder Vulgärsprache. Während umgangssprachliche Ausdrücke wie zum Beispiel »miteinander schlafen« meist akzeptiert werden, sind Wörter aus der Vulgärsprache eher unangemessen und zum Teil entwürdigend. Unter Hochsprache fallen allgemein verbindliche Begriffe wie zum Beispiel Geschlechtsverkehr. Auch in der Medizin gebräuchliche Begriffe wie Ovulation bilden eine eigene Sprachebene. Über Sexualität kann jedoch auch ohne Worte, also nonverbal kommuniziert werden. So kann ein Blick oder eine Geste oft mehr zum Ausdruck bringen als viele Worte.

Gründe für Hemmung

Trotz der unterschiedlichen Möglichkeiten, über Sex zu sprechen, haben viele Menschen Probleme, ihre sexuellen Wünsche und Bedürfnisse mit Worten auszudrücken. Oft sind Unsicherheiten, Schamgefühl, Missverständnisse oder fehlende Worte Gründe dafür. Auch Eltern haben häufig Hemmungen, mit ihren Kindern über das Thema zu sprechen.

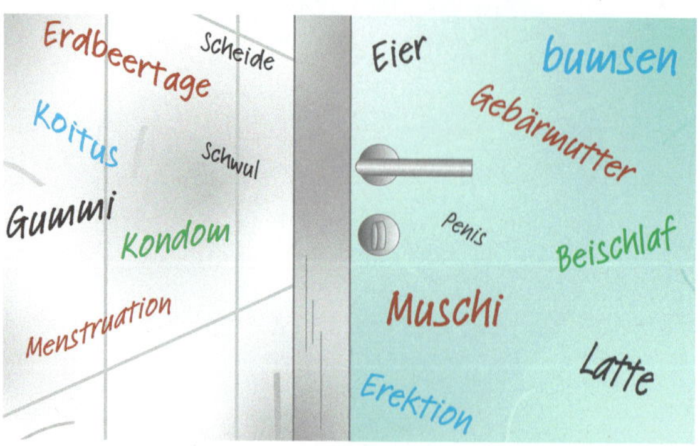

2 Sexuelle Begriffe in unterschiedlichen Sprachebenen

Gefühle und Wertungen

Grundsätzlich sollte eine Kommunikationsart gewählt werden, mit der man rücksichtsvoll das zum Ausdruck bringen kann, was man möchte. Begriffe, die zum Beispiel frauenfeindlich oder diskriminierend sind und verletzend oder aggressiv wirken, sollten nicht verwendet werden.

In Kürze

Gespräche über Sexualität können auf unterschiedlichen Sprachebenen geführt werden. Ohne Hemmungen können alle sexuellen Wünsche und Gefühle in einer angebrachten Art und Weise dem Partner mitgeteilt werden.

Aufgaben

1 Beschreibe eine Geste oder eine Mimik, die mit Sexualität in Verbindung gebracht wird.

2 Es gibt unterschiedliche Sprachebenen.
- **a** Ordne die Begriffe von Bild 2 den drei unterschiedlichen Sprachebenen zu.
- **b** Nenne zwei ausgewählte Begriffe und beschreibe Gefühle und Wertungen, die diese Wörter bei manchen Menschen auslösen.

Aufgaben

Diskriminierung durch Sprache

1 Diskriminierung Homosexueller

1 Eine Situation im Unterricht

Laut einer Studie fällt in einer durchschnittlichen Realschule das Wort »schwul« als Schimpfwort mehrmals im Laufe eines Vormittags. Dabei ist es häufig nicht zwingend gegen Personen gerichtet: der schwule Unterrichtsbeitrag eines Mitschülers, das schwule Arbeitsblatt, der schwule Pullover.

a Beschreibe die Situation in Bild 1.

b Nenne Personen, die in dieser Situation verletzt oder beleidigt werden.

c Beschreibe die Gefühle, die diese Ausdrücke bei verschiedenen Menschen hervorrufen können.

d Nenne mögliche Reaktionen auf solche Aussagen durch die Lehrkraft und durch Mitschüler.

Auch im Alltag werden häufig homosexuelle Personen grundlos beleidigt. Ein Betroffener: *Letztens fuhr ich mit der Bahn zu einer Freundin. Als ich gerade aussteigen wollte, rempelte mich ein Mann mit den Worten an: »Geh zur Seite, du scheiß Schwuchtel!« Er hatte es wohl sehr eilig. Wie angewurzelt blieb ich stehen. Eigentlich hätte ich hinterherrennen sollen, aber er war schon um die Ecke. Der Schaffner forderte dazu auf, die Tür frei zu machen. So stieg ich frustriert aus.*

e Diskutiert in der Klasse, welche Art der Reaktion angemessen ist.

f Nenne verschiedene Werte, die in dieser Situation eine Rolle spielen.

2 Diskriminierung hat Folgen

Neben der sexuellen Orientierung werden Personen auch aufgrund ihres Geschlechts, ihrer Herkunft oder ihrer Religion beleidigt. Auch in der Werbung werden verschiedene Personengruppen auf unterschiedliche Weise diskriminiert.

a Nenne die Personengruppen, die in den jeweiligen Bildern diskriminiert werden.

b Wähle eine Darstellung aus und gestalte ein Werbeplakat ohne jegliche Diskriminierung.

c Diese Darstellungen der Diskriminierung wie in Bild 2 bilden in vielen Bereichen die Realität ab. Diskutiert die Folgen.

2 Diskriminierung in der Werbung

Der weibliche Zyklus

»Endlich ist es so weit!« Isabel ist erleichtert. Sie hat »ihre Tage« bekommen und muss es gleich ihrer Freundin berichten. Ihre Mutter hat ihr erzählt, dass ihr Zyklus, ihr späteres Aussehen und sogar ihre Gefühle und Denkweisen von ihren Geschlechtshormonen, auch Sexualhormone genannt, gesteuert werden.

1 Ein gemeinsames Thema

Das Gehirn gibt das Startsignal

Sowohl Eizellreifung als auch Schwangerschaft werden durch das follikelstimulierende Hormon FSH und das Gelbkörper bildendende Hormon LH geregelt. Am Anfang der Pubertät beginnt die Hirnanhangsdrüse mit der verstärkten Ausschüttung dieser Hormone. Sie werden mit dem Blut durch den Körper transportiert. Die Eierstöcke produzieren daraufhin vor allem das Sexualhormon Östrogen.

Die Konzentration der Hormone im Blut wird ständig an die Drüsen des Gehirns gemeldet. Je nach Bedarf wird die Hormonproduktion von FSH und LH gesteigert oder verringert. An der Regelung der Konzentration der Sexualhormone sind Teile des Gehirns und die Hormondrüsen beteiligt.

Die erste Zyklusphase

Mit dem ersten Tag der Monatsblutung, der Menstruation, beginnt der Zyklus. Unter dem Einfluss von FSH reift in den Eierstöcken ein Eibläschen, ein sogenannter Follikel, heran. Dieser enthält eine Eizelle. Der Follikel setzt Östrogen frei, das unter anderem den erneuten Aufbau der Gebärmutterschleimhaut bewirkt. Ist die Konzentration von Östrogen im Blut hoch genug, wird LH ausgeschüttet. Dies führt zur Freisetzung der Eizelle in den Eileiter, dem Eisprung. Der Eisprung erfolgt 11 bis 16 Tage vor der nächsten Regelblutung. Manche Frauen spüren den Eisprung durch ein leichtes Ziehen im Unterbauch.

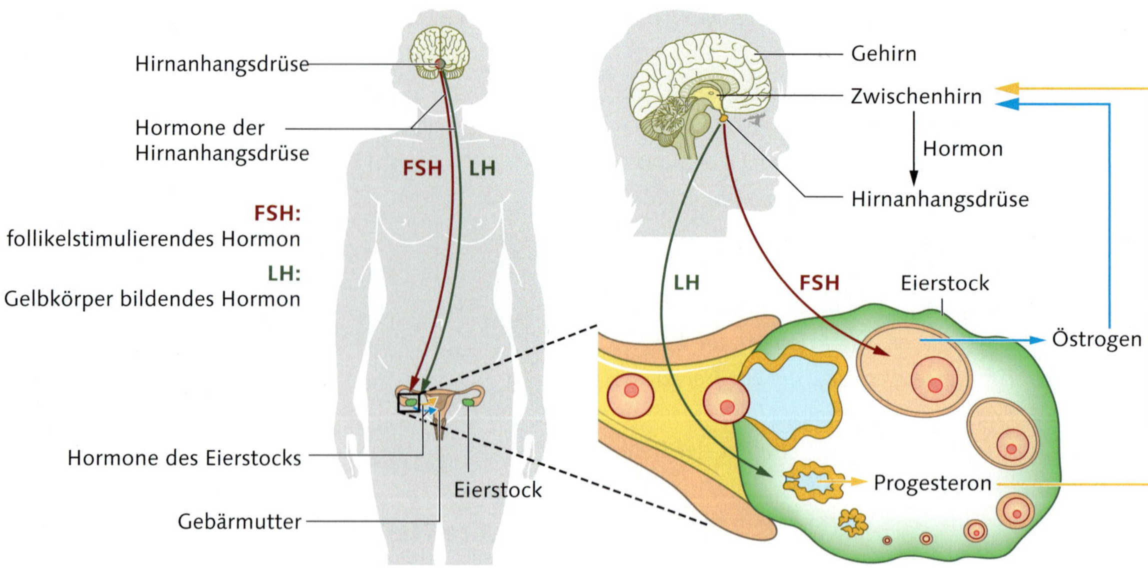

2 Der weibliche Zyklus

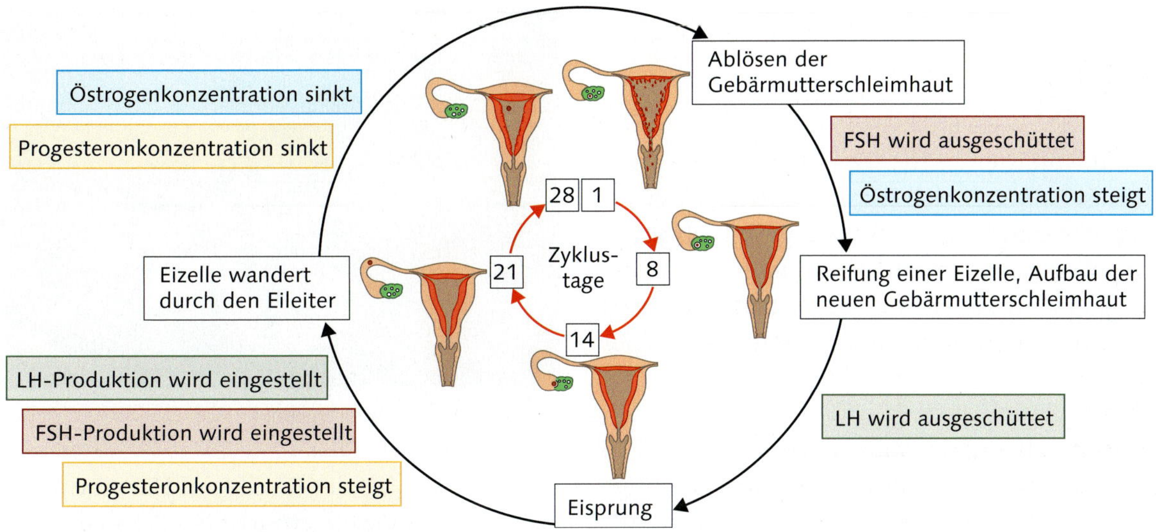

3 Beispiel für einen Menstruationszyklus, der 28 Tage dauert

Die zweite Zyklusphase

Der nach dem Eisprung im Eierstock verbliebene leere Follikel wandelt sich zum Gelbkörper um. Dieser gibt das Hormon Progesteron ab, das die Gebärmutterschleimhaut aufbaut. Die verdickte Gebärmutterschleimhaut bietet der befruchteten Eizelle optimale Bedingungen zur Einnistung. Der Gelbkörper wird durch die befruchtete Eizelle aufrechterhalten. Kommt es zu keiner Befruchtung, bildet sich der Gelbkörper zurück. Dadurch sinkt die Menge des Progesterons im Blut. Das Absinken des Progesterongehalts verursacht den Abbau der Gebärmutterschleimhaut. Diese wird mit der unbefruchteten Eizelle ausgeschieden. Es kommt zur Monatsblutung. Ein neuer Eireifezyklus beginnt.

Basiskonzept Steuerung und Regelung

Bereits von Geburt an sind bei Frauen Millionen Eizellen in den Eierstöcken. Mit der Pubertät reift monatlich eine Eizelle in Follikeln heran. Die Freigabe der reifen Eizelle regeln die Hormone FSH und LH. Erst wenn bestimmte Hormonkonzentrationen erreicht sind, kommt es zum Eisprung. Somit wird verhindert, dass unreife Eizellen freigegeben werden. Steuerung und Regelung ermöglichen die Anpassung an sich veränderne Bedingungen.

In Kürze

Das Zusammenspiel von Gehirn, Hormondrüsen und Sexualhormonen steuert den weiblichen Zyklus. Die beim Eisprung freigesetzte reife Eizelle wird Richtung Gebärmutter transportiert. Kommt es zu keiner Befruchtung, wird die Gebärmutterschleimhaut abgebaut. Die Regelblutung setzt ein.

Aufgaben

1 Beschreibe den Einfluss von FSH und LH auf den Eireifezyklus.

2 Die Grafik in Bild 4 zeigt den Verlauf der Östrogen- und Progesteronkonzentration im Blut.

a Ordne die Hormone den Linien zu. Begründe deine Zuordnung.

b Beschreibe die Vorgänge in der Gebärmutter, die mit den Hormonen zusammenhängen.

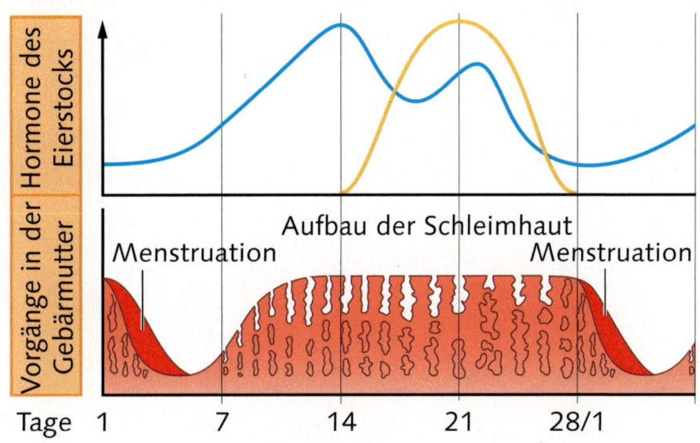

4 Veränderungen der Hormone

Ein Mensch entwickelt sich

Für die meisten werdenden Eltern ist die erste Ultraschalluntersuchung, die zwischen der neunten und zwölften Schwangerschaftswoche stattfindet, ein ganz besonderes Erlebnis. Sie können zum ersten Mal ihr heranwachsendes Kind bestaunen. Die Vorfreude auf das gemeinsame Kind steigt mehr.

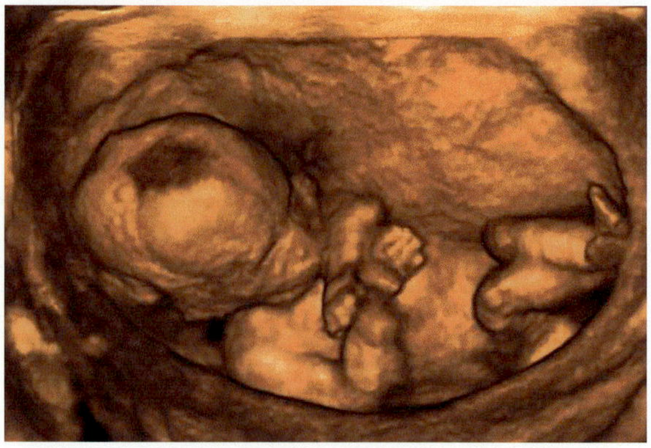

1 Ein modernes Ultraschallbild

Verschmelzung der Keimzellen

Bei jedem Eisprung gelangt gewöhnlich eine reife Eizelle in den Eileiter. Auf dem Weg zur Gebärmutter kann die Eizelle bis zu 24 Stunden lang befruchtet werden. Dazu muss eine Samenzelle in die Eizelle eindringen. Von den rund 500 Millionen Samenzellen, die der Mann beim Samenerguss abgibt, kommen nur etwa 500 bei der Eizelle an. Hat eine Samenzelle die Eizelle erreicht und kann die Hülle der Eizelle durchdringen, findet eine chemische Reaktion statt. Diese verändert die Hülle so, dass keine weiteren Samenzellen eindringen können. Die Kerne der Eizelle und der Samenzelle verschmelzen, wodurch die Erbinformationen von Mutter und Vater zusammengeführt werden. Die befruchtete Eizelle, die *Zygote*, stellt die erste Zelle des neuen Lebewesens dar.

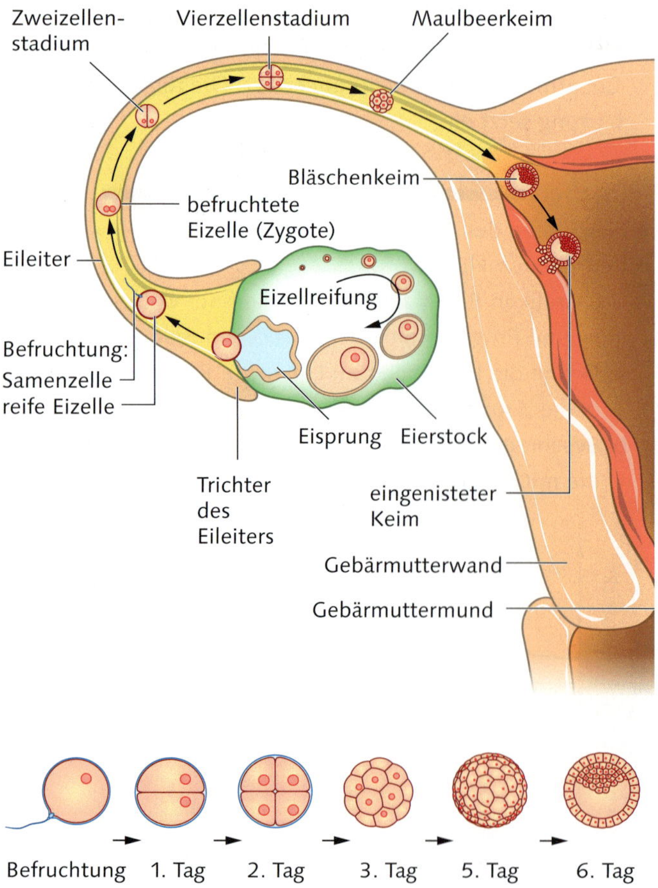

2 Von der Befruchtung der Eizelle bis zur Einnistung

Zellen teilen sich

Kurz nach der Befruchtung beginnen die ersten Zellteilungen. Diesen Zeitraum bezeichnet man als *Keimphase*. Durch wiederholte Teilungen entstehen zunächst zwei, dann vier und schließlich acht Zellen. Nach vielen weiteren Zellteilungen ist ein vielzelliger Keim entstanden, der Maulbeerkeim oder *Morula* genannt wird. Diese gelangt zur Gebärmutter. Aus der Morula wird eine hohle Zellkugel, die Bläschenkeim oder *Blastula* genannt wird. Die äußeren Zellen bilden mit denen der Mutter die Plazenta, die inneren Zellen werden sich zum späteren Embryo entwickeln. Die Blastula nistet sich schließlich in die Gebärmutterschleimhaut ein.

Zellen unterscheiden sich

Mit der Einnistung beginnt die Embryonalphase. Der Keim wird jetzt *Embryo* genannt. Seine Zellen übernehmen verschiedene Aufgaben. Während zum Beispiel die ersten

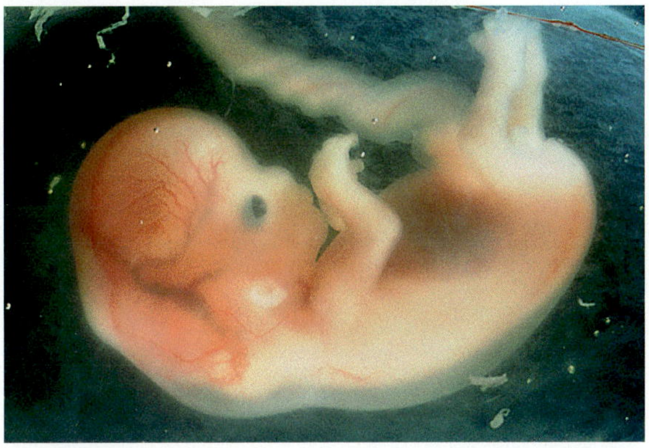

3 Embryo, 6 Wochen alt

Nervenzellen beginnen sich zu vernetzen, formen sich andere Zellen zu Muskelzellen oder zum späteren Herzen. Die Spezialisierung nennt man *Zelldifferenzierung*. Am Ende des ersten Monats ist der Embryo nur ein paar Millimeter groß. Er hat einen Herzschlauch, der das Blut bewegt. Alle lebenswichtigen Organe sind bereits angelegt.

Der Fetus wächst heran

Ab dem dritten Schwangerschaftsmonat spricht man vom *Fetus*. Seine Zellen teilen sich ständig und er wächst jetzt besonders schnell. Der Fetus beginnt sich zu bewegen und zeigt verschiedene Reaktionen auf seine Umwelt, zum Beispiel auf Musik. Im fünften Monat beginnt der Knochenaufbau und bis auf den Tastsinn sind alle Sinne funktionsfähig. Arme und Beine sind nun voll ausgebildet. Jetzt kann die Mutter die Bewegungen des Kindes spüren. Das Gesicht hat bereits individuelle Züge. Der Fetus kann hören und besitzt einen Rhythmus von Schlaf- und Wachphasen. In der Regel wird er nach 40 Wochen geboren.

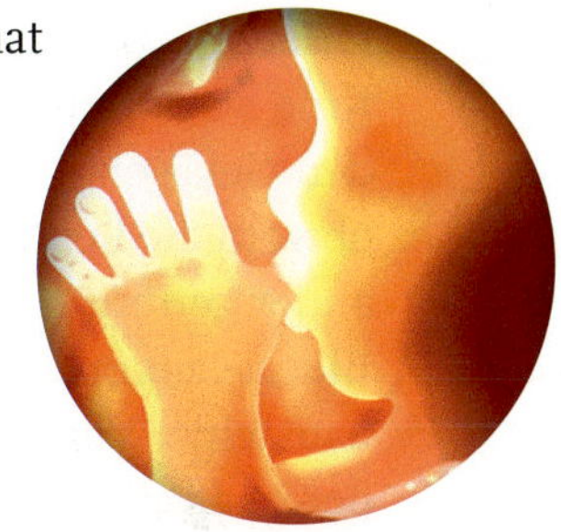

Basiskonzept Reproduktion

Beide Eltern haben jeweils die Hälfte ihrer Erbinformationen an ihr Kind weitergegeben. Durch diese Art der Fortpflanzung oder Reproduktion entstehen Neukombinationen der Erbinformation, die jedem Menschen seine Einzigartigkeit verleihen.

Lebewesen sind fähig zur Reproduktion und geben dabei die Erbinformationen weiter.

In Kürze

Die Entwicklung von der befruchteten Eizelle bis zur Geburt gliedert sich in Keim-, Embryonal- und Fetalphase. Zellen übernehmen spezielle Aufgaben, sie differenzieren sich. Nach etwa 40 Wochen ist die Entwicklung im mütterlichen Körper abgeschlossen.

Aufgaben

1 Nur eine einzige Samenzelle kann eine Eizelle befruchten. Begründe dies.

2 Beschreibe mit Hilfe des Textes und Bild 4 die Entwicklungsschritte vom Embryo zum Fetus.

	Monat der Schwangerschaft									
	1.	2.	3.	4.	5.	6.	7.	8.	9.	10.
Körperlänge in cm	bis 1	4	6	9	15	25	30	35	40	52

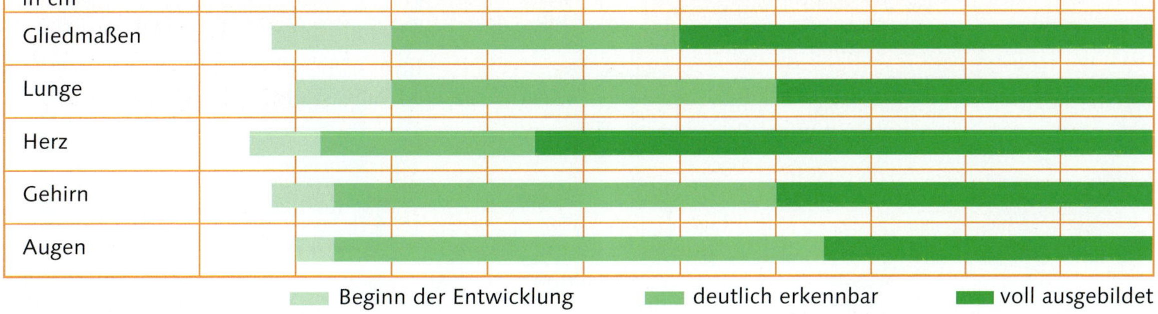

4 Entwicklung der Organe

Einflüsse auf das Kind im Mutterleib

Ein Kind ist im Mutterleib bestens geschützt. Dennoch macht sich eine werdende Mutter Gedanken über die gesunde Entwicklung ihres Kindes.

Die Brücke zwischen Mutter und Kind

Die Plazenta ist ein Organ zur Versorgung des Kindes. Sie besteht hauptsächlich aus Blutgefäßen, die sowohl von der Mutter als auch vom Kind stammen. Der geringe Abstand zwischen den Gefäßen ermöglicht einen Stoffaustausch, obwohl die beiden Blutgefäßsysteme voneinander getrennt sind. Aus dem mütterlichen Blut gelangen Sauerstoff, Wasser, Nährstoffbausteine, Vitamine, Hormone und Antikörper in das kindliche Blut. Umgekehrt werden Stoffwechselendprodukte vom Kind wie Harnstoff und Kohlenstoffdioxid in das mütterliche Blut abgegeben. Da nicht alle Stoffe die Plazenta passieren können, spricht man von der Plazentaschranke. Diese kann jedoch das Eindringen verschiedener schädlicher Stoffe und Viren, die beim Embryo schwere Schäden hervorrufen können, nicht verhindern.

1 Schwangerschaft – eine besondere Zeit

Lebensweise der Mutter

Eine gesunde Lebensweise tut Mutter und Kind gleichermaßen gut. Dazu zählen sowohl Bewegung an der frischen Luft als auch ausreichend Schlaf, wenig Stress und eine ausgewogene Ernährung. Da es in der Schwangerschaft leicht zu Verstopfungen kommen kann, sollten sich werdende Mütter ballaststoffreich ernähren. Zur Vermeidung von Fehlbildungen vor allem im Nervensystem des Kindes ist eine Einnahme von Folsäure zwingend erforderlich. Für Frauen, die vegetarisch oder vegan leben, gelten besondere Regeln. Sie müssen Vitamin B_{12} über Nahrungsergänzungsmittel einnehmen. Es ist normalerweise in tierischen Lebensmitteln enthalten und für das Wachstum des Embryos notwendig.

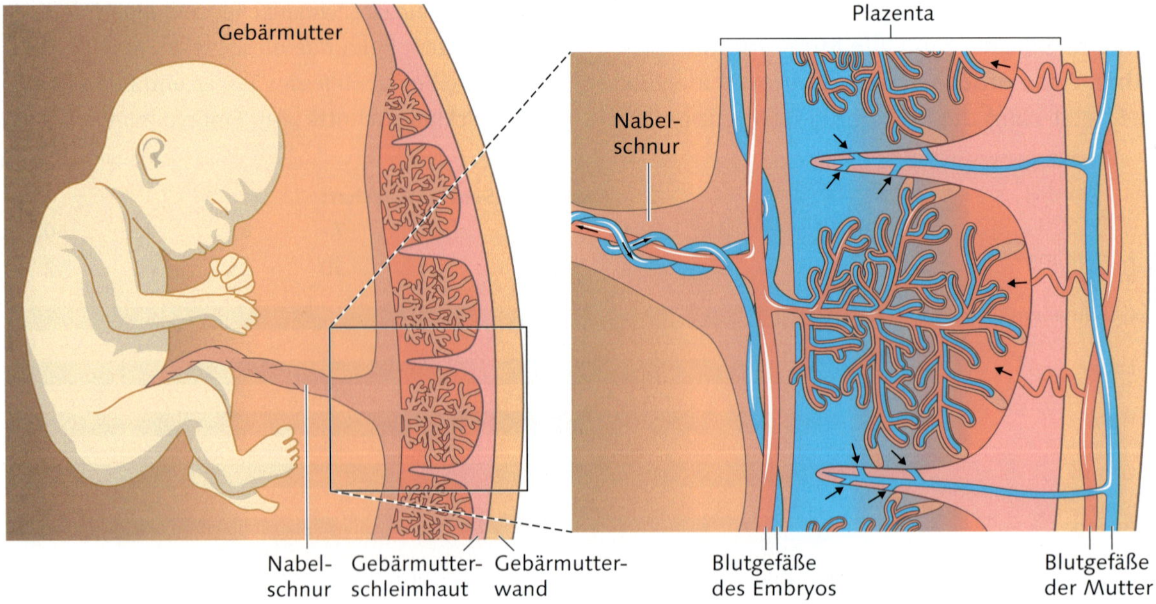

2 Die Versorgung des Embryos über die Plazenta

Gifte passieren die Plazentaschranke

Gifte wie Alkohol und Nikotin passieren die Plazentaschranke problemlos.

Alkohol hat im ersten Schwangerschaftsdrittel eine besonders starke Auswirkung, weil in dieser Zeit die kindlichen Organe gebildet werden. Da Alkohol ein Zellgift ist, kann sein Konsum zu schweren Schädigungen und Missbildungen führen.

Nikotin führt zur Verengung der Blutgefäße und somit zu Durchblutungsstörungen. Der Embryo wird dadurch nicht mehr ausreichend mit Sauerstoff versorgt. Auch die Wahrscheinlichkeit einer Frühgeburt erhöht sich durch Rauchen.

Vorsicht mit Medikamenten

Medikamente wie Kopfschmerztabletten, Beruhigungsmittel oder auch Nasensprays enthalten Wirkstoffe, die die Plazentaschranke durchdringen. Auf diesem Weg können sie die Entwicklung des Kindes beeinflussen. Besonders schwere Folgen wie zum Beispiel eine unvollständige Ausbildung der Gliedmaßen können auftreten, wenn die Medikamente in der Phase der Organbildung eingenommen werden.

Röteln – eine besondere Gefahr

Eine Frau, die schwanger werden möchte, sollte rechtzeitig sicherstellen, dass sie gegen Röteln geimpft ist. Denn bei einer Infektion des Kindes während der Organbildungsphase kann es zu Herzfehlern, Augenfehlbildungen oder Taubheit kommen.

Einflüsse der Umwelt

Mit dem Einatmen von Schadstoffen wie beim Passivrauchen gelangen giftige Stoffe in den Körper der Mutter und können den Embryo gefährden. Durch die Bauchdecke und das Fruchtwasser kann der Nachwuchs Geräusche von außen gedämpft wahrnehmen. Der regelmäßige Herzschlag der Mutter und die Stimmen der Eltern wirken beruhigend. Andauernder Lärm erzeugt dagegen sowohl für die Mutter als auch für das Kind Stress.

In Kürze

Über die Plazenta wird das Kind im Mutterleib versorgt. Eine gesunde Lebensweise der Mutter ist wichtig für eine gesunde Entwicklung des Kindes.

Aufgaben

1 Nenne die Stoffe, die über die Plazenta zwischen Mutter und Kind ausgetauscht werden.

2 Bild 3 zeigt Lebensumstände und Verhaltensweisen, die Einfluss auf das Kind im Mutterleib haben.

- **a** Ordne die Bilder A bis H in positive und negative Einflüsse.
- **b** Bewegung an der frischen Luft wird Schwangeren oft empfohlen. Möglichkeiten wären zum Beispiel Skifahren oder Mountainbiken. Nimm kritisch Stellung dazu, ob dies passende Sportarten für Schwangere sind.

3 Einflüsse auf das Kind im Mutterleib

Die Geburt

Die werdenden Eltern beschäftigen sich bereits ab dem sechsten Monat mit der bevorstehenden Geburt ihres Kindes. Atemübungen, Entspannungstechniken, Fitnessübungen und Vorbereitung auf das Elternsein stehen in speziellen Vorbereitungskursen auf dem Programm.

Die Geburt kündigt sich an

Auf den Beginn der Geburt können sowohl Blutungen als auch das Einsetzen der Wehen hinweisen. Von Wehen spricht man, wenn sich die Muskulatur der Gebärmutter zusammenzieht. Die krampfartigen Kontraktionen verursachen Schmerzen. Die Blutungen, die etwa so stark sind wie eine normale Monatsblutung, weisen auf einen sich öffnenden Muttermund hin. Auch das Platzen der Fruchtblase, der Blasensprung, kann den Geburtsbeginn ankündigen. Der Gebärmutterhals beginnt bereits in dieser Phase, sich zu verkürzen.

Eröffnungsphase

Während der Geburt werden die Länge der Wehen sowie die Herztöne des Kindes zur Überwachung aufgezeichnet. In der Eröffnungsphase kommen die Wehen zunächst noch in größeren Abständen. Der Kopf des Kindes drückt auf den Geburtskanal, wodurch sich der Muttermund nach und nach weitet.

1 Geburtsvorbereitungskurs

Es kann mehrere Stunden dauern, ehe sich der Muttermund vollständig geöffnet hat und sich der Kopf in den Geburtskanal schiebt. Atem- und Entspannungsübungen können für die Mutter sehr hilfreich sein.

Austreibungsphase

Die Wehen werden nun stärker. Mit jeder Wehe wird das Kind weiter durch den geöffneten Geburtskanal geschoben, bis der Kopf des Kindes erscheint. Danach folgen die Schultern und schließlich der Rest des Körpers oft durch eine einzige Wehe: Das Kind ist auf die Welt gekommen. Sofort macht es seinen ersten Atemzug. Nach der Geburt wird die Nabelschnur durchtrennt. Mit dem »Abnabeln« gilt das Kind als geboren. Bei den letzten Wehen wird auch das übrige Fruchtwasser ausgeschieden. Die gesamte Geburt kann von Frau zu Frau und von Geburt zu Geburt ganz unterschiedlich lang sein.

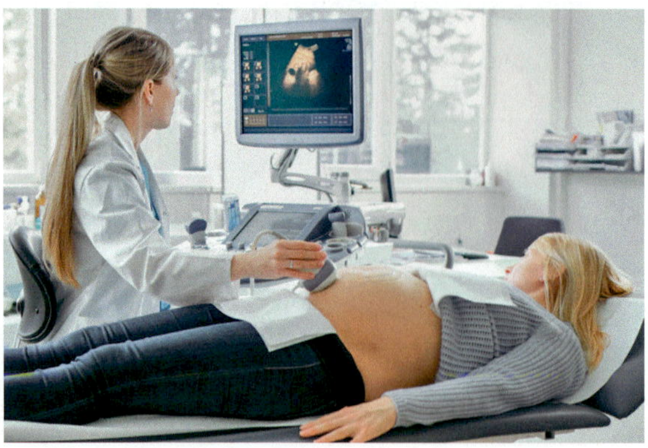

2 Ultraschalluntersuchung

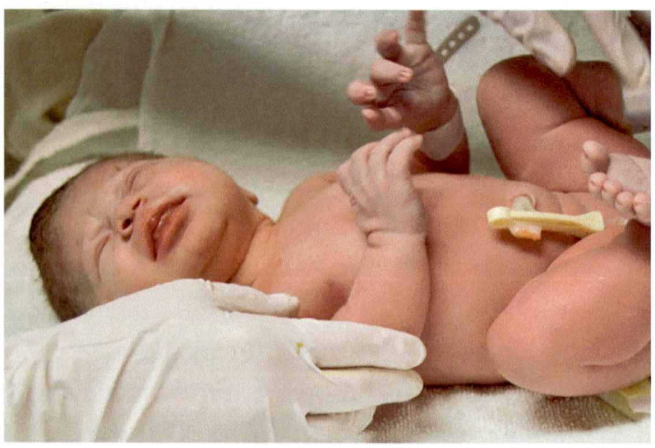

3 Die Nabelschnur wurde durchtrennt.

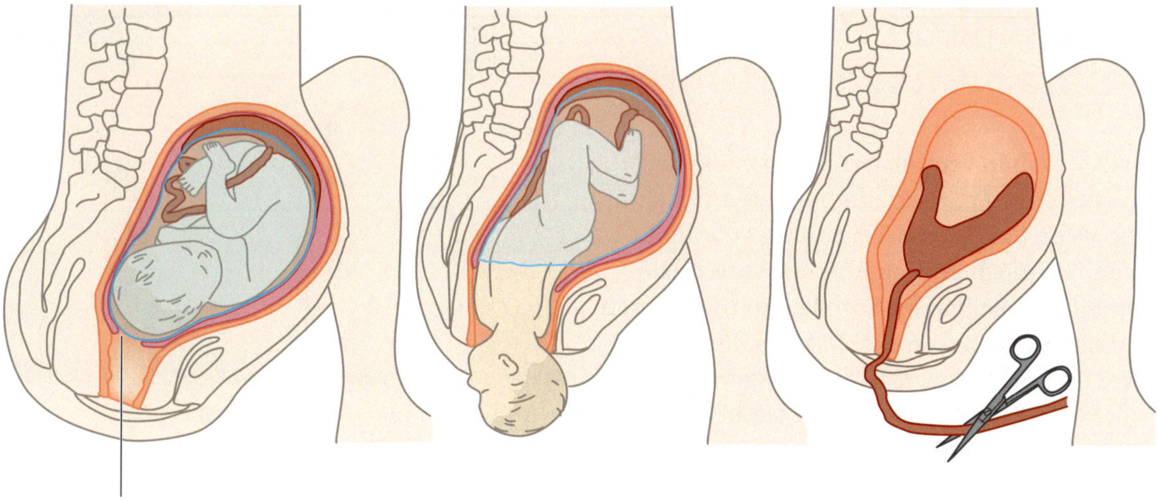

4 Ablauf der Geburt eines Kindes

Nachgeburtsphase

Nach der Geburt des Kindes zieht sich die Gebärmutter noch einmal zusammen. Dabei löst sich die Plazenta und wird zusammen mit dem Rest der Nabelschnur ausgestoßen. Dies bezeichnet man als Nachgeburt. Die Hebamme untersucht die Plazenta auf Vollständigkeit. Es ist wichtig, dass in der Gebärmutter kein Rest der Plazenta zurückbleibt. Nur so bildet sich die Gebärmutter richtig zurück und es kommt zu keinen Entzündungen.

In Kürze

Wehen, Blutungen und das Platzen der Fruchtblase kündigen den Geburtsbeginn an. Die Geburt vollzieht sich in drei Phasen: Eröffnungsphase, Austreibungsphase und Nachgeburt.

Exkurs Kaiserschnitt

Kann das Kind nicht auf natürliche Weise auf die Welt kommen, weil es sich zum Beispiel in einer Querlage befindet, wird ein Kaiserschnitt durchgeführt. Auch Frauen, die sich den Stress der Geburt sparen wollen, bevorzugen diese Variante. Der Kaiserschnitt ist eine Operation, bei der unter ganz kurzer Betäubung der Bauch und die Gebärmutter geöffnet werden. Das Kind wird zusammen mit Fruchthülle und Plazenta herausgenommen.

Aufgaben

1 Nenne Hinweise, die den Geburtsbeginn ankündigen.

2 Während der Geburt werden die Wehen der Frau und die Herztöne des Kindes aufgezeichnet und als einzelne Kurven abgebildet.

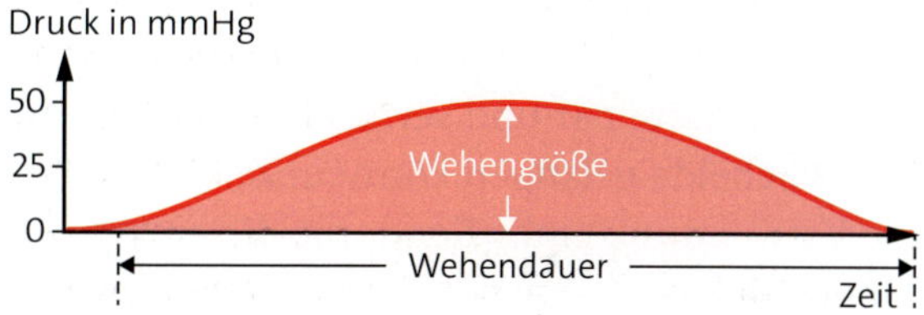

5 Aufgezeichnete Kurve einer Wehe

a Beschreibe die in Bild 6 aufgezeichneten Wehen mit Hilfe der Begriffe von Bild 5.

b Beschreibe den Verlauf der Herzfrequenz des ungeborenen Kindes während einer Wehe.

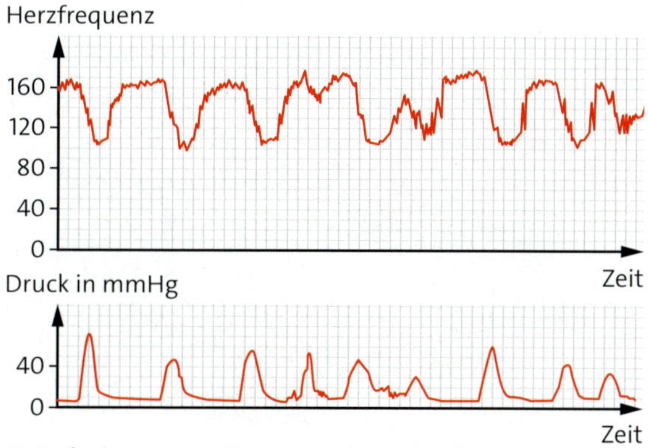

6 Aufnahme eines Herztonwehenschreibers

Möglichkeiten der Empfängnisverhütung

Viele Mädchen vereinbaren ihren ersten Termin bei ihrer Frauenärztin oder dem Frauenarzt, wenn das Thema Verhütung eine Rolle spielt. Sie möchten sich über die verschiedenen Möglichkeiten der Verhütung informieren und die für sie passende Methode finden. Wird eine Schwangerschaft nicht gewünscht, sollten die Partner gemeinsam beraten, welche Verhütungsmethode angewandt wird.

1 Beratung zu verschiedenen Verhütungsmitteln

Unterschiedliche Verhütungsmittel

Verhütungsmittel verhindern entweder mechanisch, dass Spermien zur Eizelle gelangen können, oder wirken hormonell auf Vorgänge im Körper. Die Entscheidung, welches Verhütungsmittel das geeignete ist, hängt von mehreren Faktoren wie persönliche Vorlieben, Lebensphase und Wissen über Risiken ab.

Kondome schützen

Kondome stellen für die Spermien eine mechanische Barriere dar und verhindern, dass diese in die Scheide gelangen können. Zudem ist die Verwendung eines Kondoms die einzige Möglichkeit, um sich vor der Übertragung von Krankheitserregern wie dem HI- oder dem Hepatitisvirus beim Geschlechtsverkehr zu schützen. Richtig angewendet ist es ein sehr sicheres Verhütungsmittel.

Vor der Verwendung eines Kondoms muss darauf geachtet werden, dass auf der Verpackung sowohl das Prüfsiegel als auch ein gültiges Haltbarkeitsdatum abgedruckt sind. Die Verpackung muss vorsichtig geöffnet werden. Das Kondom wird vor dem Geschlechtsverkehr über den steifen Penis abgerollt. Dabei hält man den oberen Teil, das Reservoir, zusammengedrückt. In diesem sammelt sich später die Samenflüssigkeit. Beim Herausziehen des Penis muss das Kondom festgehalten werden, damit es nicht abrutscht.

Hormonelle Verhütungsmittel

Die in bestimmten Präparaten enthaltenen Hormone verhindern eine Schwangerschaft. Zum einen unterdrücken sie den Eisprung, zum anderen wirken sie der Verflüssigung des Gebärmutterschleims entgegen, sodass die Spermien nicht in die Gebärmutter gelangen können. Zu den hormonellen Verhütungsmitteln zählt die *Antibabypille*, die 21 Tage eingenommen wird. In einer Einnahmepause von sieben Tagen tritt die Monatsblutung ein.

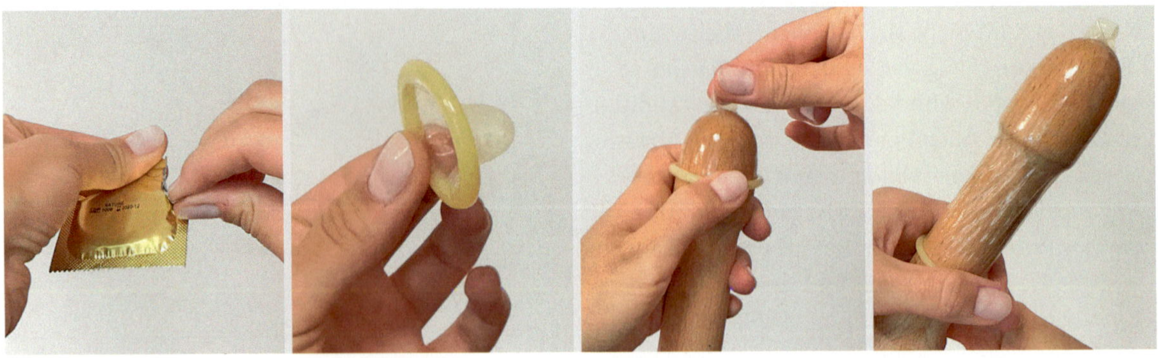

2 Die Anwendung eines Kondoms wird geübt.

Der *Vaginalring* ist ein mit Hormonen angereicherter Silikonring, der am ersten Zyklustag in die Scheide eingesetzt wird. Dort gibt er über drei Wochen Hormone ab. Eine über drei Jahre zuverlässige Wirkung hat das *Hormonstäbchen*. Dabei handelt es sich um ein dünnes Kunststoffstäbchen, das unter der Haut in der Innenseite des Oberarms eingesetzt wird. Dies gibt kontinuierlich ein Gelbkörperhormon ab, das den Eisprung unterdrückt und der Verflüssigung des Gebärmutterschleims entgegenwirkt. Alle Hormonpräparate sind rezeptpflichtig, da nicht jede Frau hormonelle Eingriffe in den Körperhaushalt verträgt. Sämtliche Risiken und Nebenwirkungen müssen vorab mit dem Arzt abgeklärt werden.

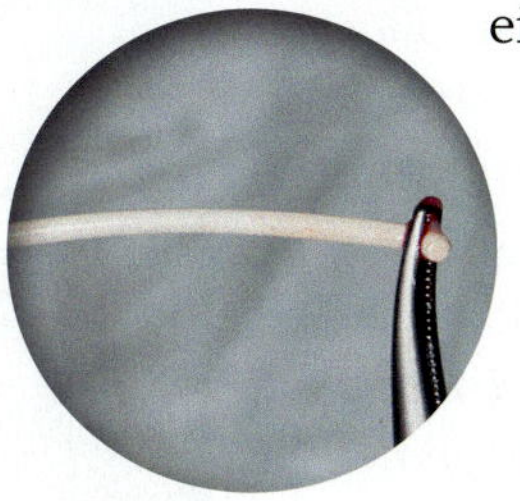

Davon zu unterscheiden ist die »*Pille danach*«. Diese wird unmittelbar nach dem Geschlechtsverkehr eingenommen. Sie verhindert den Eisprung und vermindert die Beweglichkeit der Spermien.

Natürliche Wege zur Empfängnisverhütung

Die Anwendung der *Temperaturmethode* ist eine Möglichkeit der natürlichen Verhütung. Dabei misst die Frau unmittelbar nach dem Aufwachen ihre Körpertemperatur und notiert diese. Einen Tag nach dem Eisprung steigt die Temperatur etwas an. Da diese von verschiedenen Faktoren wie Stress, Dauer der Schlafphase, Krankheit oder Alkohol beeinflusst werden kann, handelt es sich um eine sehr unsichere Methode. Die lange Überlebensdauer der Spermien, die Unregelmäßigkeit eines Zyklus und der ungenaue Zeitpunkt eines Eisprungs sind weitere Risiken, die die Sicherheit der Methode in Frage stellen.

Zuverlässigkeit der Methoden

Die Wirksamkeit und Zuverlässigkeit der verschiedenen Methoden zur Empfängnisverhütung wird durch den Pearl-Index angegeben. Dieser gibt an, wie viele sexuell aktive Frauen innerhalb eines Jahres schwanger werden, obwohl sie eine bestimmte Verhütungsmethode anwenden. Ein Pearl-Index von zwei gibt also an, dass von 100 Frauen, die eine bestimmte Verhütungsmethode verwenden, zwei schwanger werden.

In Kürze

Eine Schwangerschaft kann durch unterschiedliche Methoden verhindert werden. Das Kondom bietet als einziges Verhütungsmittel auch Schutz vor sexuell übertragbaren Krankheiten. Der Pearl-Index gibt die Wirksamkeit und Zuverlässigkeit der einzelnen Verhütungsmittel an.

Aufgaben

1 Informiere dich im Internet über Vor- und Nachteile verschiedener hormoneller Verhütungsmittel.

2 Nenne zwei sehr sichere und zwei unsichere Verhütungsmittel.

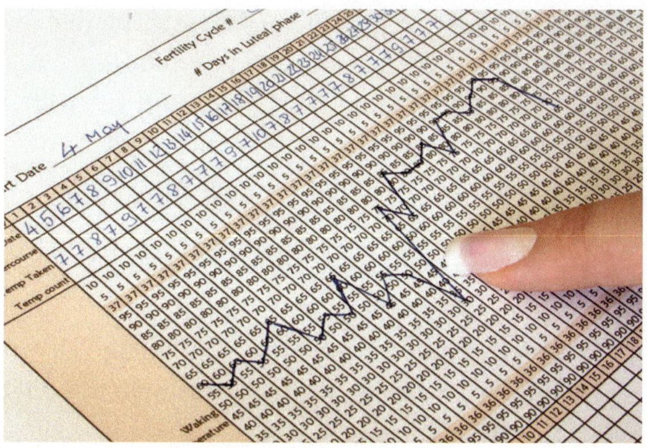

3 Temperaturmessung im Zyklus einer Frau

Methode	Pearl-Index
Pille	0,1–0,9
Hormonstäbchen	0,08
Hormonpflaster	0,72–0,9
Coitus interuptus	4–30
Vaginalring	0,65–1,18
Kondom	2–14
Temperaturmethode	0,8–3

4 Der Pearl-Index

Ungewollt schwanger

Die Abschlussfeier war ein voller Erfolg. Es wurde viel getanzt, gelacht, getrunken und geflirtet. Endlich fertig mit der Schule und voller Vorfreude ins Berufsleben. Zu leichtsinnig wurde jedoch mit dem Thema Verhütung umgegangen. Selbst einmaliger ungeschützter Geschlechtsverkehr kann die Zukunftspläne schlagartig verändern.

1 Partystimmung

Schwanger – was jetzt?

Die Gewissheit, dass eine Schwangerschaft vorliegt, liefert ein Schwangerschaftstest. Dieser weist im positiven Fall ein bestimmtes Hormon im Urin nach. Ein positiver Test kann zunächst ganz unterschiedliche Gefühle hervorrufen: Freude und Spannung, aber auch Ängste, Unsicherheit oder Ablehnung. Gerade im Fall einer unerwünschten Schwangerschaft erzeugt ein positiver Schwangerschaftstest viele Fragen und Konflikte. Dabei erscheinen die Interessen der Personen, ihre Ziele und Wertvorstellungen miteinander nicht vereinbar. Oft fühlen sich beide Partner zunächst hilflos. Ein Kind zu bekommen stellt ein junges Paar vor eine verantwortungsvolle Aufgabe.

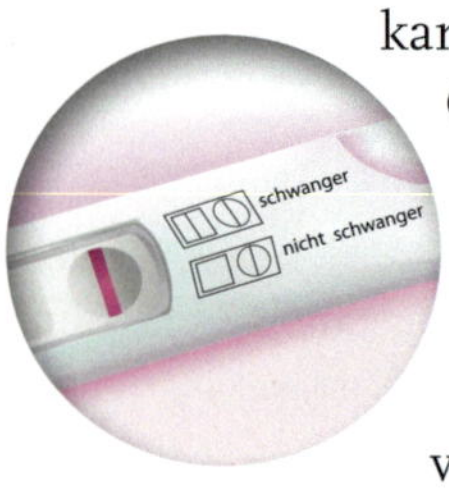

Beratungsstellen

Es gibt verschiedene Beratungsstellen, die eine Schwangerenkonfliktberatung anbieten. Dazu gehören zum Beispiel die Arbeiterwohlfahrt, kirchliche Beratungsstellen und pro familia. Die Beratungen dienen dem Schutz des ungeborenen Lebens und sollen Frauen zur Fortsetzung der Schwangerschaft ermutigen. Daneben kann im persönlichen Gespräch geklärt werden, welche Rolle die eigenen Gefühle, die Partnerschaft, die Lebensplanung und die finanzielle Situation spielen. Sollte letztere schwierig sein, erhält man Hilfe beim Beantragen von Fördermitteln. Es werden Möglichkeiten aufgezeigt, wie Schul- und Berufsausbildung mit einer Elternschaft zu vereinbaren sind. Können die Konflikte nicht bewältigt werden, wird über die Möglichkeit des Schwangerschaftsabbruchs informiert.

In Kürze

Ein Schwangerschaftstest ist eine einfache Möglichkeit, eine Schwangerschaft nachzuweisen. Bei einer ungewollten Schwangerschaft bieten Beratungsstellen Unterstützung an.

Aufgaben

1 Notiere dir mögliche Fragen, die sich Paare bei einem positiven Schwangerschaftstest stellen, wenn ein Kind nicht erwünscht ist.

2 Nenne mit Hilfe von Bild 2 verschiedene Aufgaben der Schwangerenkonfliktberatung.

3 Liste die Adressen und Telefonnummern von Beratungsstellen in deiner Umgebung auf.

Die Beratung dient dem Schutz des ungeborenen Lebens. Sie hat sich von dem Bemühen leiten zu lassen, die Frau zur Fortsetzung der Schwangerschaft zu ermutigen und ihr Perspektiven für ein Leben mit dem Kind zu eröffnen; sie soll ihr helfen, eine verantwortliche und gewissenhafte Entscheidung zu treffen. (...)
Die Beratung soll durch Rat und Hilfe dazu beitragen, die in Zusammenhang mit der Schwangerschaft bestehende Konfliktlage zu bewältigen und einer Notlage abzuhelfen. (...)

2 § 219 des Strafgesetzbuches

Schwangerschaftsabbruch

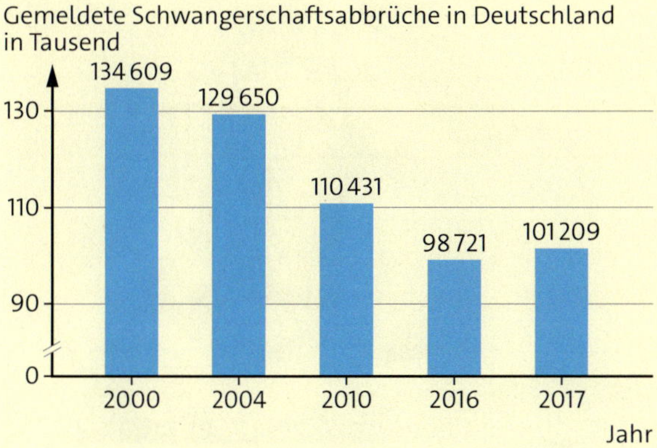

1 Abtreibungen in Deutschland

»Als ich einen Schwangerschaftstest machte, war ich bereits in der 8. Woche. Beim Betrachten des positiven Ergebnisses stand für mich sofort fest: Ich möchte das Kind nicht. Ich wollte mein Studium beginnen und sicherlich nicht vom Staat oder von einem Mann abhängig sein.

Die Abtreibung war vor zwei Tagen und jetzt bin ich in einem Gefühlschaos. Ich bin erleichtert und zugleich fühle ich tiefe Trauer. Eigentlich stelle ich mir schon eine Zukunft mit Kindern vor. Und jetzt habe ich mich gegen das Leben entschieden. Wie konnte ich das nur tun? Wie werde ich meine Schuldgefühle wieder los?«

2 Nach einer Abtreibung

Die Entscheidung für eine Abtreibung kann viele Gründe haben. Oft spielen gesellschaftliche Probleme eine Rolle. Fehlende Betreuungsplätze stellen Familien vor große Herausforderungen. Auch die hohen Mieten und Wohnungsmangel für Familien sind oft ein Problem. Befristete Arbeitsverträge oder die Angst, nach der Geburt nicht wieder auf den alten Arbeitsplatz zurückkehren zu können, spielen eine Rolle. Es ist die Aufgabe der Politik, Rahmenbedingungen zu schaffen, welche die Entscheidung für das Kind erleichtern. Hierzu gehören mehr Krippenplätze, bezahlbarer Wohnraum sowie, damit die Situation gar nicht erst entsteht, kostenlose Verhütungsmittel.

3 Forderungen an die Politik

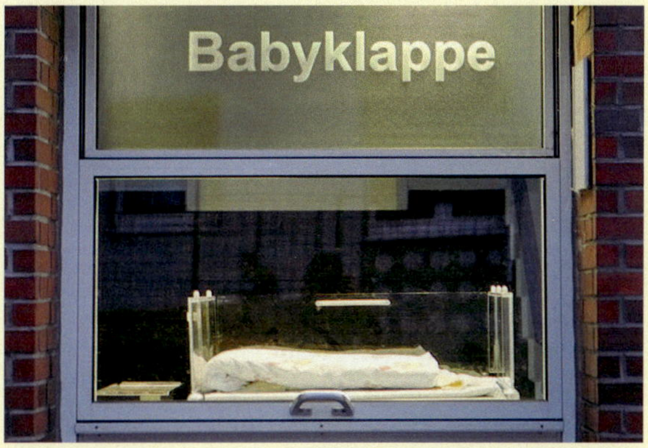

4 Neugeborene können anonym abgegeben werden.

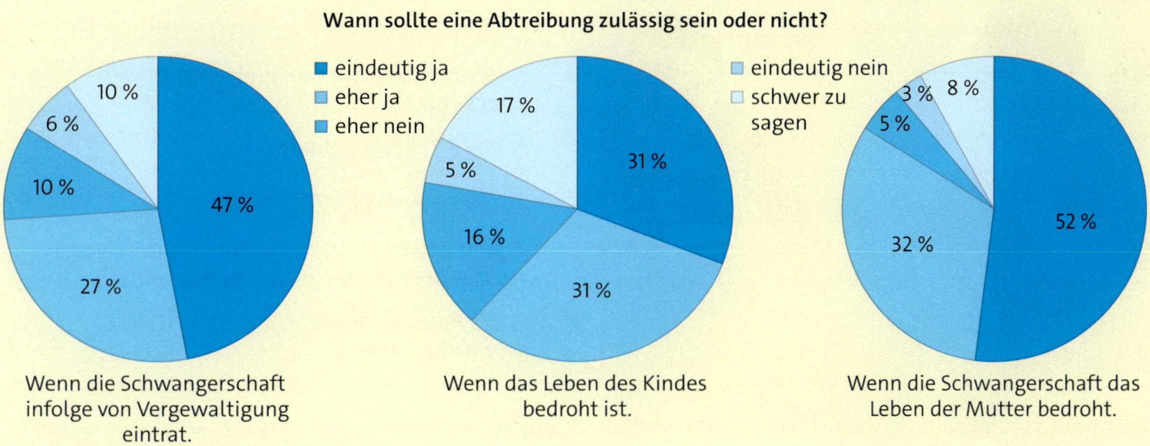

5 Gründe für eine Abtreibung?

Methode

Bewerten und Entscheiden

Das Ausbleiben der Menstruation erzeugt bei vielen jungen Frauen eine große Nervosität. Und dann liefert ein Test die Gewissheit, dass eine Schwangerschaft vorliegt. Eine ungeplante Schwangerschaft führt bei jungen Paaren häufig zu zahlreichen Konflikten. Beide stellen sich viele Fragen und sind mit der Situation überfordert. Eine auf den ersten Blick einfache Lösung gibt es nicht, dennoch muss eine Entscheidung getroffen werden. Um einen Weg aus dem Dilemma zu finden, kannst du dich an folgender Vorgehensweise orientieren:

1 Für viele Paare eine schwierige Situation

1 Das Dilemma beschreiben

Zu Beginn muss man die Ausgangssituation oder das eigentliche Problem genau erkennen und beschreiben. Im Beispiel des jungen Paares liegt ein positiver Schwangerschaftstest vor. Ein Kind war in nächster Zukunft noch nicht geplant. Die beiden besitzen keine eigene gemeinsame Wohnung und stehen kurz vor dem Beginn der Ausbildung. Finanziell sind sie selbst noch von den Eltern abhängig. Dies sind alles Gründe, die dagegensprechen, das Kind zu bekommen und auch zu behalten. Eine Alternative wäre, das Kind abzutreiben und damit es zu töten. Aber das bringen beide nicht über ihr Herz. Wie kommen sie zu einer Entscheidung?

2 Schwangerenkonfliktberatung

2 Informationen sammeln und gewichten

Im nächsten Schritt müssen Informationen und Meinungen aller beteiligten Personen zu dem Thema gesammelt werden. Informationen findet man in Büchern oder auch im Internet. Beim Sammeln des Informationsmaterials ist es grundsätzlich wichtig, immer seriöse Quellen zu nutzen. In diesem Fall zählen auch die Meinungen des jungen Paares. Sachinformationen zum Thema Abtreibung erhalten beide in speziellen Beratungsstellen. Zudem sollten sie sich Informationen zur Berufsausbildung mit Kind, zu Betreuungsmöglichkeiten und finanzieller Unterstützung einholen. Die gesammelten Informationen lassen sich unterschiedlich gewichten. Man notiert die Argumente, die man als besonders wichtig empfindet, an erster Stelle.

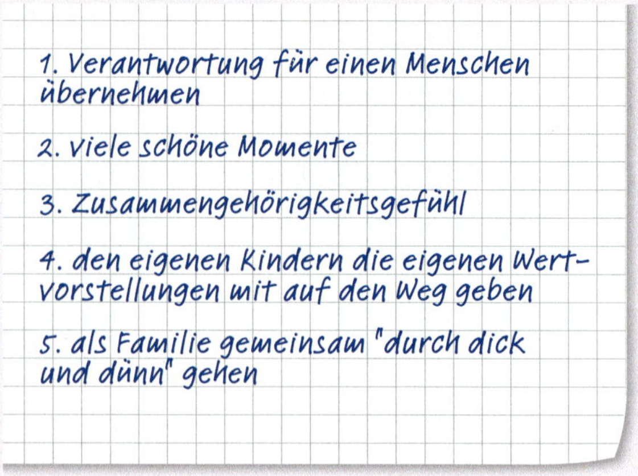

3 Argumente für ein Leben mit Kind

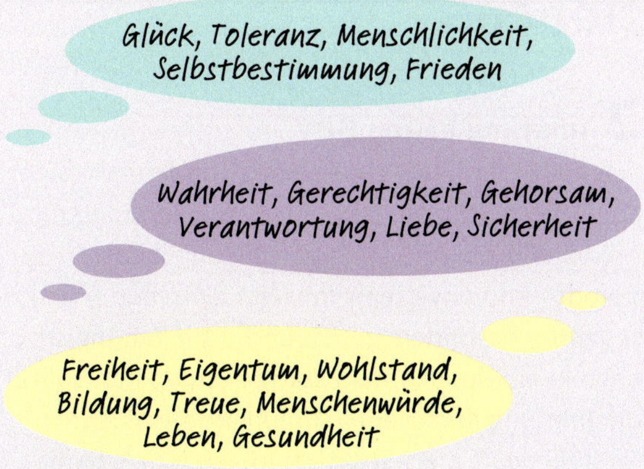

4 Wichtige Werte

3 Handlungsoptionen benennen
Im nächsten Schritt können die verschiedenen Lösungswege, die sogenannten Handlungsoptionen, aufgelistet werden. Eine Option der jungen Frau ist es, das Kind auf die Welt zu bringen und gemeinsam mit dem Partner oder auch ohne Partner großzuziehen. Als zweite Möglichkeit wird das Kind nach der Geburt in eine Pflegefamilie oder zur Adoption freigegeben. Die Abtreibung und damit ein Abbruch der Schwangerschaft ist eine dritte Option.

4 Einbinden ethischer Werte
Die einzelnen Handlungsoptionen werden nun mit verschiedenen Werten in Verbindung gebracht. Hierbei handelt es sich um Überzeugungen, die für einen Menschen wichtig sind. Sie geben Orientierung und helfen, das eigene Handeln einzuschätzen und zu bewerten. Jede Handlungsoption kann dabei mit mehreren der in Bild 4 genannten Werte verbunden sein.

5 Begründete Urteilsfällung
Mit Hilfe der gesammelten Informationen, Beratungen und Wertvorstellungen treffen nun beide Partner eine Entscheidung. Dabei ist es wichtig, dass jede Entscheidung ausführlich begründet wird. So könnte eine Entscheidung zum Beispiel lauten: Wir möchten das Kind bekommen. Die seelischen und körperlichen Folgen einer Abtreibung sind uns zu groß. Außerdem wünschen wir uns gemeinsame Kinder. Unsere Familien werden uns unterstützen.

6 Folgen der Handlungsoptionen überlegen
Jede Entscheidung zieht Folgen für alle Beteiligten nach sich. Über diese sollte man sich klar werden. Wird das Kind geboren, so ändert sich das Leben des jungen Paares sehr. Eine aufwendige Verknüpfung von Familienleben und Berufsausbildung sowie finanzielle Schwierigkeiten könnten die Folge sein. Demgegenüber stehen das Glück über das Kind und die neue Lebenssituation.

7 Erneute Reflexion des Urteils
Aufgrund der vorab genannten Folgen sind möglicherweise neue Aspekte hinzugekommen, die zu Beginn nicht betrachtet wurden. Somit sollte die erste Entscheidung überdacht und eventuell geändert werden.

Aufgabe

a Nenne fünf verschiedene Werte, die bei der beschriebenen Situation eine Rolle spielen. Notiere jeweils eine passende Bedeutung.

Wertvorstellung	Bedeutung für sich/das Kind
finanzielle Sicherheit	für das Kind sorgen zu können
Verantwortung	sich für das Kind verantwortlich fühlen
Leben	

b Beschreibe neben den drei genannten Handlungsoptionen eine weitere Möglichkeit.
c Formuliere eine mögliche Entscheidung für das junge Paar.

5 Eine glückliche Familie

Sexuell übertragbare Infektionen

1 Infektion mit HPV

	Frau	Mann
oral	2%	7%
anal	13%	6%
genital	15%	12%

1 Krankheitshäufigkeit für Infektionen mit HPV

Eine der häufigsten sexuell übertragbaren Krankheiten ist die Infektion mit dem Humanen Papillomvirus (HPV). Zu den möglichen Symptomen gehören Feigwarzen, auch bekannt als Genitalwarzen, bei Mann und Frau. Von den etwa 170 verschiedenen HPV-Typen sind 40 sogenannte Hochrisikotypen, die Zellveränderungen hervorrufen können. Daraus können sich später Krebserkrankungen wie zum Beispiel Gebärmutterhalskrebs entwickeln.

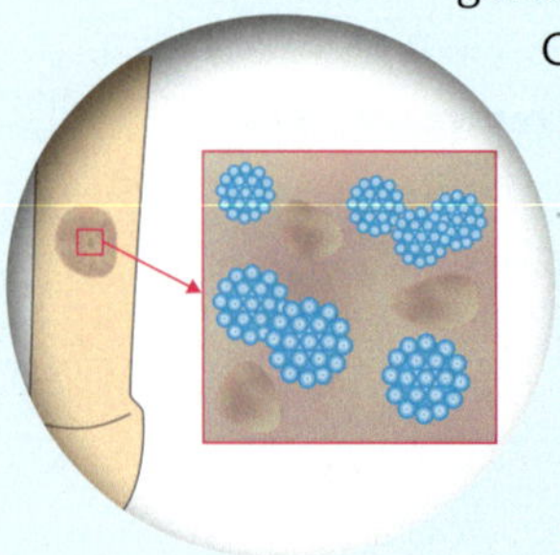

a Beschreibe mit Hilfe der Tabelle die verschiedenen Infektionswege des HPV.

b Beschreibe die Entstehung von Gebärmutterhalskrebs mit Hilfe von Bild 2.

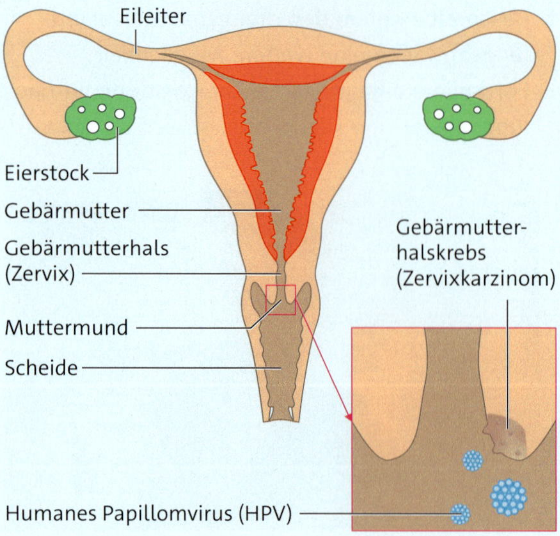

2 Entstehung von Gebärmutterhalskrebs

2 Impfung gegen HPV

Seit 2007 empfiehlt die Ständige Impfkommission am Robert-Koch-Institut eine Schutzimpfung für Mädchen, seit 2018 auch für Jungen. Da die Reaktion des Immunsystems im Alter zwischen 9 und 14 Jahren besonders gut ist und bis dahin meist noch kein Sexualkontakt stattgefunden hat, sollte die Impfung in diesem Zeitraum erfolgen. Die Impfung läuft meistens nach folgendem Schema ab:

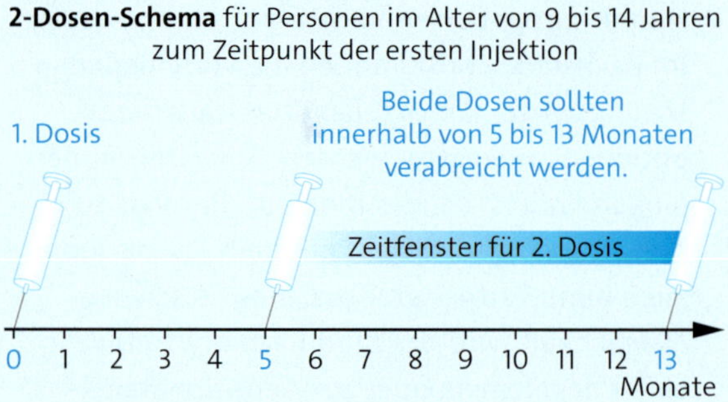

3 2-Dosen-Schema der HPV-Impfung

a Beschreibe den Ablauf der Impfung.

b Beschreibe die Impfbereitschaft von Mädchen gegen HPV in Deutschland mit Hilfe von Bild 4.

c Begründe, warum diese Schutzimpfung seit dem Jahr 2018 dringend auch Jungen empfohlen wird.

d Überlege dir verschiedene Möglichkeiten, um die Impfquote von Jungen und Mädchen zu erhöhen.

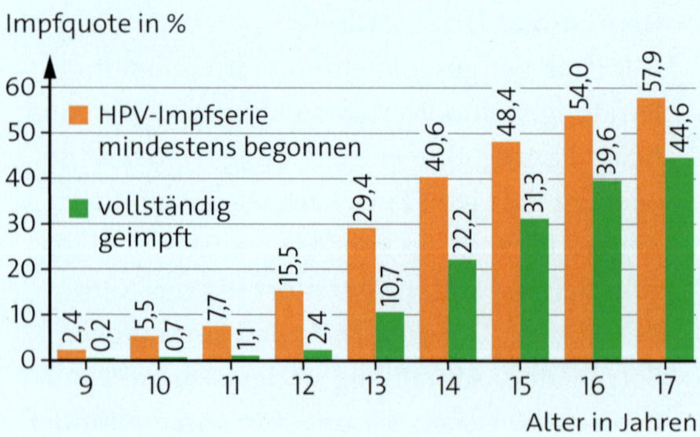

4 HPV-Impfquote von Mädchen in Deutschland

3 Weitere Infektionskrankheiten

Während sich sexuell übertragbare Infektionen (STI) in den letzten Jahren vermehrt verbreiten, sind die meisten dieser STI der allgemeinen Bevölkerung nahezu unbekannt. Bei einer Umfrage, welche STI bekannt seien, nannten 99 % der Befragten HIV, 51 % Gonorrhö und 50 % Syphilis. Lediglich 14 % kannten Hepatitis, 12 % Herpes sowie 10 % Chlamydien. Die Krankheiten werden durch Bakterien, Viren oder Parasiten verursacht.

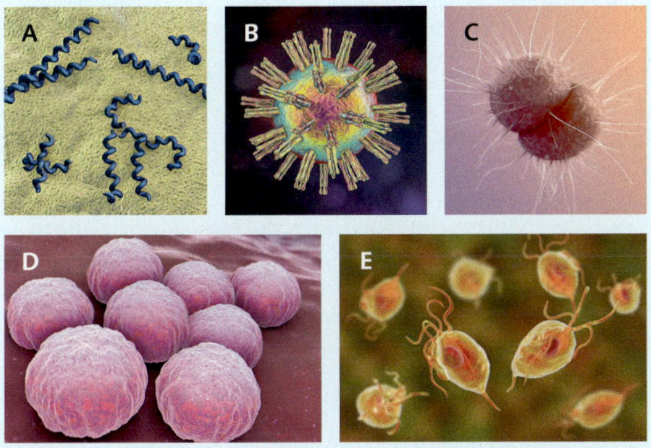

5 Krankheitserreger: A Syphilis; B Genitalherpes; C Gonorrhö; D Chlamydien; E Trichomonas

a Nenne mögliche Gründe für die vermehrte Verbreitung von STI.

b Trichomonaserreger sind parasitäre Einzeller. Ordne die weiteren abgebildeten Krankheitserreger den Bakterien oder Viren zu.

c Recherchiere im Internet über Symptome und Behandlungsmöglichkeiten verschiedener Geschlechtskrankheiten. Erstelle dazu ein Plakat.

6 Mögliche Symptome bei STI

4 Unangenehme Gespräche

7 Eine schwierige Gesprächssituation

Gespräche über sexuell übertragbare Krankheiten sind für die meisten Menschen unangenehm und man versucht, sie so gut wie möglich zu vermeiden. Dennoch ist es wichtig, im Fall einer Erkrankung mit dem Sexualpartner zu reden.

a Nenne verschiedene Gründe, warum Gespräche mit dem Sexualpartner über Geschlechtskrankheiten wichtig sind.

Auch in folgendem Fall herrscht zwingend Gesprächsbedarf:

Anna verspürt seit zwei Tagen einen Juckreiz und leichtes Brennen im Intimbereich. Bisher war sie noch bei keinem Arzt, in der Hoffnung, dass die unangenehmen Beschwerden von alleine verschwinden. Ausgerechnet jetzt, wo sie doch das Wochenende mit ihrem Freund verbringen wird. Dabei könnte es vielleicht zu Geschlechtsverkehr kommen.

b Beschreibe das Problem.

c Nenne verschiedene Handlungsoptionen.

d Nenne die Werte, die hier eine Rolle spielen.

e Nenne mögliche Folgen der Handlungsoptionen.

8 Was tun bei Beschwerden im Intimbereich?

Teste dich

Menschliche Sexualität und Entwicklung

1 Liebe und Partnerschaft

a Beschreibe, was man unter einer Geschlechterrolle versteht.

b Beziehungen können mit einem Flirt beginnen. Erläutere anhand von Bild 1, was man darunter versteht.

c Jede Partnerschaft braucht Regeln. Nenne drei, die für dich und deinen Partner selbstverständlich sein sollten.

d Vergleiche »verliebt sein« und »lieben«.

e Erläutere die Aussage »Gleich und gleich gesellt sich gern« im Hinblick auf eine Partnerschaft.

f »Unterschiede ziehen sich an.« Stelle begründete Vermutungen an, weshalb auch das in einer Beziehung zutreffen kann.

1 Flirten

2 Sexualität

a Beschreibe, was man unter Sexualität versteht.

b Nenne verschiedene Funktionen der Sexualität speziell beim Menschen.

c Erläutere, was man unter der sexuellen Orientierung eines Menschen versteht.

d Nenne die Bedeutung der Regenbogenflagge.

e Erkläre die Begriffe Transgender und intersexuell.

f »Für ein erfülltes Sexualleben sollten Partner miteinander sprechen. Nicht immer ist das so einfach.« Begründe.

3 Schwangerschaft und Geburt

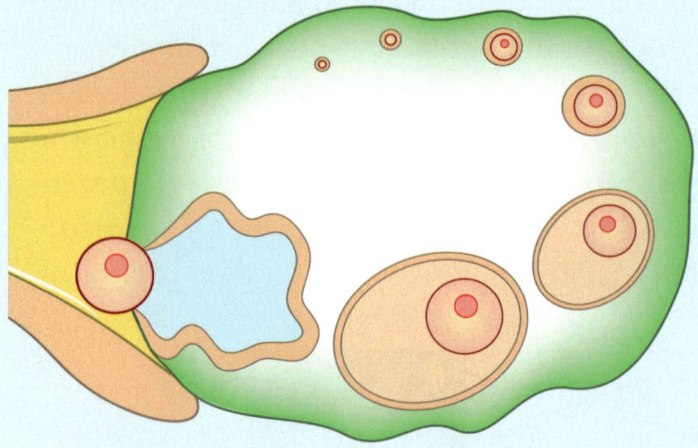

2 Vorgänge im Eierstock

a Beschreibe den in Bild 2 dargestellten Ablauf.

b Nenne Hormone, die an der Reifung der Eizellen beteiligt sind.

c Erläutere jeweils zwei Verhaltensweisen der Mutter während der Schwangerschaft, die die Entwicklung des Kindes positiv oder negativ beeinflussen.

d Skizziere die ersten Zellteilungen kurz nach der Befruchtung.

e Beschreibe die Entwicklung des Fetus.

f Erläutere den Begriff Zelldifferenzierung.

g Nenne Hinweise für den Geburtsbeginn.

h Beschreibe die verschiedenen Phasen einer Geburt.

i Die Untersuchung der Plazenta ist eine wichtige Aufgabe der Hebamme. Begründe diese Aussage.

3 Ein neugeborenes Kind

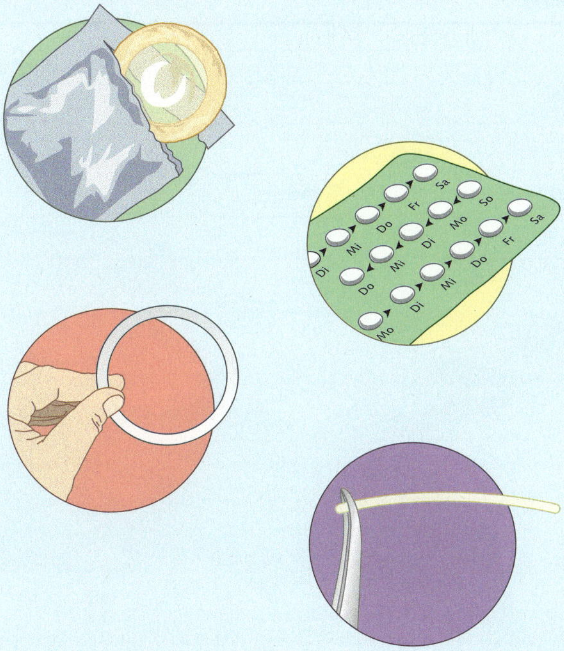

4 Verschiedene Verhütungsmittel

4 Möglichkeiten der Verhütung

a Benenne die Verhütungsmittel in Bild 4.

b Vergleiche hormonelle Verhütungsmittel mit dem Kondom. Gehe dabei jeweils auch auf Vor- und Nachteile ein.

c Das Kondom zählt zu den sicheren Verhütungsmitteln. Nimm Stellung dazu.

d Begründe, weshalb die »Pille danach« nicht zur Verhinderung einer Schwangerschaft geeignet ist.

e Erläutere, was Paare tun können, wenn es zu einer ungewollten Schwangerschaft gekommen ist.

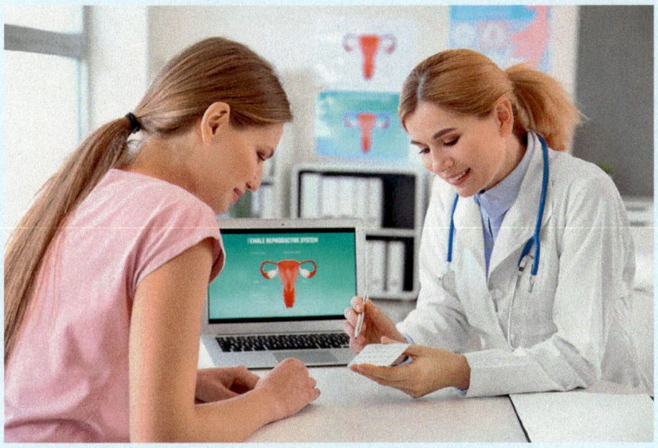

5 Beratung beim Frauenarzt

Die Lösungen zu diesen Aufgaben findest du auf auf den Seiten 191 und 192.

Auf den Punkt gebracht

Menschliche Sexualität und Entwicklung

- Die Geschlechterrolle beschreibt Eigenschaften, die einem Geschlecht durch die Gesellschaft zugesprochen werden. Verantwortung und Vertrauen sind die Grundlage für jede partnerschaftliche Beziehung.
- Die Sexualität hat beim Menschen neben der Fortpflanzung auch andere Funktionen, wie zum Beispiel die Bindung in einer Partnerschaft zu festigen.
- Die sexuelle Orientierung beschreibt die Anziehung zu einem bestimmten Geschlecht. Jede Art menschlicher Sexualität sollte verantwortlich und muss einvernehmlich gestaltet werden.
- Sexualhormone steuern den weiblichen Zyklus und die Eireifung. Diese Hormone benutzt man auch in Hormonpräparaten zur Schwangerschaftsverhütung.
- Die Entwicklung von der befruchteten Eizelle bis zur Geburt gliedert sich in Keim-, Embryonal- und Fetalphase.
- Bei ungeschützten sexuellen Kontakten können Infektionskrankheiten übertragen werden. Kondome schützen vor einer Ansteckung.

Evolution

Entstehung der Lebewesen

Die Landschaft der Kanareninsel Lanzarote ist im Landesinneren von Vulkanismus geprägt. So ähnlich könnte unsere Erde kurz nach ihrer Entstehung ausgesehen haben. Das Bild der Erde hat sich auch durch die Entstehung und Entwicklung des Lebens im Laufe der Zeit immer wieder verändert.

1 Vulkanlandschaft auf der Kanareninsel Lanzarote

Die »Geburt« der Erde

Heutzutage geht man davon aus, dass unser Sonnensystem vor etwa 4,6 Milliarden Jahren entstanden ist. Kosmischer Staub begann, sich zu Planeten zu verdichten. Auf diese Weise entstand auch unsere Erde. Der stark aufgeheizte und glutflüssige Erdball kühlte von der Oberfläche her langsam ab. Dabei bildeten sich eine feste Erdkruste und eine darüberliegende Uratmosphäre. Nach weiterer Abkühlung entstand durch Kondensation von Wasserdampf Wasser, das sich im Urozean sammelte.

Vorstufen der Lebewesen

Blitzentladungen bei Gewittern und die vulkanische Hitze lieferten Energie für chemische Reaktionen. Aus anorganischen Stoffen wie Mineralien entstanden organische Verbindungen wie Aminosäuren oder Kohlenhydrate, die sich am Meeresboden ansammelten. Eine Lösung aus diesen Stoffen wird als *Ursuppe* bezeichnet. Viele Wissenschaftler gehen davon aus, dass sich in diesem Gemisch größere Moleküle wie Proteine bilden konnten. Zudem entstanden einfache Formen der Erbsubstanz, um die sich vermutlich Hüllen aus fettähnlichen Substanzen bildeten. So könnten die ersten einfachsten Zellstrukturen entstanden sein.

Entstehung der Fotosynthese

Die ersten zellähnlichen Lebewesen nutzten wahrscheinlich Mineralstoffe aus heißen Quellen, den Black Smokern, am Grund des Meeres als Energiequellen. Durch zufällige Veränderung der ersten Zellen entstand eine neue Art der Energieumwandlung. Einfach gebaute Blaualgen, die Cyanobakterien, nutzten schließlich als erste Lebewesen

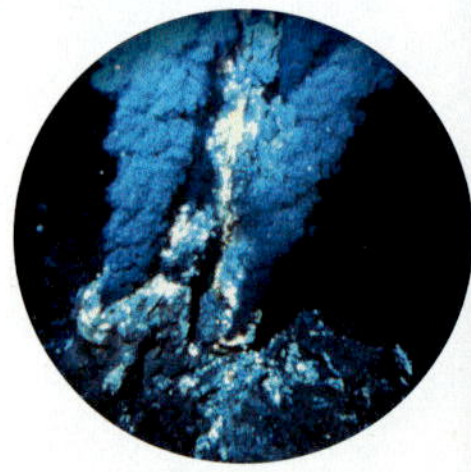

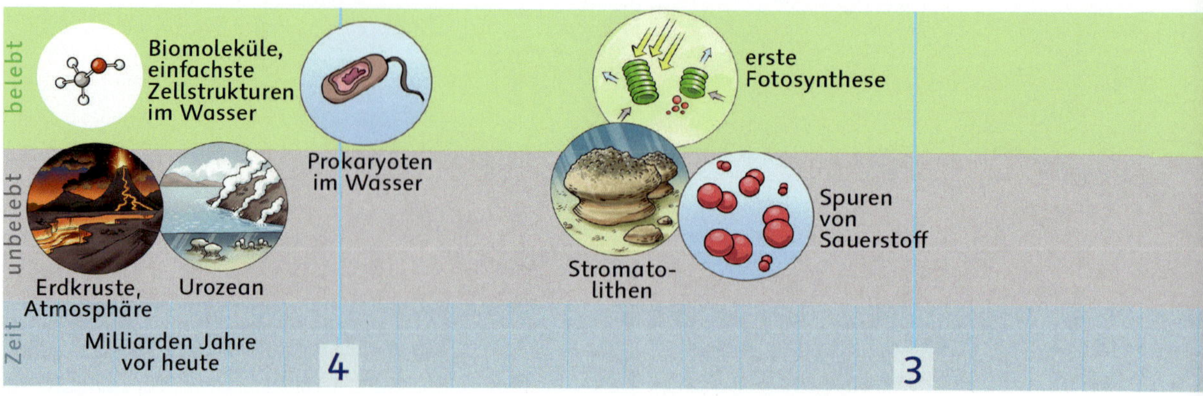

2 Entstehung des Lebens

Farbstoffe zur Speicherung der Sonnenenergie in Form von chemischer Energie. Die Fotosynthese entstand somit vor über 3,5 Milliarden Jahren. In riesigen pilzförmigen Kolonien besiedelten Cyanobakterien lichtdurchflutete Flachmeere. Der entstandene Sauerstoff reicherte sich in der Atmosphäre an.

Erste Eukaryoten

Vor etwa 2,1 Milliarden Jahren traten erstmals höher organisierte Zellformen auf, die *Eukaryoten*. Sie besaßen einen Zellkern und spezialisierte Zellbestandteile wie Mitochondrien. Sie waren in der Lage Sauerstoff für ihren Stoffwechsel zu nutzen. Eine Formenfülle eukaryotischer Einzeller besiedelte die Erde. Schließlich entwickelten sich auch Vielzeller, deren unterschiedliche Zelltypen für verschiedene Aufgaben spezialisiert waren.

Explosionsartige Entwicklung der Arten

Erste Lebewesen der verschiedenen Reiche sind seit 540 Millionen Jahren nachweisbar. Die artenreichste Tiergruppe waren Tiere ohne Wirbelsäule, die *Wirbellosen*. Etwa 50 Millionen Jahre später entstanden die ersten Wirbeltiere, vermutlich kleine Urfische. Das Leben spielte sich noch überwiegend im Wasser ab, die Kontinente waren nahezu unbelebt. Erste höher entwickelte Lebewesen an Land waren vor 430 Millionen Jahren Pflanzen. Erst danach sind tierische Vertreter, vermutlich Gliederfüßer, belegt. Die ersten Landwirbeltiere lebten vor 360 Millionen Jahren.

3 Kolonien von Cyanobakterien

In Kürze

Lebewesen entstanden auf der Erde in Urozeanen. Es dauerte Millionen von Jahren, bis sich Zellstrukturen bildeten. Durch die Fotosynthese reicherte sich Sauerstoff in der Atmosphäre an. Lebewesen konnten dann durch die Zellatmung Energie umwandeln. Aus Einzellern entwickelten sich Vielzeller.

Aufgaben

1 Beschreibe die Entstehung einfachster Zellstrukturen.

2 Stelle Vermutungen an, weshalb das Land erst von Pflanzen und dann von Tieren besiedelt wurde.

3 Recherchiere über die geografische Lage und Besonderheiten der Kanaren.

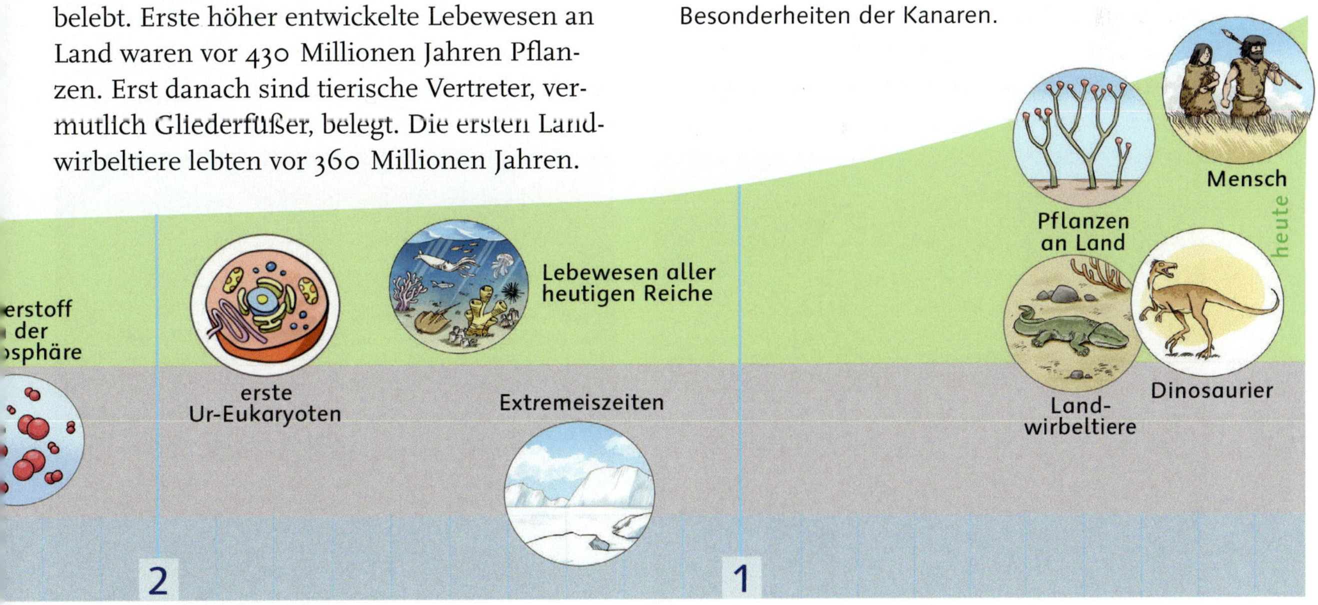

Wege zum Vielzeller

Auf der Suche nach möglichen Lebewesen auf dem Mars spielen für die Astrobiologen der NASA bestimmte Gesteinsbrocken eine wichtige Rolle. Bei diesen handelt es sich um die ältesten bekannten Fossilien der Erde. Doch warum hofft die NASA gerade auf den Fund solcher Brocken auch auf dem Mars?

1 Marsrover Curiosity sucht Spuren von Lebewesen.

Erste Hinweise auf Lebewesen

Die ersten Lebewesen auf der Erde waren vermutlich Einzeller. Da es aufgrund ihrer Kleinheit und ihrer Zartheit praktisch keine Fossilien von diesen gibt, stammen erste Hinweise auf Lebewesen von sogenannten Stromatolithen. Voraussetzung für die Entstehung dieser fossilen Gesteinsbrocken sind Mikroorganismen, die bis zu zehn Millimeter dicke Matten bilden. In diesen leben sie nicht nur zusammen, sondern betreiben sogar eine Art Arbeitsteilung. Diese Bakterienmatten existierten schon vor etwa 3,5 Milliarden Jahren. Hieraus lässt sich schließen, dass der Übergang vom Ein- zum Vielzeller bereits sehr früh stattfand. Viele Wissenschaftler versuchen herauszufinden, wie dieser Übergang geschah. Denn er gilt als wichtige Voraussetzung für die Entstehung höher entwickelter Lebewesen, also Organismen mit unterschiedlichen Geweben aus Zellen mit jeweils einem Zellkern.

Unterschiedliche Möglichkeiten

Forscher vermuten, dass sich im Laufe der Entwicklung viele Einzeller zu einem Vielzeller zusammenschlossen. Eine weitere Hypothese stellt die unvollständige Zellteilung dar. Dabei bleiben die Tochterzellen durch eine fehlerhafte Zellteilung aneinander haften. Es ist allerdings nicht leicht, Vorgänge aufzuklären, die vor Jahrmillionen abliefen. Hinweise liefern Prozesse, die heute ablaufen.

Unvollständige Zellteilung

Laborversuche mit einzelligen Grünalgen zeigen, dass durch unvollständige Zellteilungen zufällig entstandene Mehrzeller zu groß waren, um von Fressfeinden gefressen werden zu können. Diese Organismen setzten sich durch ihren Überlebensvorteil durch.

2 Fossile Stromatolithen

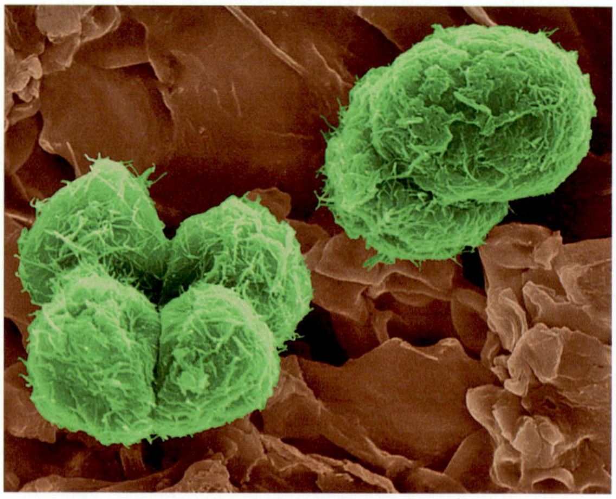

3 Mehrzellige Grünalge durch unvollständige Teilung

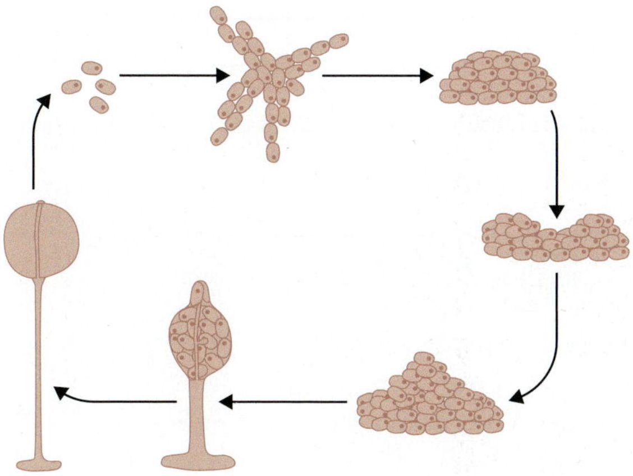

4 Einzellige Schleimpilze schließen sich zusammen.

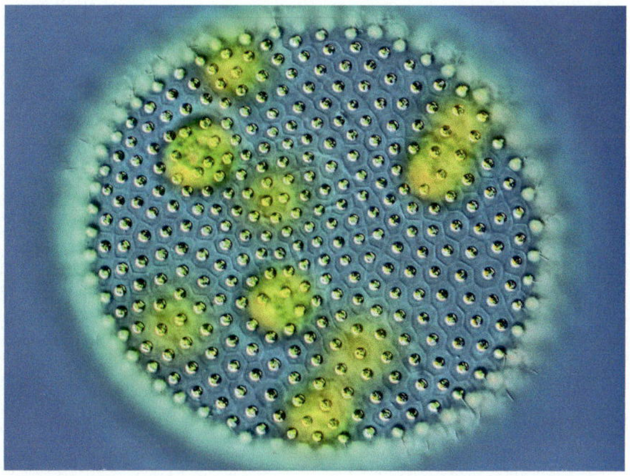

6 Volvox: Mutterkugel mit Tochterkugeln

Zusammenschluss von Einzellern
Schleimpilze leben als einzellige und mehrzellige Lebensformen. Bei Nahrungsmangel schließen sich die einzelligen Organismen zusammen und bilden ein pilzförmiges Gebilde. An dessen Spitze formt sich eine Kugel. Die in ihr enthaltenen Sporen verteilen sich mit dem Wind. Gelangen sie an einen Ort mit genügend Nahrung, werden sie zu einzelligen Schleimpilzen.

Grünalgen als Modell
Die Betrachtung heute lebender Arten aus der Gruppe der Grünalgen liefert Hinweise und Modellvorstellungen. Chlamydomonas ist eine einzellige Grünalge. Alle Lebensfunktionen werden von einer Zelle ausgeübt. Bei Gonium ist bereits eine Art Mehrzelligkeit erkennbar. Die Einzelzellen ähneln Chlamydomonas. Sie sind durch eine gallertartige Masse und Plasmabrücken dauerhaft verbunden. Dennoch ist jede Zelle nahezu eigenständig und kann durch Zellteilung einen Tochterorganismus bilden. Volvox dagegen weist typische Merkmale eines Vielzellers auf. Die Zellen sind miteinander verbunden und betreiben Arbeitsteilung. Es existieren Körper- und Fortpflanzungszellen. Anders als bei Einzellern gibt es echte Leichen. Die Zellen der Mutterkugel sterben, wenn die Tochterkugeln frei werden.

In Kürze
Vielzeller sind wahrscheinlich aus Einzellern hervorgegangen. Heute noch lebende Arten liefern Hinweise und Modellvorstellungen zur Entstehung von Vielzellern.

Aufgaben

1 Stelle Vermutungen an, weshalb die NASA auf dem Mars nach fossilen Stromatolithen sucht.
2 Beschreibe mit Hilfe von Bild 5 eine mögliche Entwicklung vom Einzeller zum Vielzeller.

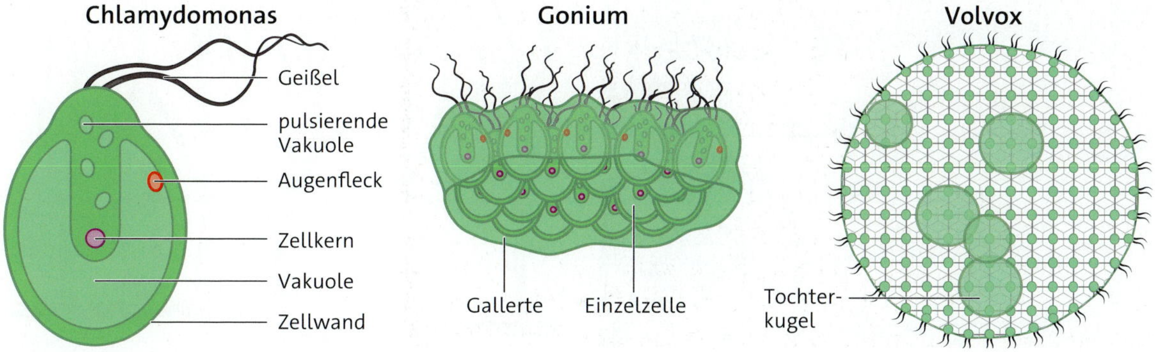

5 Grünalgen als Modell zum Aufzeigen möglicher Schritte vom Ein- zum Vielzeller

Vom Wasser ans Land

Eine Welt ohne Pflanzen kann man sich nur schwer vorstellen. Sie begegnen uns fast überall, selbst in den Häuserschluchten unserer Großstädte grünt und blüht es. In einer Welt ohne Pflanzen könnten weder Tiere noch der Mensch leben. Sie alle brauchen die Pflanzen als Nahrung. Doch es gab eine Zeit, in der Pflanzen und Tiere auf unserem Planeten nur im Wasser vorkamen.

1 Eine Welt ohne Pflanzen

Eroberung neuer Lebensräume

Wasser bietet günstige Lebensbedingungen: Es trägt und enthält Sauerstoff, Kohlenstoffdioxid sowie Mineralsalze in gelöster Form. Außerdem verhindert es das Austrocknen des Körpers und kann als Transportmittel für Keimzellen dienen. Tages- und jahreszeitliche Temperaturschwankungen treten im Wasser kaum auf. Im Vergleich dazu erscheint das Leben an Land zunächst unwirtlich.

Vor über 400 Millionen Jahren bildeten sich aus Gewässern durch Abtragung von Gebirgen und Ablagerung von Sedimenten riesige Sumpflandschaften. Sie stellten eine geeignete Grundlage für die Besiedlung des Festlands durch höhere Lebewesen dar. Das Leben an Land brachte unter anderem einen großen Vorteil: Es gab dort weniger Konkurrenz unter den Arten als im Wasser, in dem sich eine riesige Zahl von Lebewesen tummelte.

Pflanzen machten den Anfang ...

Vorreiter der Landbesiedlung waren Pflanzen, die in Ufernähe wuchsen und als Angepasstheit an das Leben im Flachwasser Schutzeinrichtungen gegen zeitweiliges Austrocknen besaßen. Neben der geringeren Zahl an Konkurrenten bot ein Leben an Land weitere Vorteile. Zunächst gab es dort kaum Pflanzenfresser oder Krankheitserreger. Die Sonnenstrahlen wurden nicht durch Wasser oder Plankton abgeschwächt. Außerdem war der Kohlenstoffdioxidgehalt in der Atmosphäre höher.

Als erste Landpflanze gilt Rhynia. Sie besaß zwar noch keine Blätter, hatte aber wurzelähnliche Ausläufer. Erste Funde dieser 400 Millionen Jahre alten fossilen Pflanzen fand man um 1910 in Schottland in einem ehemaligen Moor.

2 Mögliche Unterwasserlandschaft vor 420 Millionen Jahren

3 So könnte die erste Landpflanze ausgesehen haben.

... und Tiere folgten

Nachdem die Pflanzen das Land besiedelt und die Atmosphäre weiter mit Sauerstoff angereichert hatten, folgten allmählich auch Tiere. Millimetergroße Tausendfüßer, sogenannte Gliederfüßer, waren die ersten höher entwickelten Tiere auf dem Festland.

Andere Organe entwickelten sich

Manche Wirbeltiere hatten neu entwickelte Organe, mit denen sie Sauerstoff aus der Luft aufnehmen konnten. *Quastenflosser* besaßen als Fische Kiemen, aber auch eine einfach gebaute Lunge. Sie ist als Angepasstheit an das Leben in flachen, sauerstoffarmen Meerwassertümpeln anzusehen. Ihre Flossen waren muskulös und hatten ein Innenskelett. Möglicherweise konnten sie andere Gewässer über Land kriechend erreichen.

Ichthyostega – ein frühes Landwirbeltier

Im Jahre 1831 wurde ein Fossil entdeckt, das Merkmale sowohl von Fischen als auch von Amphibien zeigte. Dieser Ichthyostega besaß vier Gliedmaßen. Mit einer kräftigen Wirbelsäule verbunden, konnten sie die gesamte Masse des Tieres an Land tragen. Sein Schwanz hatte eine Flosse, ähnlich wie heute lebende Kaulquappen. Ichthyostega atmete vermutlich durch die Haut und mit Lungen. Obwohl die leicht beschuppte Haut ständig feucht gehalten werden musste, war das Leben im Wasser und an Land möglich. Die Amphibien suchten schließlich nur noch zum Laichen das Wasser auf.

Heute lebende Arten liefern Hinweise

Der heute noch lebende Schlammspringer gibt Hinweise auf den möglichen Übergang vom Wasser ans Land. Dieser Fisch lebt in Mangrovensümpfen der tropischen Küsten. Er ist in der Lage, sich mit seinen kräftigen Brustflossen hüpfend an Land fortzubewegen.

Von der Uramphibie zum Urreptil

Aus den früheren Formen, den Uramphibien, entstanden neben den Amphibien auch die Urreptilien, auf die alle landlebenden Wirbeltiere zurückgehen. Reptilien sind nicht bei der Fortpflanzung vom Wasser abhängig. Ihre Eier besitzen eine feste, meist pergamentartige Schale, die vor Austrocknung schützt und eine Eiablage außerhalb des Wassers ermöglicht.

In Kürze

Die Besiedlung des Landes durch die Wirbeltiere stellt einen wichtigen Evolutionsschritt dar. Das Leben an Land wurde durch den Schutz vor Austrocknung sowie verschiedene Angepasstheiten bei der Atmung, Fortpflanzung und der Fortbewegung möglich.

Aufgaben

1 Nenne Organe, die den ersten Wirbeltieren das Überleben an Land ermöglichten.

2 Wasser bietet Lebewesen günstige Lebensbedingungen. Dennoch besiedelten Organismen im Laufe der Evolution auch das Land. Zähle mögliche Vorteile für Lebewesen an Land auf.

4 Möglicher Formenwandel beim Übergang vom Wasser ans Land

Fossilien – Spuren der Urzeit

Jeder weiß, dass es Dinosaurier gab, obwohl diese Tiere bereits seit 65 Millionen Jahren ausgestorben sind. Dank Funden von versteinerten Überresten wie diesem aus Kelheim, der den Namen Xaveropterus bekam, kann man sich eine Vorstellung machen, wie diese Tiere ausgesehen haben.

1 Fossilfund bei Kelheim

Zeugen früheren Lebens

Fossilien sind Überreste früherer Lebewesen, von deren Spuren und Ausscheidungen oder Fußabdrücken. Viele von ihnen sind mehrere Millionen Jahre alt. Mit Hilfe von Fossilien können Wissenschaftler beweisen, dass es früher andere Pflanzen und Tiere gab als heute. Fossilien belegen auch, wie sich Lebewesen entwickelt haben. Viele von diesen aus früheren Erdzeitaltern stammenden Lebewesen sind schon vor Millionen von Jahren ausgestorben.

Versteinerte Zeugen

Versteinerungen entstehen gewöhnlich am Grund von Gewässern. Stirbt ein Lebewesen, dann sinkt es zu Boden. Meist wird es von anderen Tieren gefressen oder von Bakterien zersetzt. Wenn aber eine Tierleiche zum Beispiel sehr rasch von feinen Sedimenten wie Schlamm oder Sand bedeckt und luftdicht abgeschlossen wird, kann diese von Bakterien nicht mehr zersetzt werden. Der Körper bleibt lange erhalten. Danach lagern sich weitere Sedimente schichtweise darüber ab. Der zunehmende Druck presst das Wasser aus dem Schlamm heraus und chemische Vorgänge lassen ihn allmählich zu Stein werden. In Jahrmillionen entsteht dadurch ein Fossil in Form eines *Abdrucks* oder es bleiben Knochen als echte Versteinerungen zurück. Werden verfaulende Weichteile, zum Beispiel im Inneren einer Muschel, durch einfließenden Schlamm ersetzt, dann entsteht ein Ausguss des Schaleninneren, der ebenfalls zu Stein wird. Ein solches Fossil bezeichnet man als *Steinkern*.

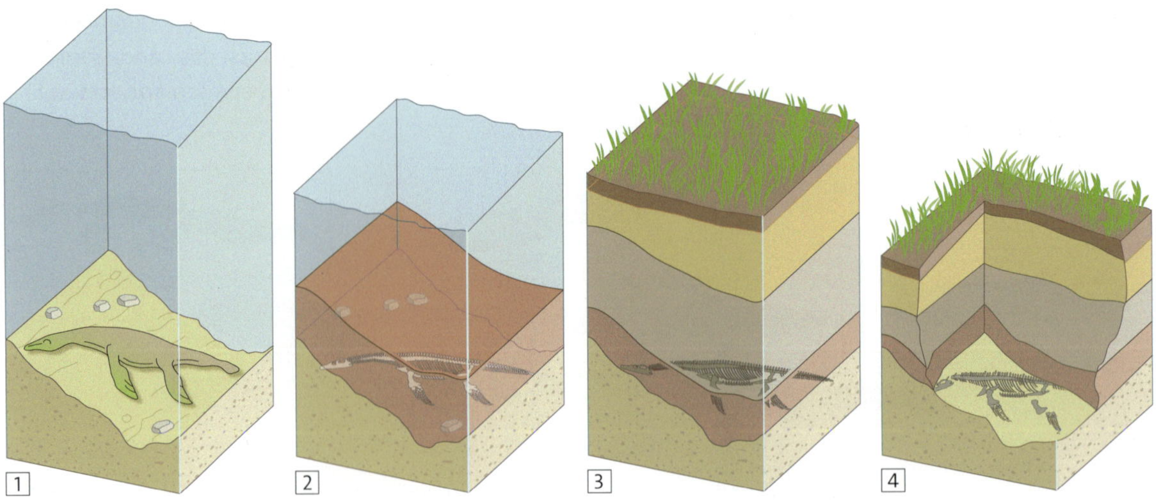

2 Ein Beispiel für die mögliche Entstehung von Fossilien

3 Steinkern-Seeigel

Die Stechmücke im Bernstein

Bernsteineinschlüsse gehören zu den außergewöhnlichsten und schönsten Fossilien, die man kennt. Bernstein ist das getrocknete Harz urzeitlicher Nadelbäume. In der honiggelben Masse, die an den Baumstämmen herablief, verfingen sich meist kleinere Lebewesen. Rasch nachströmendes Harz schloss ihre Körper vollständig ein. Auf diese Weise sind Spinnen, Insekten, Asseln, Vogelfedern und Fellhaare, ja sogar kleine Eidechsen und Frösche Millionen von Jahren erhalten geblieben. In Deutschland ist die Küste der Ostsee für ihre Bernsteinfunde bekannt.

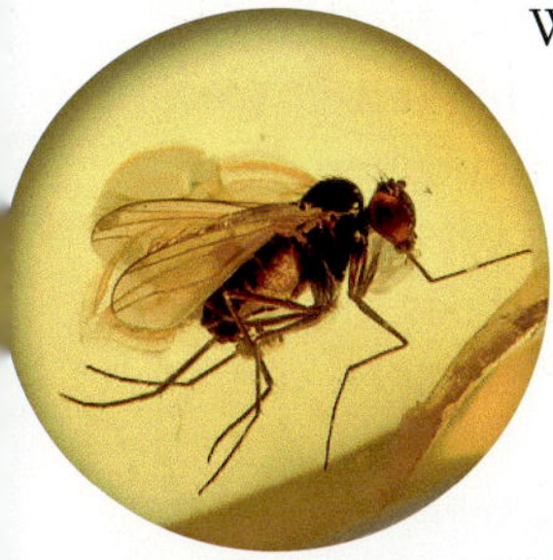

Das Mammut im Eis

In den Dauerfrostböden Alaskas und Sibiriens wurden die nahezu vollständig erhaltenen Körper von Mammuts und Wollnashörnern entdeckt. Während der zurückliegenden Eiszeit waren die Tiere vermutlich in eine Spalte gestürzt, gestorben und durch das Eis mit Haut und Haaren sehr schnell vollständig konserviert.

Der Farn in der Kohle

Vor etwa 330 Millionen Jahren wuchsen auf der Erde riesige Sumpfwälder. Abgestorbene Pflanzenteile versanken im Sumpfboden und wurden unter Sauerstoffabschluss zu Torf. Durch Ablagerung weiterer abgestorbener Pflanzen und Erdschichten entstanden unter zunehmendem Druck und hohen Temperaturen Braun- und schließlich Steinkohle. Diesen Prozess nennt man Inkohlung.
Einzelne Pflanzenteile von Schachtelhalmen oder Baumfarnen sind bis heute in den Kohlenschichten erkennbar.

In Kürze

Fossilien sind die Überreste oder Spuren von Lebewesen aus früheren Erdzeitaltern. Meist handelt es sich um versteinerte Abdrücke von Lebewesen. Auch in Bernstein und Eis wurden Lebewesen konserviert.

Aufgaben

1 Erstelle mit Hilfe von Bild 2 ein Flussdiagramm, das die Entstehung von Versteinerungen zeigt.

2 Fossilien von Landtieren und Landpflanzen sind viel seltener als solche von wasserlebenden Formen. Begründe diese Aussage.

3 In Mooren versunkene Lebewesen bleiben sehr lange erhalten. Dort fand man die Körper von Tieren und auch von Menschen, die vor über 2000 Jahren zu Tode kamen. Bei einigen Menschen waren sogar noch die Reste der letzten Mahlzeit im Magen erhalten geblieben.

- **a** Nenne Bedingungen, damit eine Leiche im Moor zum Fossil werden kann.
- **b** Aus Moorleichen können mehr Rückschlüsse gezogen werden als aus manchen anderen Fossilien. Begründe die Gültigkeit der Aussage.
- **c** Manche dieser Moorleichen waren gefesselt. Stelle begründete Vermutungen an.

4 Recherchiere im Internet über den Xaveropterus.

Mosaikformen

1861 fand ein Arbeiter in einem Steinbruch nahe des mittelfränkischen Ortes Solnhofen im Altmühltal eine seltsame Versteinerung: ein urtümliches Tier, das offenbar Federn hatte. Das Fossil wurde nach kurzer Zeit zu einem international bekannten Star der Naturwissenschaft. Denn alle erkannten schnell, dass dieser Fund nicht nur für die Forscher besonders wertvoll war. Seither fand man mindestens zehn weitere unterschiedlich vollständige Skelette dieses Tieres.

1 Steinbruch bei Solnhofen (historische Zeichnung)

Saurier mit Federn

Man nannte das versteinerte Tier *Archaeopteryx*, was übersetzt »uralte Feder« bedeutet. Der etwa elstergroße Archaeopteryx war der erste als Fossil gefundene Saurier, der auch Federn besaß. Das Skelett unterscheidet sich stark von dem heute lebender Vögel. Das Tier hatte eine nach hinten gerichtete erste Zehe, freie Fingerglieder mit Krallen an den Flügeln und eine Schwanzwirbelsäule. Anders als bei Vögeln bestand sein Schnabel nicht aus Horn, sondern aus bezahnten Kieferknochen. Neben solchen Reptilienmerkmalen besaß er auch typische Vogelkennzeichen.

Mögliche Lebensweise

Das Federkleid diente dem vor etwa 150 Millionen Jahren lebenden Archaeopteryx vermutlich zur Wärmeisolation. Außerdem nutzten Raubsaurier und frühe Vögel ihre Armschwingen beim schnellen Laufen zum Halten des Gleichgewichts. Die Federn hatten vermutlich auch eine schmückende Funktion.

Untersuchungen zur Flugfähigkeit

Röntgenanalysen der Röhrenknochen des Oberarms und der Elle eines versteinerten Flügels lieferten Hinweise auf das Flugverhalten. Demnach waren die Knochen von zahl-

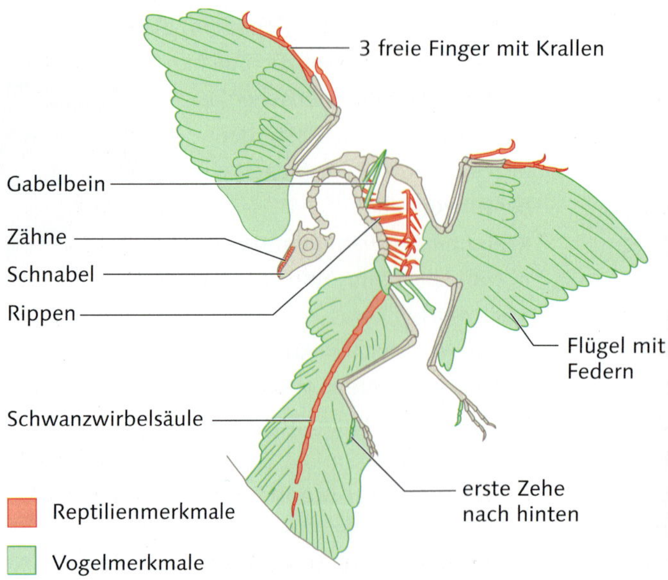

2 Archaeopteryx – Merkmale von Reptil und Vogel

3 Mögliches Erscheinungsbild des Archaeopteryx

reichen Blutgefäßen durchzogen. Das deutet auf eine aktive Benutzung der Flügel hin. Außerdem war die kompakte Rinde der Armknochen ähnlich dünn wie die heutiger Vogelflügel. Die Knochen von Archaeopteryx waren widerstandsfähig gegenüber Verdrehungen beim Flug. Man geht davon aus, dass sich Archaeopterxy, ähnlich einem hochflatternden Huhn, nach einem schnellen Lauf zumindest kurzfristig erheben und mit den Flügeln schlagend in der Luft halten konnte.

Mosaikformen verbinden

Lebewesen, die Merkmale verschiedener Gruppen vereinen, nennt man *Mosaikformen*. Sie ähneln einem Mosaik, das aus verschiedenen Teilen zusammengefügt ist. Mosaikformen stellen mögliche Übergänge zwischen Tier- oder Pflanzengruppen dar.

Das Schnabeltier

Schnabeltiere leben in Teilen Australiens und zeigen Merkmale verschiedener Tiergruppen. Wegen des Fells und der Milchdrüsen hielt man Schnabeltiere früher für typische Säugetiere. Allerdings legen sie Eier mit pergamentartiger Schale, die für kurze Zeit bebrütet werden. Die Jungtiere lecken die Milch aus dem Fell. Das Erbgut des Schnabeltiers weist säugertypische Gene auf. Dazu zählen solche, die für die Milchproduktion wichtig sind. Daneben finden sich aber auch Erbanlagen, die denen von Vögeln und Reptilien gleichen, wie etwa Gene für die Eierproduktion.

Der Ginkgobaum

Der Ginkgo ist eine in China heimische Baumart, die heute weltweit angepflanzt wird. Seit Hunderten Millionen von Jahren wachsen Ginkgobäume nahezu unverändert auf der Erde. Lebewesen, die man bereits als Fossilien kennt, die aber auch heute noch vorkommen, werden als *lebendes Fossil* bezeichnet.

Ginkgos unterscheiden sich von allen anderen lebenden Bäumen durch ihr Aussehen und ihre Fortpflanzung. Die Leitbündel in den ledrigen Laubblättern verlaufen nahezu parallel, wie sonst bei Nadelblättern. Zur Befruchtung schwimmen die männlichen Geschlechtszellen aktiv mit Hilfe von Geißeln zu den weiblichen Geschlechtsorganen. Dies kommt sonst nur bei Algen, Moosen und Farnen vor. Wie bei den Nadelholzgewächsen sind die Fruchtblätter nicht ganz geschlossen. Ginkgobäume zählen daher zu den nacktsamigen Pflanzen. Ihr Befruchtungsmechanismus und ihre Blätter geben eine Vorstellung von Bau und Lebensweise der Bäume in früheren Stadien der Evolution.

In Kürze

Organismen mit Merkmalen verschiedener Gruppen nennt man Mosaikformen. Sie geben Hinweise auf den möglichen Verlauf der Evolution.

Aufgaben

1. Das Fossil eines Archaeopteryx kann mehrere Millionen Euro wert sein. Bewerte, ob solch ein Fund dem Entdecker oder dem Staat zustehen sollte.
2. Erläutere den Begriff Mosaikform am Beispiel des Schnabeltiers.

Aufgaben

Vergleichen

1 Leitfossilien geben Auskunft

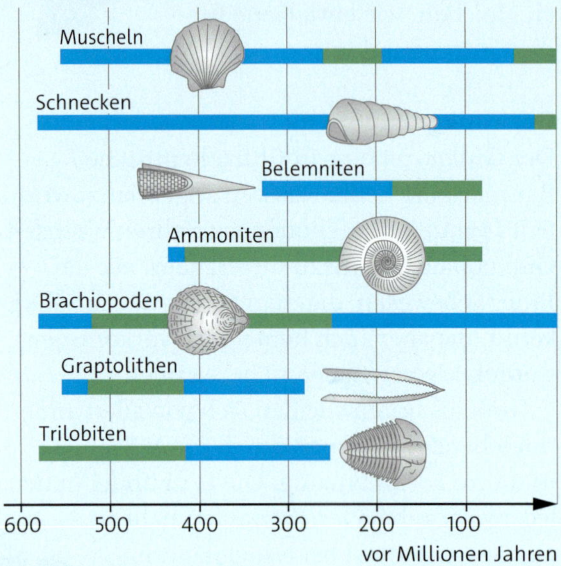

1 Vorkommen (farbiger Balken) und Bedeutung als Leitfossilien (grün)

Die Gesteinsschichten der Erde lassen sich in eine zeitliche Abfolge ordnen, wobei die unterste meist die älteste ist. Jede Schicht enthält charakteristische Leitfossilien, die auf eine bestimmte Zeit hinweisen.

a In einem Steinbruch wurde die im Bild links gezeigte Versteinerung gefunden. Beschreibe mit Hilfe von Bild 1 eine Vorgehensweise, um herauszufinden, wann der Organismus ungefähr gelebt hat.

b Stelle begründete Vermutungen an, ob der Ursprung des Fossils tierisch oder pflanzlich ist.

c Wissenschaftler fanden neben einem versteinerten Reptilienkiefer noch zahlreiche Fossilien von Ammoniten und Brachiopoden. Gib an, in welchem Zeitraum das Reptil in etwa lebte.

2 Ammoniten und Belemniten

Ammoniten und Belemniten gehörten zu den Kopffüßern wie die heute lebenden Tintenfische. Ein Merkmal der Tintenfische und Belemniten ist ein von Weichteilen umschlossenes Gehäuse.

a Fertige Zeichnungen an, wie lebende Ammoniten und Belemniten ausgesehen haben könnten.

b Nenne einen Unterschied im Körperbau zwischen Tintenfischen und Ammoniten.

2 Fossilien: Belemniten (A, B), Ammoniten (C, D)

3 Acanthostega – eine Mosaikform

3 Skelett und mögliches Aussehen von Acanthostega

Im Jahr 1935 fand man in Grönland das Fossil eines bislang unbekannten Lebewesens. Das dazugehörige Tier, Acanthostega, lebte im Wasser, bewegte sich vermutlich auf dem Sumpfboden fort und atmete nur über Kiemen. Die zur selben Zeit im Wasser lebenden Fische fingen ihre Beute durch An- und Einsaugen. Eine Analyse der Schädelknochen von Acanthostega ergab hingegen, dass er vermutlich bereits eine Bisstechnik nutzte.

a Acanthostega gilt als Mosaikform. Zähle Merkmale auf, die diese Aussage stützen.

b Bild 4 zeigt eine Skizze eines Fundes von Acanthostega. Gib an, welche Teile des Skeletts du hier erkennen kannst.

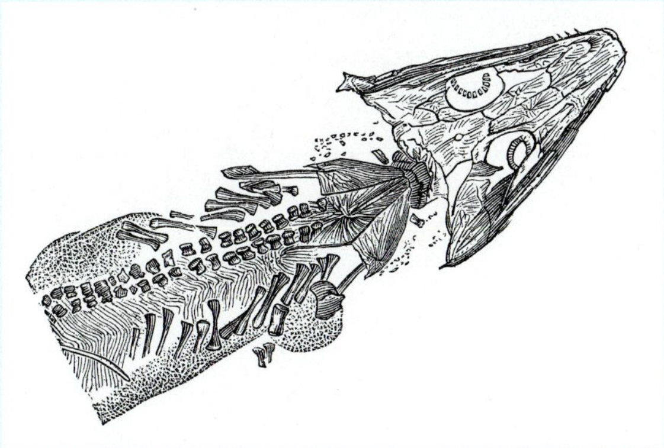

4 Versteinerung von Acanthostega

4 Nautilus – ein lebendes Fossil

5 Nautilus – Fossilien und aktuelle Aufnahme

Nautilusarten leben heute im westlichen Pazifik und in einigen Bereichen des Indischen Ozeans.

a Man bezeichnet Nautilus als lebendes Fossil. Erkläre mit Hilfe von Bild 5, wie es zu dieser Bezeichnung kommt.

b Stelle begründete Vermutungen an, mit welchen auf dieser Doppelseite abgebildeten Organismen Nautilus verwandt ist.

5 Spuren vergangenen Lebens

Entscheide, welches der in Bild 6 gezeigten Lebewesen als Fossil abgebildet ist. Begründe deine Entscheidung.

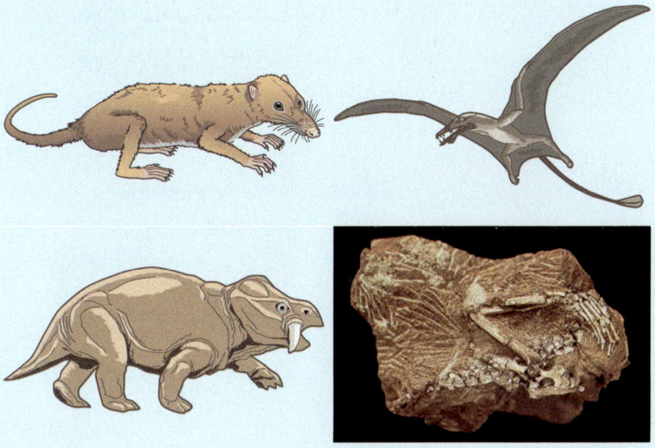

6 Lebewesen vor 240 Millionen Jahren

Ähnlichkeit und Verwandtschaft

Fledermäuse sind wendige und schnelle Flieger, die ihre Beute meist nachts im Flug jagen. Ihre Flügel bestehen aus Häuten, die zwischen den langen, dünnen Knochen der Hand gespannt sind. Auch Vögel haben Flügel. Gehören Fledermäuse deswegen zu den Vögeln?

1 Nächtlich jagende Langohrfledermaus

Gleicher Grundbauplan – Homologie

Hinweise auf Verwandtschaft geben Gemeinsamkeiten im Grundbauplan. Ein Beispiel sind die Skelette der Vordergliedmaßen von Wirbeltieren. Sie sind je nach Art unterschiedlich gestaltet, gliedern sich aber immer in Oberarmknochen, Elle, Speiche sowie in Handwurzel-, Mittelhand- und Fingerknochen. Ähnlichkeiten gibt es auch bei inneren Organen oder Verhaltensweisen. Solche Ähnlichkeiten aufgrund gemeinsamer Abstammung fasst man als *Homologien* zusammen. Organe von verschiedenen Lebewesen, die unterschiedlich aussehen können, aber einen gemeinsamen Grundbauplan haben, sind *homologe Organe*. Je mehr homologe Organe verschiedene Lebewesen haben, desto näher verwandt sind sie. Oft lassen sich Zwischenformen feststellen, die durch Fossilien oder in der Embryonalentwicklung belegt sind.

Unterschiedliche Funktionen

Homologe Organe weisen darauf hin, dass zum Beispiel Wirbeltiere gemeinsame Vorfahren haben. Im Laufe der Entwicklung sind diese Organe durch Angepasstheiten an verschiedene Umweltbedingungen immer unterschiedlicher geworden. Die Ausformungen der Organe wie die Flossen bei den Delfinen oder die Flügel bei den Vögeln ermöglichen unterschiedliche Funktionen und Lebensweisen. Der Grundbauplan ist aber erhalten geblieben.

Gleiche Funktion – Analogie

Eine Maulwurfshand und die Grabschaufel einer Maulwurfsgrille sehen sich äußerlich sehr ähnlich und erfüllen die gleiche Funktion. Ihr Grundbauplan und der Aufbau sind aber völlig unterschiedlich. Die Maulwurfshand ist

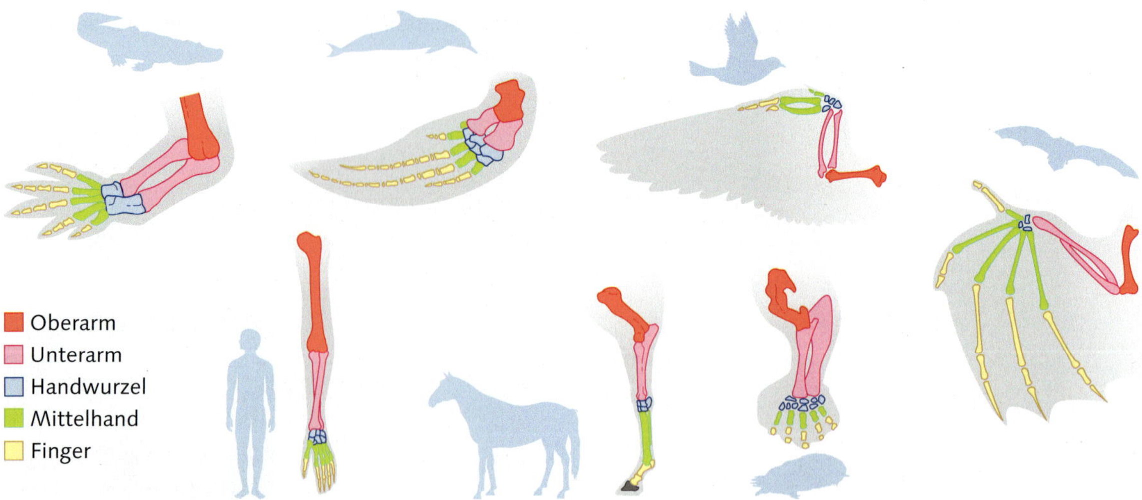

2 Homologe Vordergliedmaßen bei Wirbeltieren

3 A Maulwurf; B Maulwurfsgrille

aus einem knöchernen Innenskelett, die Grabschaufel der Maulwurfsgrille aus einem äußeren Chitinskelett aufgebaut. Organe mit einem unterschiedlichen Grundbauplan, die bei ähnlichen Umweltbedingungen die gleiche Funktion erfüllen, nennt man *analoge Organe*.

Neue Untersuchungsmethode
Die Schnäbel von Adler, Geier und Kondor sind sehr ähnlich. Sie unterscheiden sich auffallend vom Storchenschnabel. Aufgrund der Ähnlichkeit ordnete man den Kondor in die Verwandtschaft von Adler und Geier ein. Als man die Erbsubstanz dieser Vögel untersuchte und miteinander verglich, stellte man aber fest, dass der Kondor mit dem Storch enger verwandt ist als mit Adler und Geier. Um sicher zu sein, dass es sich bei den Ähnlichkeiten um Homologien handelt, werden heute die Stammbäume mit Hilfe moderner genetischer Untersuchungen überprüft.

4 Schnäbel: A Kondor; B Storch; C Geier; D Adler

In Kürze
Homologe Organe haben den gleichen Grundbauplan, aber unterschiedliche Funktionen. Sie weisen auf Verwandtschaft hin. Analoge Organe erfüllen ähnliche Funktionen, sind aber unterschiedlich gebaut.

Aufgaben

1 Beschreibe Gemeinsamkeiten und Unterschiede im Aufbau der Wirbeltiergliedmaßen in Bild 2. Vergleiche zwei Beispiele deiner Wahl.

2 Nenne die Definitionen für homologe und für analoge Organe.

3 Erkläre, weshalb die in Bild 3 dargestellten Gliedmaßen analoge Organe sind.

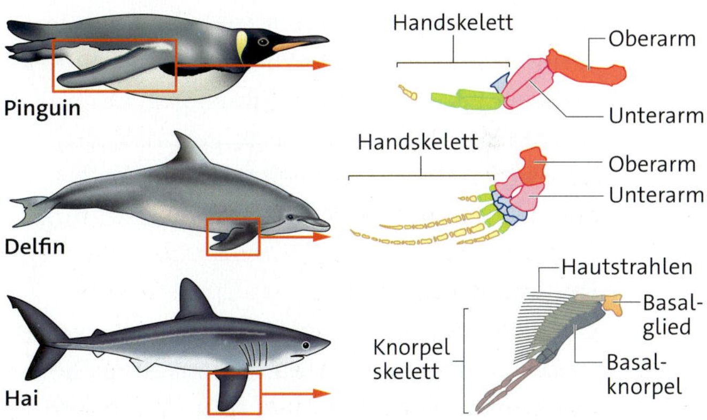

5 Analogie – Homologie

4 Bild 5 zeigt drei Tiere, die den gleichen Lebensraum haben und auf den ersten Blick sehr ähnlich aussehen.
- **a** Ordne die Tiere den entsprechenden Klassen zu.
- **b** Beschreibe, wie die Tiere durch ihre Körperform an den Lebensraum angepasst sind.
- **c** Alle drei Tiere haben Flossen, die sich rein äußerlich sehr ähnlich sehen. Erkläre, ob es sich bei den Flossen jeweils um analoge oder um homologe Organe handelt.

5 Begründe, ob analoge Organe ein Hinweis auf Verwandtschaft sind.

6
- **a** Erläutere, weshalb man den Kondor früher als engeren Verwandten des Geiers sah.
- **b** Heute betrachtet man ihn als näheren Verwandten des Storchs. Erkläre kurz.

Hinweise auf frühere Lebensformen

Im Japanischen nennt man sie »Oyashirazu«, das heißt »den Eltern unbekannt«. Damit sind die Weisheitszähne gemeint, da sie meist durchbrechen, wenn man das Elternhaus längst verlassen hat. Oft drücken sie gegen die Backenzähne. Dann müssen die Weisheitszähne entfernt werden. Das hat in der Regel keine negativen Folgen, da sie für die Funktion des Gebisses nicht mehr wichtig sind.

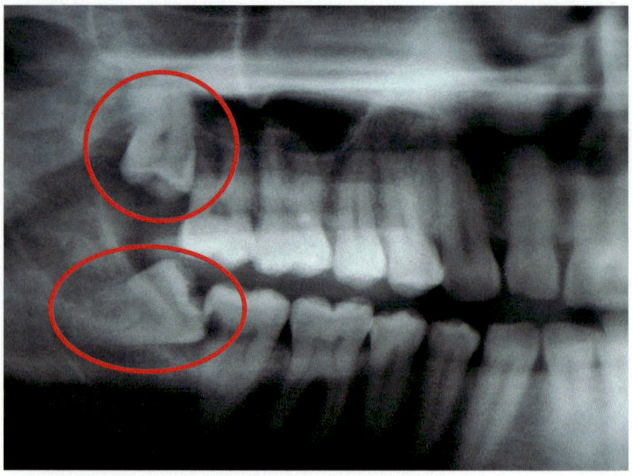

1 Weisheitszähne im menschlichen Kiefer

Organe ohne Funktion

Während ihrer langen Entwicklung haben manche Organe ihre ursprüngliche Funktion verloren und wurden zurückgebildet. Die Reste dieser heute meist funktionslosen Organe nennt man *Rudimente*. Sie zeigen, dass sich Lebewesen über lange Zeiträume hinweg verändern, und weisen auf Verwandtschaft hin.

Rudimente bei Tieren

Der Grönlandwal besitzt Reste eines Beckens sowie von Ober- und Unterschenkelknochen. Das deutet darauf hin, dass seine Vorfahren Hintergliedmaßen hatten. Bei der Erzschleiche sind die Beine zurückgebildet. Sie haben für die Fortbewegung keine Bedeutung mehr.

Rudimente beim Menschen

Auch beim Menschen gibt es rudimentäre Organe, die auf andersartige, frühere Lebensformen hinweisen.

Der Wurmfortsatz des Blinddarms ist der Rest eines früher größeren Darmanhangs. Das deutet auf eine andere Ernährungsweise hin, die zur Verdauung einen längeren Darm benötigte. Das Steißbein ist der stark verkürzte und zusammengewachsene Rest einer Schwanzwirbelsäule.

Ansätze der Ohrmuskulatur und die zurückgebildete Körperbehaarung sind weitere Rudimente beim Menschen. Die Weisheitszähne weisen auf ein größeres Gebiss und vermutlich auf andere Nahrung als heute hin.

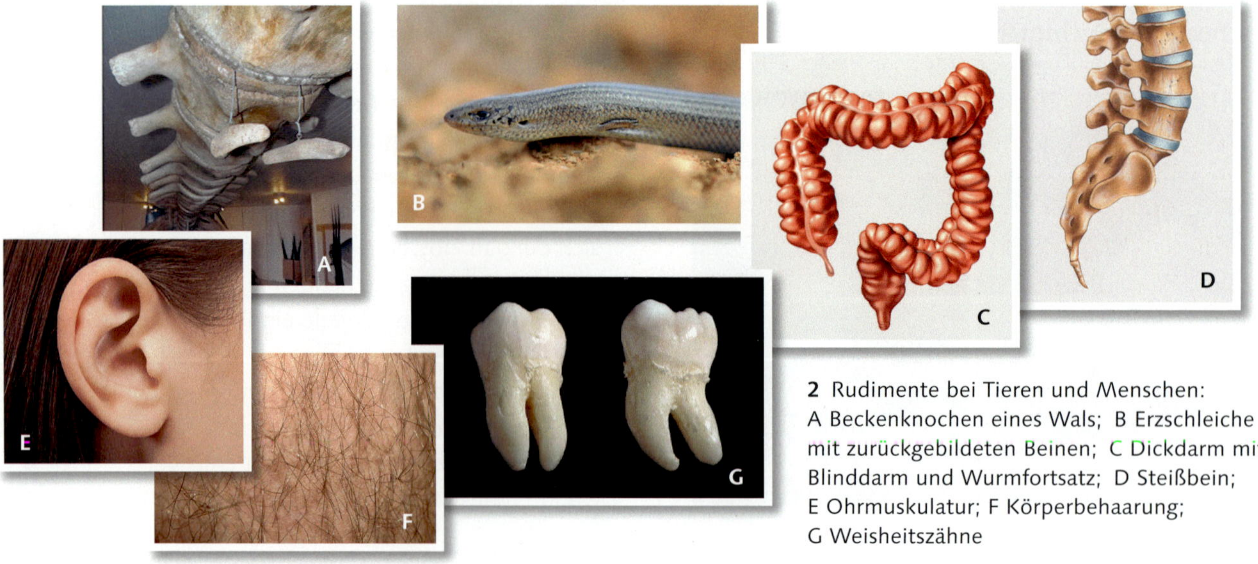

2 Rudimente bei Tieren und Menschen: A Beckenknochen eines Wals; B Erzschleiche mit zurückgebildeten Beinen; C Dickdarm mit Blinddarm und Wurmfortsatz; D Steißbein; E Ohrmuskulatur; F Körperbehaarung; G Weisheitszähne

Verschwundene Merkmale kehren zurück

Bei einzelnen Lebewesen treten manchmal unvermittelt Merkmale wieder auf, die im Laufe der stammesgeschichtlichen Entwicklung bereits verschwunden waren. Dieses Phänomen nennt man *Atavismus*. Dabei werden rudimentär vorhandene Organe, die für die gegenwärtige Entwicklungsstufe keine Funktion mehr besitzen, wieder voll ausgebildet.

Beispiele für Atavismen

Bei Pferden oder Rindern kann es am Schienbein zur Ausbildung von Zehen kommen. Dies ist ein Hinweis auf mehrzehige Vorfahren. Beim Menschen können zusätzliche Brustwarzen ausgebildet werden. Eine dichte Behaarung weist auf ein bei den Vorfahren vorhandenes Fell hin. Manche Menschen können ihre Ohren mit besonderen Muskeln gezielt bewegen. Bewegliche Ohren waren für das Erkennen von Beute oder Fressfeinden von Vorteil.

In Kürze

Rudimente und Atavismen geben Hinweise auf frühere Lebensformen. Sie weisen darauf hin, welche Veränderungen in der Evolution stattgefunden haben.

Aufgaben

3 Kiwi, ein Vogel ohne Flügel

1 a Nenne die Definition für rudimentäre Organe.
b Nenne Beispiele für rudimentäre Organe.

2 a Stelle Vermutungen an, weshalb man die Zähne in Bild 1 Weisheitszähne nennt.
b Sollte man deiner Meinung nach diese Zähne entfernen? Begründe deine Entscheidung.

3 Die in Neuseeland beheimateten Kiwis können nicht fliegen. Erkläre, weshalb diese Vögel trotzdem Flügelstummel besitzen.

4 Atavismus heißt übersetzt »Urahne«. Erkläre diesen Begriff.

Exkurs

Embryonalentwicklung

Bereits im 19. Jahrhundert fiel Forschern auf, dass sich die Embryonen verschiedener Wirbeltierarten in einer bestimmten Zeit ihrer Embryonalentwicklung ähneln. Auch beim Menschen kann man diese Beobachtung machen. Er entwickelt für kurze Zeit unter anderem eine dichte Behaarung am ganzen Körper. Diese Übereinstimmungen während der Embryonalentwicklung lassen darauf schließen, dass sich die Wirbeltiere aus gemeinsamen Vorfahren entwickelt haben. Bereits Ernst Haeckel (1834–1919) formulierte die Hypothese, dass sich in der Embryonalentwicklung die Stammesentwicklung wiederholt. Neueste Untersuchungen scheinen die Richtigkeit der Hypothese zu bestätigen.

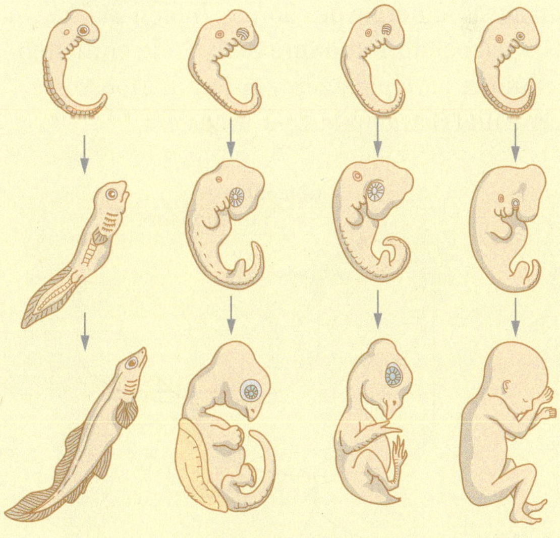

4 Embryonalstadien (Größen wurden angeglichen)

Stammbaum der Lebewesen

Die faszinierende Schönheit und Farbenpracht eines Korallenriffs lassen sich bei einem Tauchgang besonders gut erleben. Dabei kann man auch die Vielzahl der verschiedenartigsten Lebewesen beobachten. Neben Fischen und den zu den Nesseltieren zählenden unterschiedlichen Korallen leben hier Tintenfische, Seesterne und Pflanzen. Kaum zu glauben, dass sie trotz ihrer Verschiedenheit miteinander verwandt sind.

1 Vielfalt der Lebewesen an einem Korallenriff

Stammbaum – Abbild der Evolution

Stammbäume legen die Verwandtschaftsbeziehungen von Lebewesen dar, die einen gemeinsamen Vorfahren haben. Viele bilden nur die Verwandtschaft einer Gruppe von Lebewesen, zum Beispiel die der Pflanzen, ab. Während man früher Verwandtschaft nur aufgrund beobachtbarer, also äußerlicher Merkmale definierte, stehen heute genetische Untersuchungen im Vordergrund.

Stammbaum der Pflanzen

Pflanzen sind durch folgende Merkmale gekennzeichnet: Mit Hilfe der Fotosynthese nutzen sie die Energie der Sonne, bilden Stärke als Speicherstoff und ihre Zellwände enthalten Zellulose. Landpflanzen werden in Moose, Farne und Samenpflanzen unterteilt.

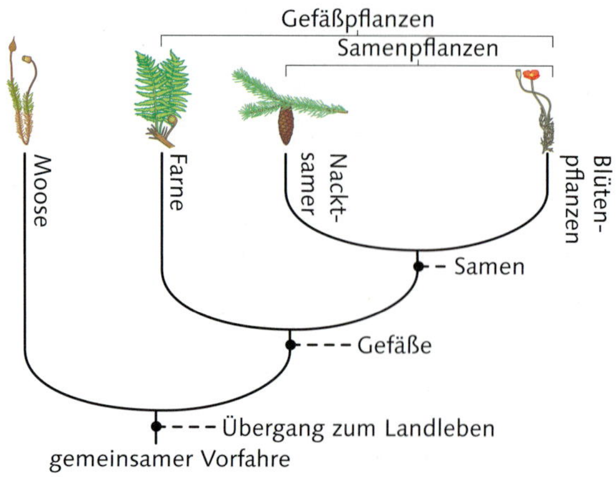

2 Vereinfachter Stammbaum der Pflanzen

Stammbaum der Tiere

Die Schwämme sind die ursprünglichsten und einfachst gebauten Tiere. Sie gehen vermutlich direkt auf einen gemeinsamen Vorfahren zurück. Weiterentwickelt sind die riffbauenden Nesseltiere und die Rippenquallen. Sie besitzen bereits einen Verdauungstrakt. Bei höher entwickelten Tieren kann man eine Ober- und eine Unterseite unterscheiden. Die meisten von ihnen haben Organe wie Muskeln, Nerven oder Blutgefäße.

Stammbaum aller Lebewesen

Wissenschaftler versuchen, einen Stammbaum aufzustellen, der die Verwandtschaftsbeziehungen möglichst vieler Lebewesen veranschaulicht. Nach heutigem Wissensstand lässt sich der Stammbaum der Lebewesen mehr als

3 Schwämme sind einfach gebaute Tiere.

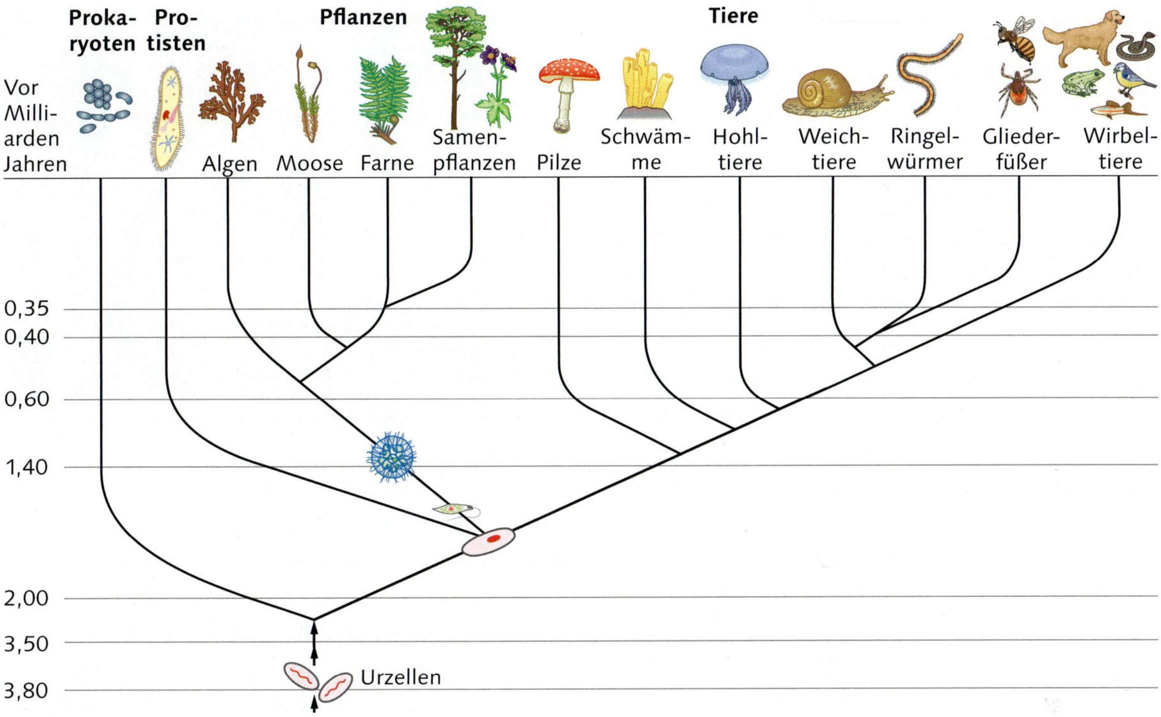

4 Stammbaum der Lebewesen

drei Milliarden Jahre zurückverfolgen. Dabei werden heute hauptsächlich genetische Verwandtschaftsbeziehungen aufgezeigt. Auch dieser Stammbaum weist noch große Lücken auf, denn man kennt noch nicht alle verwandtschaftlichen Beziehungen. Dies wirft immer wieder neue Fragen auf.

Praktischer Nutzen

Wenn man versteht, wie die Vielzahl von Lebewesen miteinander verwandt ist, kann man daraus Schlüsse ziehen und bisher unbekannte Zusammenhänge erkennen. Dadurch können Wissenslücken geschlossen, in der Medizin neue Medikamente entwickelt, in der Landwirtschaft Nutzpflanzen durch Züchtung verändert und der Natur- und Artenschutz verbessert werden.

In Kürze

Stammbäume zeigen die Verwandtschaftsbeziehungen von Lebewesen auf. Sie zeigen, wer von wem abstammt. Moderne Stammbäume gehen hauptsächlich von genetischen Verwandtschaftsverhältnissen aus.

Aufgaben

1 Erkläre, weshalb man Stammbäume als Abbild der Evolution bezeichnen kann.

2 Das Bild unten zeigt die älteste Skizze eines Stammbaums. Sie stammt von Charles Darwin, dem Begründer der Abstammungslehre. Darin skizziert er unter »I think«, wie er sich die Entstehung der Artenvielfalt vorstellte.

a Erläutere, warum er »*I think*« schrieb.

b Beschreibe, wofür die Buchstaben A bis D vermutlich stehen.

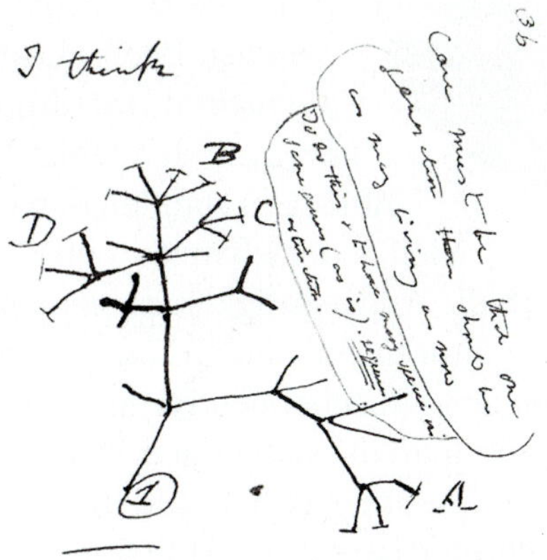

c Erläutere, was Darwin mit diesem Bild von einem Stammbaum ausdrücken wollte.

Geschichte der Evolutionstheorien

Seit jeher haben sich die Menschen Gedanken über die Entstehung der Lebewesen gemacht. Bis ins Mittelalter war man überzeugt, dass Lebewesen sich aus Schlamm oder Mist entwickeln. Manche glaubten auch an Entenbäume, die an Ufern von Gewässern wachsen. Fallen deren Früchte ins Wasser, dann schlüpfen aus ihnen Enten. Auf Schafbäumen wuchsen Schafe. Es gibt verschiedene Theorien, die versuchen, die Frage nach der Entstehung der Artenvielfalt zu beantworten.

Ein Weltbild beginnt sich zu ändern

Im christlichen Kulturkreis glaubte man an die biblische Schöpfungserzählung. Man war der Überzeugung, dass Gott den gesamten Kosmos, die Erde und alle Lebewesen erschaffen hat. Man glaubte an die Unveränderlichkeit, die *Konstanz*, der Arten als eine unverrückbare Tatsache. Die Frage nach dem Ursprung des Lebens war für die Menschen unwichtig. Sie war ein göttliches Geheimnis.

Eine allmähliche Einstellungsänderung brachte die Entdeckung Amerikas. Hier, in der »Neuen Welt«, begegnete man plötzlich vollkommen anderen Tieren und Pflanzen sowie fremdartigen Völkern und deren Kulturen. Man fragte sich – ausgehend von den Beobachtungen, die nicht immer im Einklang mit den biblischen Aussagen standen –, wie die Vielfalt der Pflanzen und Tiere, aber auch die Andersartigkeit der neu entdeckten Kulturen entstanden war.

In den neu entstehenden Naturwissenschaften begann man die vielfältigen Phänomene des Lebens zu untersuchen und ihre Ursachen zu hinterfragen. Die Antworten der Wissenschaftler führten dazu, dass das früher vorherrschende Weltbild in Frage gestellt wurde.

1 Entenbaum

Ordnung in der Vielfalt

Der schwedische Naturforscher Carl von Linné entwickelte die erste wissenschaftliche Einteilung der Lebewesen aufgrund gemeinsamer Merkmale. Ihm war aufgefallen, dass bestimmte Lebewesen viele Gemeinsamkeiten aufweisen, andere sich aber deutlich voneinander unterscheiden. Jeweils gleich aussehende Pflanzen und Tiere fasste Linné als Art zusammen. Für ihn war klar: Je ähnlicher sich Lebewesen sind, desto näher verwandt sind sie. Mit seiner Einteilung versuchte er, die Verwandtschaftsbeziehungen zwischen Lebewesen aufzuzeigen. Den Menschen ordnete er ins Tierreich ein, als nahen Verwandten des Schimpansen und des Orang-Utans. Linné glaubte an die Unveränderlichkeit der Arten. Er war davon überzeugt, dass Gott alle Tier- und Pflanzenarten geschaffen hat, so wie es in den Schöpfungstexten der Bibel steht.

2 Carl von Linné (1707–1778)

3 Georges Baron de Cuvier (1769–1832)

4 Jean-Baptiste de Lamarck (1744–1829)

Katastrophentheorie von Cuvier

Georges Cuvier war einer der streitbarsten Verfechter von der Lehre der Unveränderlichkeit der Arten. Die unterschiedlich aussehenden Fossilien erklärte er mit Hilfe seiner Katastrophentheorie: Durch Naturkatastrophen, wie zum Beispiel die biblische Sintflut, werden weitgehend alle Lebewesen vernichtet – und entstehen anschließend in gleicher oder anderer Form neu.

Aufgrund geologischer Erkenntnisse kann die häufige Wiederkehr globaler Naturkatastrophen ausgeschlossen werden. Da auch die Katastrophentheorie von der Unveränderlichkeit der Arten ausgeht, gilt sie heute als wissenschaftlich widerlegt.

Evolutionstheorie nach Lamarck

Jean-Baptiste de Lamarck gilt als Begründer der Abstammungslehre. Nach seiner Theorie sind Lebewesen, entsprechend dem Grad ihrer Ähnlichkeit, unterschiedlich eng miteinander verwandt. In seinem 1809 veröffentlichten Buch »Philosophie zoologique« führte er als Erster den Begriff Evolution ein, wonach sich alle Lebewesen aus einfacheren Vorfahren im Laufe der Erdgeschichte allmählich entwickelten. Als Beweis nannte er Fossilien, die je nach Alter unterschiedlich aussehen. Die Ursache für die Evolution oder den Artenwandel versuchte er so zu erklären: Durch den Gebrauch oder Nichtgebrauch von Organen werden diese entweder besonders gut ausgebildet oder sie verkümmern. Solche erworbenen Eigenschaften werden nach seiner Meinung auf die Nachkommen vererbt. Bis heute gibt es aber keinen Beweis dafür, dass erworbene Eigenschaften vererbt werden, wie zum Beispiel die Fähigkeit vieler Menschen mit der Zehn-Finger-Technik auf einer Tastatur zu schreiben oder eine handwerklich erlernte Technik auszuüben. Die Evolutionstheorie von Lamarck wird daher als unhaltbar abgelehnt.

In Kürze

Ausgehend von der Unveränderlichkeit der Arten versuchten verschiedene Theorien die Abstammung der Lebewesen zu begründen. Die Theorien von Cuvier und Lamarck werden heute als überholt abgelehnt.

Aufgaben

1 Erkläre, wie Linné versuchte, Pflanzen und Tiere wissenschaftlich einzuteilen.
2 Gib die Definition des Begriffs Evolution wieder.
3 Erläutere, wie Lamarck die schlechte Sehfähigkeit von Maulwürfen begründen würde.
4 Nenne Alltagsbeobachtungen, mit denen man die Theorie von Lamarck widerlegen kann.
5 Erläutere am Beispiel der Evolutionstheorien, dass sich Wissen verändert und altes Wissen als falsch verworfen wird.

Die Evolutionstheorie nach Darwin

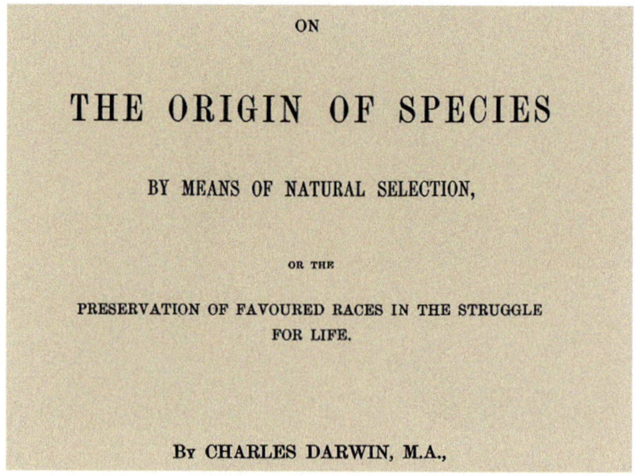
ON

THE ORIGIN OF SPECIES

BY MEANS OF NATURAL SELECTION,

OR THE

PRESERVATION OF FAVOURED RACES IN THE STRUGGLE FOR LIFE.

BY CHARLES DARWIN, M.A.,

1 Titelseite von Darwins revolutionärem Buch

Als Charles Darwin zur Weltumsegelung mit einem Vermessungsschiff der britischen Marine aufbrach, war er noch fest davon überzeugt, dass alle Lebewesen in einem einmaligen Schöpfungsakt und in unveränderlicher Weise von Gott erschaffen wurden. Aber seine Beobachtungen auf der Reise ließen ihn immer mehr daran zweifeln.

Darwins Beobachtungen

Darwin ging bei seiner Erklärung von der Entstehung der Artenvielfalt von folgenden Annahmen aus:

Alle Lebewesen haben mehr Nachkommen, als für die Erhaltung der Art notwendig sind. Folglich müsste ihre Zahl von Generation zu Generation zunehmen. Das ist nicht der Fall. Also müssen viele Nachkommen sterben.

Die Merkmale der Eltern werden an die nächste Generation vererbt, aber es sind Unterschiede zwischen den Nachkommen zu erkennen.

In einem Lebensraum herrschen unterschiedliche Bedingungen, die sich auf die Überlebenschancen auswirken.

Darwins Schlussfolgerungen

Aus diesen Beobachtungen leitete Darwin seine Theorie über die Entstehung der Arten ab. Alle Lebewesen einer Art konkurrieren in einem Lebensraum um Überlebenschancen. Da sie sich in ihren Eigenschaften unterscheiden, gibt es einige, die aufgrund ihrer vererbten Merkmale in ihrem Lebensraum besser zurechtkommen als andere. Viele Nachkommen überleben nicht oder pflanzen sich nicht fort, da sie an die herrschenden Lebensbedingungen weniger gut angepasst sind.

Darwin sagt, die überlebenden Nachkommen werden durch die herrschenden Umweltbedingungen ausgewählt oder selektiert. Verändern sich die Umweltbedingungen, so können über lange Zeiträume durch diese natürliche Zuchtwahl oder Selektion allmählich neue Arten entstehen, die sich deutlich von der ursprünglichen Art unterscheiden. Darwin wusste allerdings nicht, dass die neuen veränderten Merkmale durch Mutationen oder Veränderungen der Erbsubstanz zustande kommen.

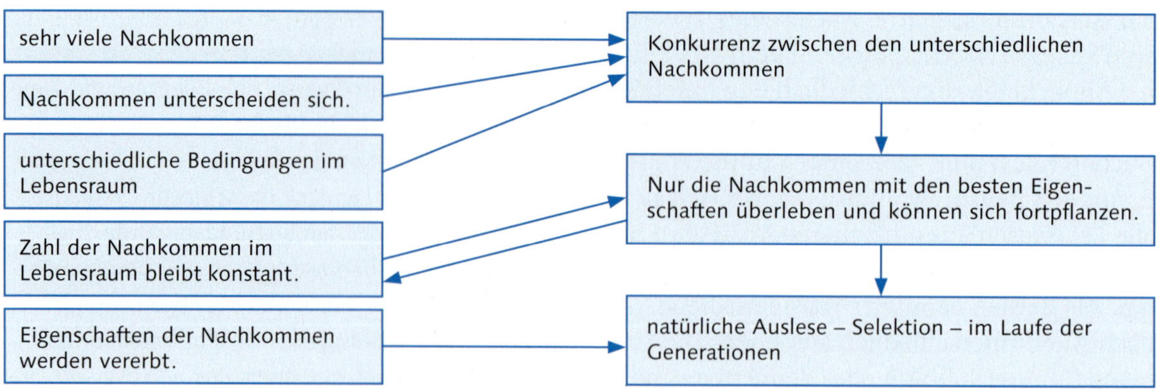

2 Entstehung der Artenvielfalt nach Darwin

3 Evolution der Giraffen nach Darwins Evolutionstheorie

Evolution am Beispiel der Giraffe

Vermutlich waren die Urgiraffen kurzhalsige Waldbewohner. Durch sich ändernde Umweltbedingungen verschwanden die Wälder allmählich. Es entstand eine Landschaft mit wenigen, vereinzelt stehenden Bäumen. Jetzt waren die Giraffen mit einem etwas längeren Hals im Vorteil. Sie hatten bessere Überlebenschancen, da sie noch an die etwas weiter oben wachsenden Blätter herankamen. Sie überlebten und konnten sich fortpflanzen. Die Giraffen mit den kürzeren Hälsen starben letztlich.

Reaktion auf Darwins Evolutionstheorie

Die Öffentlichkeit reagierte auf Darwins Lehre mit Entsetzen, da sie der biblisch-christlichen Lehre von der Schöpfung Gottes widersprach. Besonders aus den Reihen der Kirche erhob sich ein Sturm der Entrüstung, denn nach Darwin war der Mensch nun nicht mehr die Krone der Schöpfung. Als ehemaliger Theologiestudent war er sich dieser Tatsache durchaus bewusst. Deshalb zögerte er über 20 Jahre, seine Theorie über die Entstehung der Arten zu veröffentlichen. Erst als er erfuhr, dass andere Forscher zu ähnlichen Ergebnissen kamen, trat er 1858 in einem Vortrag und 1859 mit seinem Buch über die Entstehung der Arten an die Öffentlichkeit. In der modernen Naturwissenschaft zweifelt heute niemand mehr ernsthaft an der Richtigkeit seiner Beobachtungen und Schlussfolgerungen.

In Kürze

Charles Darwin begründete durch sein Lebenswerk die moderne Evolutionstheorie. Danach entwickeln sich alle Lebewesen allmählich aus früheren Formen.

Aufgaben

1 a Übersetze die Titelseite von Darwins Buch in Bild 1 ins Deutsche.

b Erkläre, weshalb dieses Buch zur Zeit Darwins als revolutionär bezeichnet wurde.

2 Begründe, weshalb Darwin die Selektion, nicht aber die Mutation in seinem Buch erwähnte.

3 Beschreibe mit Hilfe von Bild 3 die Evolution der Giraffen.

4 Darwin zögerte fast 20 Jahre, bis er seine Forschungsergebnisse über die Entstehung der Arten veröffentlichte.

a Begründe, weshalb er so lange wartete.

b Erkläre, was ihn veranlasste, seine Evolutionstheorie dennoch zu veröffentlichen.

5 Bei der Tierzucht werden nur die Jungtiere mit den gewünschten Eigenschaften und Merkmalen für die Weiterzucht ausgewählt. Durch diese künstliche Zuchtwahl gelingt es in relativ kurzer Zeit, eine Vielzahl unterschiedlichster Tierrassen zu schaffen.
Darwin vermutete, dass auch in der Natur eine Zuchtwahl stattfindet. Unklar war ihm noch, »wer« auswählt und »wie« ausgewählt wird.

a Vergleiche natürliche und künstliche Zuchtwahl. Beantworte dabei auch »wer« und »wie«.

Exkurs

Charles Darwin

Leben und Werk

Charles Robert Darwin kam am 12. Februar 1809 in Shrewsbury, nahe Birmingham, in England zur Welt. Er stammte aus einer wohlhabenden Familie. Bereits sein Großvater war Naturforscher und beschäftigte sich auch mit der Abstammungslehre. Auf Wunsch seines Vaters studierte Darwin Theologie. Sein großes Interesse galt aber schon sehr früh der Botanik und der Zoologie. Daher besuchte er oft naturwissenschaftliche Vorlesungen.

1831 erhielt er auf Vermittlung seines Botanikprofessors das Angebot, als Naturforscher an der Expedition mit dem Segelschiff »Beagle« teilzunehmen. Während dieser fast fünfjährigen Weltreise sammelte er zahlreiche Fossilien, Pflanzen und Tiere.

Auf den Galapagosinseln fielen ihm Vögel auf, die er vorher noch nie gesehen hatte und die nur hier vorkamen. Er stellte fest, dass sich die heute nach ihm benannten »Darwinfinken« in ihrer Größe, ihrem Verhalten und besonders in der Schnabelform unterscheiden. Diese Beobachtung brachte ihn auf den Gedanken, dass die Finken von einer ursprünglichen Art abstammen, dass sie sich also aus ihr entwickelt haben könnten.

1 Charles Darwin (1809–1882) im Alter von 31 Jahren

Die Bedeutung der natürlichen Zuchtwahl

Darwin hatte beobachtet, dass viele Blätter fressende Insekten grün, andere, hauptsächlich auf Baumrinden lebende Insekten bräunlich gefärbt sind und dass Alpenschneehühner nur im Winter ein weißes Federkleid haben. Er schloss daraus, dass diese Färbungen für die Tiere von Vorteil sind, da sie von möglichen Fressfeinden in ihrem jeweiligen Lebensraum nur schwer zu entdecken sind. Als Taubenzüchter wusste Darwin außerdem, dass weiße Tauben sehr oft die Beute von Raubvögeln werden. Er bezeichnete die Erhaltung günstiger und das Verschwinden nachteiliger Veränderungen als natürliche Zuchtwahl.

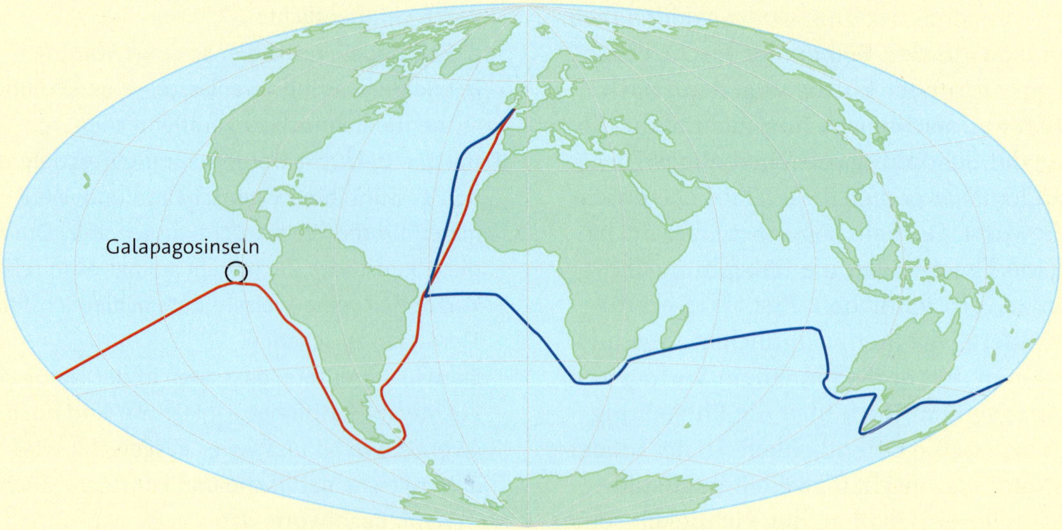

2 Darwins Weltreise mit der Beagle (Hinreise rot, Rückreise blau)

Kreationismus und Intelligent Design

Das Creation Museum ist ein Museum in den USA, das den Besuchern unter anderem Videos über die Schöpfung zeigt. Man sieht Adam und Eva im Paradies, umgeben von Sauriern, die Sintflut mit der Arche Noah und viele andere Szenen aus der Bibel. Hinter diesen Museen steht eine Bewegung, die sich Kreationismus oder Schöpfungswissenschaft nennt.

1 Im Creation Museum in den USA »leben« Menschen und Saurier zusammen.

Die Anschauungen des Kreationismus

Der Begriff Kreationismus leitet sich vom lateinischen Wort »creatio« ab, das bedeutet Erschaffung oder Schöpfung. Kreationisten verstehen die biblischen Schöpfungstexte als historische Berichte. Sie sind fest davon überzeugt, dass die Entstehung der Welt und aller Lebewesen so verlief, wie es die biblischen Texte darstellen. In den USA geht es den Kreationisten nicht nur um Religion. Ein Ziel ist unter anderem, das Thema Kreationismus neben der Evolutionstheorie zum Inhalt des Biologieunterrichts an Schulen zu machen.

Kreationisten lassen nur die wörtliche Auslegung der Bibel zu. Die Ergebnisse der naturwissenschaftlichen Forschungen können nach ihrer Ansicht nur in Übereinstimmung mit den Bibeltexten interpretiert werden. Etwa 30 Prozent der US-Amerikaner vertreten die Meinung der Kreationisten, rund 19 Prozent sind Anhänger der Evolutionstheorie, in Deutschland sind es ca. 60 Prozent.

Das Alter der Erde im Kreationismus

Im Gegensatz zur Evolutionstheorie behauptet der Kreationismus, dass die Erde einschließlich aller Lebewesen erst vor etwa 10 000 Jahren in sechs Tagen erschaffen wurde. Pflanzen, Tiere und der Mensch sind von Gott so geschaffen worden, wie sie heute noch sind.

Intelligent Design

1990 entstand in den USA die Bewegung des Intelligent Design, abgekürzt ID. Die Anhänger des Intelligent Designs stellen die stammesgeschichtliche Entwicklung als Tatsache nicht in Frage. Sie bestreiten auch nicht, dass die Erde älter als 10 000 Jahre ist und dass sich das Leben allmählich entwickelt hat. Nach ihrer Lehre sind die Phänomene des Lebens aber nicht allein durch Zufall und die Evolutionsfaktoren erklärbar.

Intelligent Design besagt, dass die Entstehung der Erde nur durch eine übergeordnete Kraft, ein intelligentes Wesen, einen Schöpfer oder Designer gesteuert werden kann. Als Beispiel wird die Mausefalle genannt: Sie ist so zweckmäßig konstruiert, dass niemand auf die Idee käme, sie könnte von alleine entstanden sein. Weil es in der Natur auch viele höchst zweckmäßige und in sich fein abgestimmte Details wie Flügel, Beine oder Augen gibt, muss es auch einen intelligenten Planer oder Designer geben.

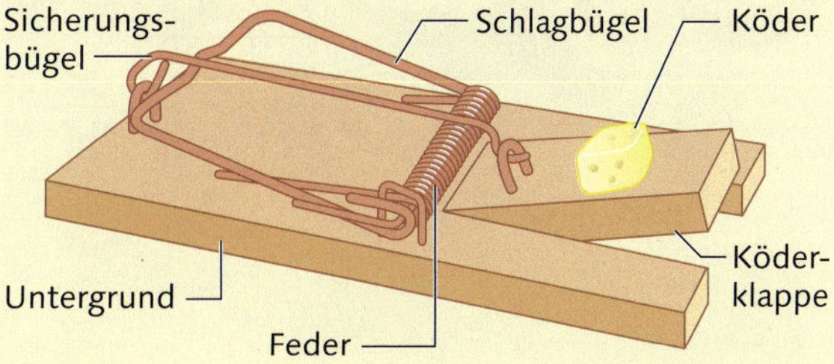

2 Mausefalle als Modell für ein Intelligent Design

Arten verändern sich

Auf einem Bauernhof in Schottland wurde 1961 ein Kätzchen geboren, dessen Besonderheit man erst nach vier Wochen sehen konnte: Die Ohren waren nach vorne gekippt. Es waren die für diese Katzen namensgebenden Faltohren entstanden. Später zeigte sich, dass auch die Jungen dieser Faltohrkatze die gleichen eigenartigen Ohren hatten. Eine neue Katzenrasse war zufällig entstanden.

1 Faltohrkatze

»Motoren« der Evolution

Der Verlauf der Evolution ist weder vorherbestimmt noch zielgerichtet. Neue Arten entstehen durch das Zusammenwirken von Umweltbedingungen und Veränderungen der Lebewesen. Man nennt diese Einflüsse *Evolutionsfaktoren*.

Evolutionsfaktor Mutation

Mutationen sind zufällige Änderungen der Erbinformationen. Durch sie können neue, vererbbare Merkmale entstehen, die Vor- oder Nachteile für das betreffende Lebewesen bringen können. Mutationen können den Entwicklungsprozess der Evolution antreiben, wenn sie durch Angepasstheit einen Überlebensvorteil für das Lebewesen darstellen. Dies kann zum Beispiel das Erschließen einer neuen Nahrungsquelle ermöglichen oder einen besseren Schutz vor Fressfeinden bedeuten.

2 Variabilität bei Schnirkelschnecken

Evolutionsfaktor Selektion

Wie sich Mutationen auswirken, hängt von der Umwelt ab. Lebewesen mit vorteilhaften Merkmalen können mit den Lebensbedingungen besser zurechtkommen als solche mit ungünstigen Eigenschaften. Das bedeutet, dass die besser Angepassten länger leben, sich öfter fortpflanzen können und so mehr Nachkommen haben. Es findet eine natürliche Auslese oder *Selektion* statt. Als Selektionsfaktoren können Fressfeinde, Nahrungskonkurrenz, aber auch klimatische Bedingungen wirken. Die natürliche Auslese bewirkt, dass sich Lebewesen mit ungünstigen Merkmalen nicht durchsetzen. Sie verschwinden mit der Zeit.

Basiskonzept Variabilität und Angepasstheit
Schnirkelschnecken unterscheiden sich in der Farbe und Bänderung ihrer Gehäuse. Diese Unterschiede entstehen unter anderem durch Mutationen. Innerhalb einer Gruppe unterscheiden sich Lebewesen in der Ausprägung bestimmter Merkmale oder Verhaltensweisen. Diese oft kleinen Unterschiede bezeichnet man als Variabilität. Sie kann Angepasstheiten an bestimmte Umweltbedingungen und damit bessere Überlebenschancen bewirken. Dunkel gefärbte Schneckengehäuse können mehr Lichtenergie aufnehmen, was in kalten Regionen ein Vorteil ist. Dunklere Formen sind hier häufiger. Variabilität ist eine Voraussetzung dafür, dass neue Angepasstheiten entstehen können.

Veränderung durch Isolation

Unter *Isolation* versteht man in der Biologie die räumliche Trennung von Lebewesen der ursprünglich gleichen Art, die bisher gemeinsam einen Lebensraum besiedelt hatten. Ursachen für die Trennung können klimatische Veränderungen sein wie das Vordringen von Gletschern oder die Entstehung von Trockengebieten wie Wüsten. In den isolierten Lebensräumen wirken Mutation und Selektion. Eine Vermischung der Merkmale zwischen den Gruppen ist durch die Isolation nicht mehr möglich, da sie keinen Kontakt miteinander haben. Im Laufe der Zeit bilden sich, getrennt voneinander, neue Arten, die sich äußerlich, oft auch in ihrem Verhalten unterscheiden und sich nicht mehr untereinander fortpflanzen können.

Flügellose Fliegen

Das Zusammenwirken von Mutation und Selektion in der Isolation zeigt das Beispiel der Kerguelen-Fliegen. Die Kerguelen sind eine Inselgruppe zwischen Südafrika und der Antarktis. Hier entstand zufällig eine Fliegenart ohne Flügel oder mit Flügelstummeln. Normalerweise haben solche Fliegen schlechte Überlebenschancen – nicht aber auf den Kerguelen. Hier wehen ständig starke Winde. Fliegende Insekten werden aufs Meer hinausgeweht. Flügellose Fliegen können nicht fliegen. Ihre Überlebenschancen sind besser. Es wirkt der Selektionsfaktor Sturm.

3 Flügellose Kerguelen-Fliege

In Kürze

Mutation und Selektion sind die Motoren der Evolution. Sie treiben die Entwicklungsprozesse voran. Lebewesen mit vorteilhaften Eigenschaften haben bessere Fortpflanzungschancen als solche mit ungünstigen Eigenschaften. Die räumliche Trennung von Lebewesen heißt Isolation.

Aufgaben

1 Nenne Evolutionsfaktoren und beschreibe ihre Wirkung.

2 **a** Stelle begründete Vermutungen an, weshalb man Faltohrkatzen in der freien Natur nicht findet.
b Erläutere, weshalb es trotzdem diese Katzen gibt.

3 Es gibt Schnirkelschnecken mit heller oder dunkler gebändertem Gehäuse. Formuliere eine Frage über eine mögliche Veränderung der Population der Schnirkelschnecken durch den Klimawandel. Erstelle dazu eine Hypothese.

4 Informiere dich über die Kerguelen. Beschreibe ihre geografische Lage.

5 Der Grand Canyon ist eine etwa 450 Kilometer lange, bis zu 30 Kilometer breite, bis zu 1800 Meter tiefe und mehrere Millionen Jahre alte Schlucht im Südwesten der USA. An den Rändern des Canyons leben zwei unterschiedliche Arten von Erdhörnchen: die dunkelbraunen, bis zu 16 Zentimeter großen Nordhörnchen und die hellbraunen und deutlich größeren Südhörnchen. Beide haben eine gemeinsame Stammform, von der sie abstammen.
a Erkläre, wie aus der ursprünglichen Art die beiden neuen Arten entstanden sein könnten.
b Am Grand Canyon leben auch Vögel. Könnten sich an den Canyonrändern aus einer Ursprungsart auch zwei neue Vogelarten entwickelt haben? Stelle begründete Vermutungen an.

Entstehung der Arten

1 Kohlmeisen bei der Winterfütterung

Kohlmeisen zählen mit zu den bekanntesten, heimischen Singvögeln. Besonders im Winter kann man sie fast immer in großer Zahl und laut zwitschernd am Futterplatz beobachten. Kohlmeisen sind nicht nur in unseren Breiten häufig anzutreffen, es gibt sie in ganz Europa und Asien. Allerdings sehen sie dort etwas anders aus als unsere heimischen Kohlmeisen. Unter den Kohlmeisen gibt es verschiedene Arten, die sich auch im Gesang unterscheiden.

Art und Population

Biologen verstehen unter einer *Art* Lebewesen, die einen gemeinsamen Grundbauplan haben und fortpflanzungsfähige Nachkommen zeugen. Gemeinsam können zum Beispiel Aussehen, Lebensraum oder Verhalten sein. Lebewesen der gleichen Art, die im gleichen Lebensraum leben, bilden eine Population.

Räumliche Trennung

Man geht davon aus, dass es früher nur eine einzige Kohlmeisenart in Europa, Asien und Nordafrika gab. Während der Eiszeit, vor etwa 20 000 Jahren, wurde ihr Verbreitungsgebiet durch das Vordringen der Gletscher in mehrere kleinere Gebiete unterteilt. Nur dort, wo es wärmer war, konnten die voneinander getrennten Populationen der Kohlmeisen die Eiszeit überleben. Diese Isolation dauerte mehrere Tausend Jahre. Während dieser langen Zeit kam es bei den Kohlmeisen zu zahllosen Mutationen. Diese und die Selektion führten dazu, dass die Meisen in den voneinander getrennten Gebieten allmählich unterschiedlich aussahen. Im Laufe von Jahrtausenden bildeten sich drei verschiedene Kohlmeisenarten. Bis heute unterscheiden sie sich in der Färbung, aber auch im Gesang.

Isolationen

Nach der Eiszeit, vor etwa 12 000 Jahren, trafen die Kohlmeisen wieder aufeinander. Diejenigen, die sich in Aussehen und Gesang noch ziemlich ähnlich waren, »erkannten« sich wie-

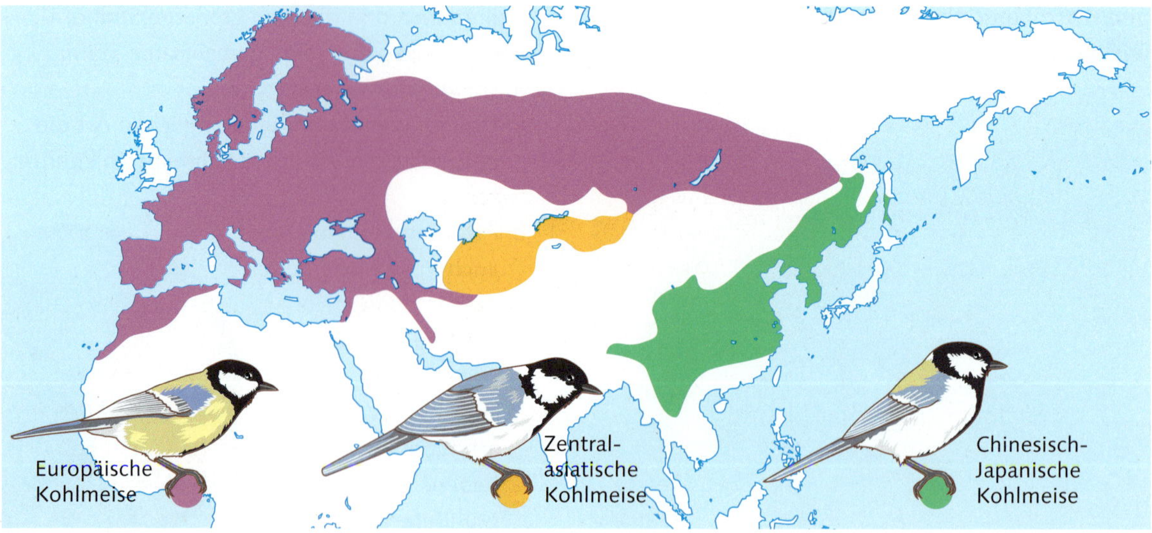

2 Verbreitung der Kohlmeisen

der. Zwischen den Zentralasiatischen und den Europäischen Kohlmeisen waren die Unterschiede aber bereits zu groß. Sie erkannten sich nicht mehr. Sie konnten sich nur mehr innerhalb der eigenen Art fortpflanzen. Durch das Zusammenwirken von Isolation und Mutation waren neue Arten entstanden.

Sexuelle Isolation

In der geografischen Isolation wirkt häufig die sexuelle Selektion. Man versteht darunter, dass durch bestimmte Gegebenheiten eine Fortpflanzung nicht möglich ist. Das kann zum Beispiel durch den Verlust einer gemeinsamen »Sprache« geschehen wie unterschiedliches Balzverhalten, verschiedene Gesänge oder anderes Aussehen. Die Geschlechtspartner finden nicht mehr zusammen. Es kommt zu keiner Paarung.

Basiskonzept Biodiversität

Auf der Erde gibt es sehr viele und sehr unterschiedliche Lebewesen. Diese biologische Vielfalt wird als Biodiversität bezeichnet. Sie umfasst die genetische Verschiedenheit der Lebewesen, die Vielfalt der Arten und Lebensräume sowie die Wechselbeziehungen zwischen ihnen. Die Untersuchung der Biodiversität ist ein wichtiges Ziel der Evolutionsforschung. Bedeutende Mechanismen, die zur Artenvielfalt führen, sind zufällige Mutationen sowie gerichtete Selektionen durch die belebte und unbelebte Umwelt.

Sich verändernde Umweltbedingungen und Mutationen sind Ursachen für den Wandel und die Entstehung der Artenvielfalt. Die Bewahrung der Lebensgrundlagen ist eine Voraussetzung für den Erhalt der Biodiversität. Sie ist das Vermächtnis, das wir den folgenden Generationen hinterlassen.

In Kürze

Lebewesen, die fortpflanzungsfähige Nachkommen hervorbringen, fasst man als Art zusammen. Meist haben sie ähnliches Aussehen und Verhalten. Leben sie im gleichen Lebensraum, bilden sie eine Population.

3 Zentralasiatische Kohlmeise

Aufgaben

1 Nenne ein Merkmal, in dem sich heimische von Zentralasiatischen Kohlmeisen unterscheiden.

4 Gelb- und Rotbauchunke

2 Gelb- und Rotbauchunken sind bis zu 5 cm kleine Froschlurche. Die Gelbbauchunken haben ihr Hauptverbreitungsgebiet in West-, die Rotbauchunken in Osteuropa. Es gibt ein Gebiet, in dem beide Unken vorkommen. Sie können sich miteinander paaren. Diese Hybriden oder Mischformen sind unfruchtbar. Stelle Vermutungen an, ob es sich bei den Unken um zwei Arten handelt.

3 Es gibt zwei Arten der amerikanischen Florfliege, die sich in ihren Vibrationsgesängen unterscheiden. Sie paaren sich nur mit Partnern, deren Vibrationsgesang sie kennen. Weibchen, die Vibrationen wahrnehmen, antworten mit Gesängen. Unterscheiden sich die Gesänge, so kommt es zu keiner Paarung.

   a Erkläre, durch welche Form der Isolation aus einer einheitlichen zwei getrennte Florfliegenpopulationen entstehen können.

   b Erläutere, ob es bei den Florfliegen, ähnlich wie in Aufgabe 2, zu Mischformen kommen kann.

Evolutionsmechanismen

1 Unterschiedlich und doch eine Art

Salmler sind eine Gruppe von Fischen, deren Vertreter sehr unterschiedlich aussehen können. Es gibt farbige und sehende Salmler, die das Oberflächenwasser bewohnen, aber auch farblose und blinde Fische, die in der vollständigen Dunkelheit von Höhlensystemen leben. Das Wachstum der Augen endet während der Entwicklung vorzeitig. Dadurch wird Stoffwechselenergie gespart. Der blinde Höhlensalmler ist deshalb auf andere Sinne angewiesen. Mit seinem großen Maul, das mehr Zähne besitzt als das der sehenden Form, kann er den Gewässergrund nach Nahrung durchwühlen. Zudem befinden sich an Maul und Gaumen sehr viele Geschmacksknospen. Gehirnregionen, die visuelle Informationen verarbeiten, sind verkleinert. Das typische Schwarmverhalten der sehenden Salmler zeigen die blinden Höhlensalmler nicht.

a Vergleiche die beiden Salmler in einer Tabelle.
b Erläutere jeweils aus der Sicht von Lamarck und Darwin die Entstehung der beiden unterschiedlichen Salmlerformen.
c Begründe, welche der beiden Erklärungen auf die Entstehung der unterschiedlichen Salmler zutrifft.

2 Arten bilden sich neu

Darwin entdeckte auf den Galapagosinseln verschiedene Finkenarten, die sich in mehreren Merkmalen sehr ähnlich waren. Die nach ihm benannten Darwinvögel unterscheiden sich in der Form ihres Schnabels und in der Körpergröße. Auch die Gesänge sind unterschiedlich. Heute kennt man 13 Arten von ihnen. Darwin vermutete, dass die Vögel von einer Stammform des südamerikanischen Festlands abstammen. Durch genetische Untersuchungen hat sich diese Vermutung 1999 bestätigt. Vor etwa zwei bis drei Millionen Jahren gelangten die ersten Vögel auf die Inseln.

a Beschreibe die geografische Lage der Galapagosinseln. Stelle dabei auch den Bezug zum Schulort her.
b Die relativ kleine Stammform der Darwinfinken konnte die lange Strecke vom Festland bis zu den Galapagosinseln nicht fliegend überwinden. Stelle begründete Vermutungen an, wie sie dennoch auf die Inseln gelangten.
c Beschreibe mit Hilfe von Bild 2, worin sich diese vier Darwinfinken unterscheiden.
d Stelle Vermutungen an, welche Evolutionsfaktoren zur Entwicklung der unterschiedlichen Darwinfinken führten.

1 Sehender und blinder Salmler

2 Verbreitung der Finkenarten

3 Selektion wirkt unterschiedlich

Die Farbe der Schneckengehäuse ist für den Schutz vor Fressfeinden und für die Aktivität bei unterschiedlichen Temperaturen von Bedeutung. Da Fressfeinde helle oder dunkle Gehäuse besser erkennen, werden Schnecken mit diesen Gehäusen eher gefressen. Schnecken mit mittlerer Gehäusefarbe haben deshalb bessere Überlebenschancen, sie kommen häufiger vor und haben mehr Nachkommen. Schnecken mit dunklem Gehäuse können jedoch mehr Lichtenergie aufnehmen, dadurch auch bei niedrigeren Temperaturen noch aktiv sein und haben bei Klimaveränderungen Vorteile. Die Wahrscheinlichkeit, zu überleben und sich fortzupflanzen, wird erhöht.

a Werte das Diagramm A in Bild 3 aus.

b Beschreibe die unterschiedlichen Auswirkungen der Selektion. Ordne dazu die Diagramme B und C in Bild 3 sinnvoll zu und begründe deine Zuordnung.

c Stelle Vermutungen an, welche Auswirkungen eingeschleppte Tiere haben können, die Schnecken fressen.

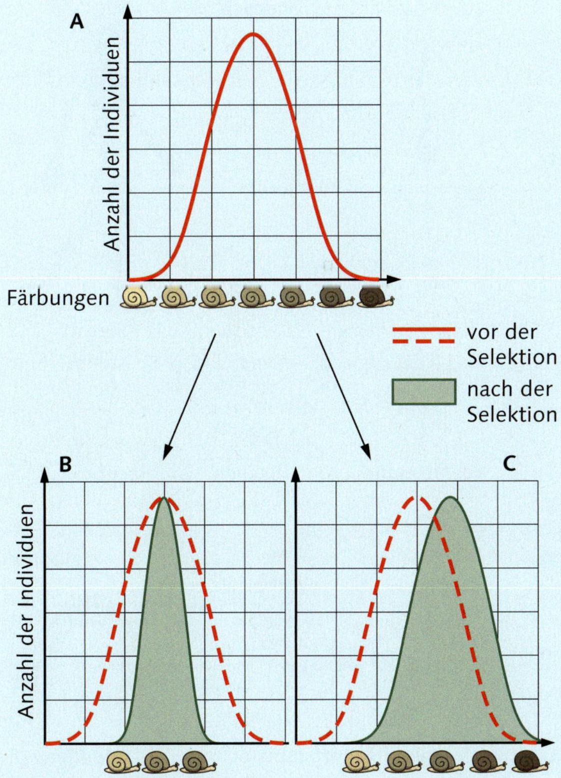

3 Wirkung der Selektion

4 Gemeinsam profitieren

4 Nektarvogel saugt an langer Trichterblüte.

Nektarvögel sind meist sehr auffallend gefärbte Vögel, die sich hauptsächlich von Nektar ernähren. Auffallend ist ihr sehr langer, leicht nach unten gebogener Schnabel. Ihre lange, dünne Zunge ist zu zwei Saugröhren umgebildet. Die auch als Honigsauger bezeichneten Vögel kommen hauptsächlich dort vor, wo es wenige Insekten gibt, die die Bestäubung der Pflanzen sichern. Diese Aufgabe erfüllen die Honigsauger. Bei ihnen und den Blüten kann man nachvollziehen, wie beide von einer wechselseitigen, aufeinander bezogenen Entwicklung profitieren. Die Blüten haben besonders tiefe und schmale Blütenkelche. Die Blütenform und die Schnabelform der Nektarvögel zeigen im Laufe der Evolution immer bessere Angepasstheiten. Sie bilden eine symbiotische Beziehung. Das heißt, beide Arten haben dadurch Vorteile: Der Vogel bekommt Nahrung und die Pflanze wird bestäubt. Einen solchen Prozess einer Entwicklung zum gemeinsamen Nutzen bezeichnet man als Koevolution.

a Beschreibe, in welcher Beziehung Nektarvogel und Pflanze zueinander stehen.

b Beschreibe, wie Vogel und Blüte aneinander angepasst sind.

c Erläutere an diesem Beispiel, was man unter einer Koevolution versteht.

d Stelle Vermutungen an, wann eine Koevolution auch negativ für die Partner wirken kann.

Der Mensch und seine »Verwandten«

Jahrhundertelang galt der Mensch als Krone der Schöpfung. Heute belegen wissenschaftliche Untersuchungen die enge Verwandtschaft zwischen Menschenaffen und Menschen sowie die Existenz gemeinsamer Vorfahren, die vor mehreren Millionen Jahren lebten.

1 Mensch und Schimpanse

Die »Verwandten« des Menschen

Der Mensch gehört wie die Menschenaffen und viele andere Affen zur Ordnung der *Primaten*. Innerhalb dieser Gruppe zählt er ebenso wie Schimpansen, Gorillas und Orang-Utans zu den *Hominiden*, den Menschenartigen. Forscher nehmen an, dass sich Vorfahren von Menschenaffen und Mensch vor 10 Millionen Jahren getrennt, sich dann wieder vereinigt und schließlich vor etwa fünf bis sechs Millionen Jahren endgültig getrennt haben.

Rumpf und Gliedmaßen

Menschenaffen können nur für kurze Strecken aufrecht gehen. Ein Grund ist das nach vorne gekippte Becken. Ihre Wirbelsäule ist C-förmig gekrümmt und am Hinterkopf befestigt. Hier setzen kräftige Nackenmuskeln an. Dieser Bereich ist beim Menschen kleiner und liegt mittig unter dem Kopf. Seine Arme sind kürzer als die Beine, bei Menschenaffen ist das umgekehrt. Der Körperschwerpunkt liegt bei Menschenaffen weiter vorne.

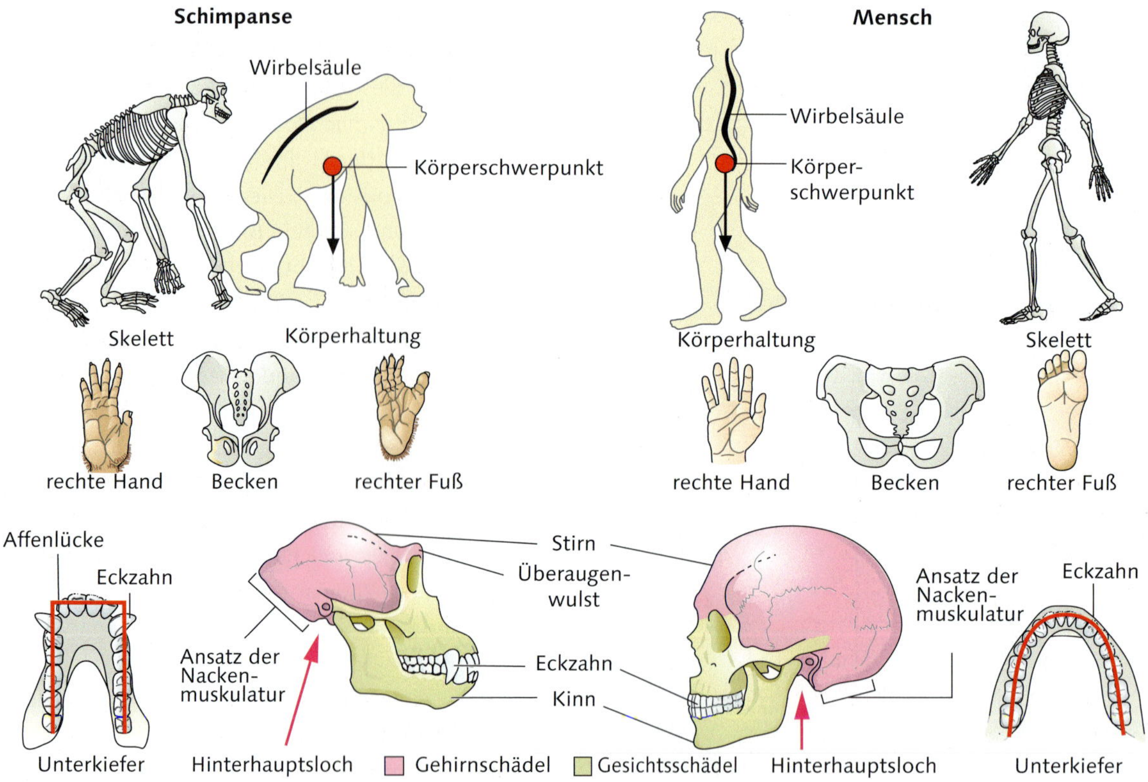

2 Körperbau im Vergleich

Hände und Füße

Mensch und Menschenaffen können die Daumen und die anderen Finger der Hand gegenüberstellen. So sind sie in der Lage, wie mit einer Pinzette zu greifen. Dieser *opponierbare Daumen* ermöglicht es, Äste zu umklammern, aber auch Werkzeuge zu gebrauchen. Die *Greiffüße* der Menschenaffen sind mit einem opponierbaren großen Zeh ausgestattet, was das Klettern erleichtert. Der große, kräftige Zeh des Menschen ist dagegen nach vorn gerichtet. Die stabile Ferse und ein Fußgewölbe verteilen das Gewicht beim aufrechten Gang. Nur Menschen und Affen haben Fingernägel. Andere Tiere besitzen Krallen.

Schädel offenbaren Unterschiede

Der Gesichtsschädel der Menschenaffen ist schnauzenförmig nach vorne gezogen. Die Stirn ist deutlich flacher als die des Menschen. Die Kaumuskeln der Menschenaffen sind viel stärker ausgeprägt. Die Kaufläche ihrer Backenzähne ist erheblich größer. Wulstartige Verdickungen über den Augen, die *Überaugenwülste*, verleihen dem Schädel die notwendige Stabilität beim Kauen auch von hartschaliger Nahrung. Mensch und Menschenaffen besitzen jeweils 32 Zähne. Beim Affengebiss ist die sogenannte *Affenlücke* zwischen den Schneide- und Eckzähnen erkennbar, die bei geschlossenem Maul Platz für die dolchartig verlängerten Eckzähne bietet. Das *Hinterhauptsloch*, der Bereich, an dem das Rückenmark den Schädel verlässt und die Wirbelsäule ansetzt, liegt beim Menschen zentral, bei Affen weiter hinten. Bezogen auf ihre Körpergröße haben Menschenaffen die größten Gehirne aller landlebenden Säugetiere. Das Gehirn eines Menschen ist noch etwa dreimal so groß.

3 Unterschiede in der Erbinformation

Genetische Untersuchungen

Untersuchungen der Erbsubstanz von Mensch und Menschenaffen zeigen, dass die Erbinformation des Menschen zu 98,8 Prozent mit der des Bonobo übereinstimmt. Er gilt damit als nächster Verwandter des Menschen. Gorillas sind demzufolge näher mit dem Menschen verwandt als Orang-Utans. Genetische Untersuchungen sind zwar gut dazu geeignet, Verwandtschaftsbeziehungen aufzudecken, allerdings sind Schlüsse auf Merkmale oder Verhaltensweisen problematisch. Die genetische Übereinstimmung von Mensch und Maus beträgt rund 80 Prozent, bei Mensch und Kartoffel sind es noch 30 Prozent.

Die Stellung des Menschen

Alle Forschungen weisen darauf hin, dass der Mensch nicht die Krone der Schöpfung darstellt, sondern in den Stammbaum der Lebewesen eingebettet ist. Aufgrund seiner Intelligenz hat er aber eine besondere Stellung.

In Kürze

Die Verwandtschaft zwischen Mensch und Menschenaffe lässt sich sowohl genetisch als auch anatomisch belegen. Es gibt jedoch auch deutliche Unterschiede wie etwa bei der Form der Wirbelsäule und der Größe des Gehirns.

Aufgaben

1. Beschreibe Belege für die Verwandtschaft von Menschenaffen und Mensch.
2. Beschreibe in einer Tabelle Unterschiede des Schädels zwischen Menschenaffen und Mensch.

Schlüsselereignisse der Menschwerdung

Mitte des 19. Jahrhunderts stellte man sich Schimpansen sehr menschenähnlich vor. Trotz großer genetischer Übereinstimmung bestehen erhebliche Unterschiede. Menschen und Schimpansen sind das Ergebnis von Entwicklungen, die vor Millionen von Jahren begannen.

Klimaveränderungen ...
Fossilienfunde aus Afrika belegen, dass die Vorfahren von Menschenaffen und Mensch in tropischen Regenwäldern lebten. Durch Verwerfungen der Erdkruste und intensive Vulkantätigkeiten entstand vor etwa zwanzig Millionen Jahren der ostafrikanische Graben. Hohe Berge teilten den Kontinent nun in einen westlichen und einen östlichen Teil. Die Gebirge hielten die Wolken zurück. Dadurch wurde das Klima in den östlichen Gebieten trockener und kühler. Der Lebensraum veränderte sich drastisch. Die Savanne, eine Graslandschaft mit vereinzelt stehenden Baumgruppen, verdrängte den dichten Regenwald.

... mit Folgen
Bei einigen Waldbewohnern hatten Mutationen körperliche Veränderungen hervorgerufen. Sie waren dadurch gut an den neu entstandenen Lebensraum angepasst und konnten überleben. Viele andere starben aus.

1 Zeichnung von Schimpansen um 1850

Entwicklung des aufrechten Gangs
Vor sieben Millionen Jahren lebten in den Regenwäldern erste Primaten, die bereits zeitweilig auf zwei Beinen gehen konnten. Es entwickelten sich zunehmend längere Arme, was eine stärkere Aufrichtung ermöglichte. Das Laufen ähnelte dem Knöchelgang der heutigen Menschenaffen. Der Fund von etwa vier Millionen Jahre alten Fußspuren ist ein sicherer Beleg für den aufrechten Gang. Hier waren mehrere Individuen auf zwei Beinen durch Vulkanasche gelaufen. Aufrecht zu gehen bietet wichtige Vorteile. Beim Laufen wird weniger Energie umgesetzt. In der Savanne bietet die höhere Sichtposition eine gute Übersicht. Feinde und Beute werden so eher wahrgenommen. Auch tiefere Gewässer können durchwatet werden. Zudem sind Arme und Hände frei für den Gebrauch von Werkzeugen und den Transport von Dingen.

2 Landschaft im Bereich des großen Grabens

3 Fußspuren von Laetoli: 4 Millionen Jahre alt

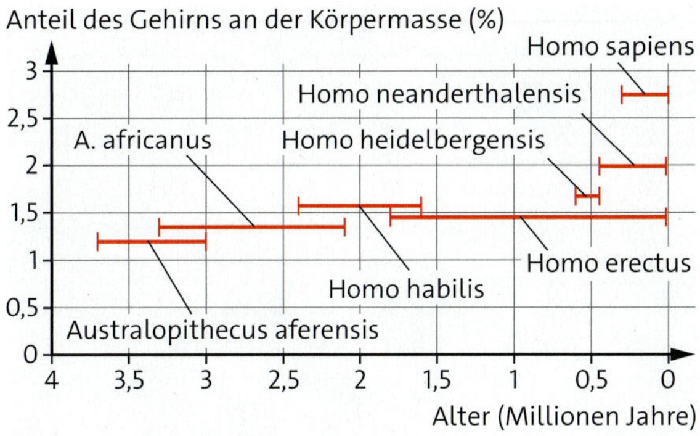

4 Entwicklung der Gehirngröße

6 Faustkeile und andere Steinwerkzeuge

Das Gehirn wird größer

Der Mensch hat im Vergleich zu anderen Säugetieren ein ungewöhnlich großes Gehirn. Zur Versorgung dieses Organs werden 20 bis 25 Prozent der Gesamtenergie aufgewandt. Bei Affen sind es unter 10 Prozent. Die Erhöhung des Fleischanteils und damit eine energie- und proteinreichere Ernährung ermöglichte die Gehirnentwicklung. Da Fleisch leichter verdaut wird, konnte sich die Darmlänge zurückbilden. Mit der Beherrschung des Feuers wurde das Fleisch leichter verdaulich und konnte für kurze Zeit aufbewahrt werden.

Entwicklung der Sprache

Durch anatomische Veränderungen im Rachen und Kehlkopf begann vor 100 000 Jahren die Entwicklung der Sprache. Sie ermöglicht den Austausch über Aktuelles, Vergangenes und Zukünftiges. Dadurch wird der Zusammenhalt von Gruppen gefördert. Wissen wird angesammelt. Es bilden sich Traditionen aus.

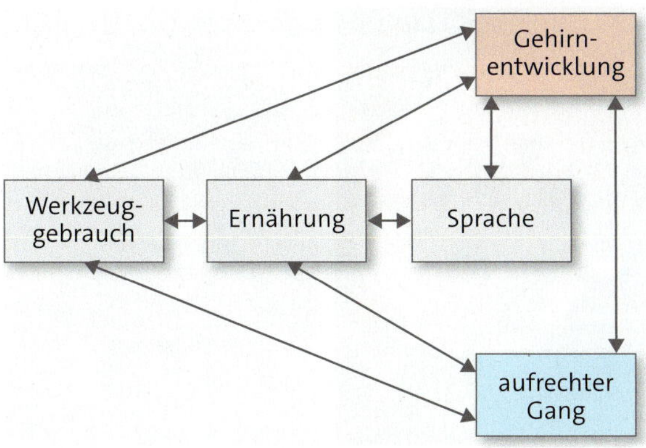

5 Einflussfaktoren hängen zusammen.

Beginn der Kultur

Die Einflussfaktoren bedingten sich und setzten weitere Prozesse in Gang. So ermöglichte die Gehirnentwicklung und das Freiwerden der Hände die Erfindung von Werkzeugen. Die ältesten, etwa drei Millionen Jahre alten Steinwerkzeuge ermöglichten seinem Besitzer eine Unabhängigkeit von dem Ort, an dem die Beute erlegt wurde, und die Möglichkeit, erste Vorräte anzulegen. Das wichtigste Werkzeug war der Faustkeil, der noch bis vor 40 000 Jahren verwendet wurde. Höhlenmalereien und erste Skulpturen weisen auf den Ursprung der Kunst hin. Alles, was der Mensch selbst gestaltend hervorbringt, fasst man unter dem Begriff Kultur zusammen.

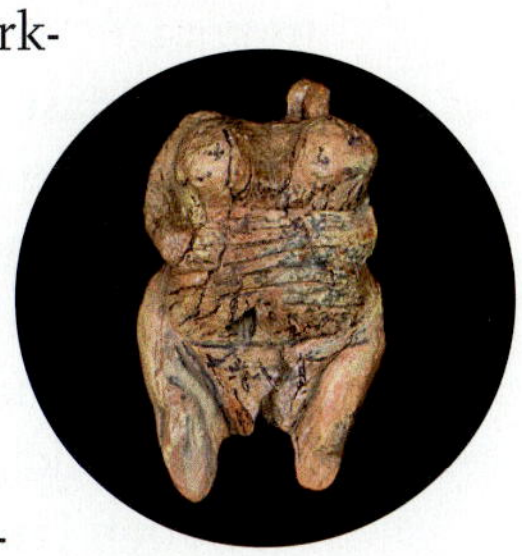

In Kürze

Die Entwicklung des aufrechten Gangs ist ein Schlüsselereignis auf dem Weg zur Menschwerdung. Über seine Entstehung gibt es verschiedene Hypothesen. Die Vergrößerung des Gehirns, die Entwicklung der Sprache und die Entwicklung einer Kultur sind weitere Schlüsselereignisse, die eng zusammenhängen.

Aufgaben

1 Nenne Vorteile des aufrechten Gangs.

2 Erläutere die Bedeutung der in Bild 5 durch Pfeile dargestellten Zusammenhänge.

3 Stelle die Bedeutung der Sprache in einer Mindmap dar.

Vom Vormenschen …

Auf der Grundlage von Fossilien konstruieren Wissenschaftler Modelle von Vormenschen. Sie helfen dabei, uns ein Bild von unseren Vorfahren machen zu können. Allerdings dürfen sie nicht darüber hinwegtäuschen, dass vieles noch ungeklärt ist.

Ursprung der Menschen

Wann genau die Entwicklung zum Menschen begann, ist ungeklärt. *Paläoanthropologen*, also Wissenschaftler, die sich mit menschlichen Fossilien beschäftigen, gehen heute davon aus, dass *Sahelanthropus tchadensis* der letzte gemeinsame Vorfahre von Mensch und Menschenaffe ist. Mit ihm begann einerseits die Entwicklung der modernen Menschenaffen und andererseits die des Menschen. Er ist gleichzeitig »Voraffe« und »Vormensch«. Gefunden wurde er im Tschad, einem Staat in Zentralafrika. Das Alter wird auf etwa sieben Millionen Jahre datiert. Die kleinen Eckzähne und die kurze Schnauze von Sahelanthropus werden bereits als erste menschliche Merkmale gedeutet. Die Körpergröße betrug etwa einen Meter und das Körpergewicht lag bei 30 bis 40 Kilogramm. In der Nahrungskette war dieser zierliche Pflanzenfresser eher Beute als Jäger. Da man bis auf einzelne Schädelfragmente bisher keine weiteren Funde auswerten konnte, ist es schwierig, genauere Aussagen über die Lebensweise zu machen.

1 Rekonstruktion von Vormenschen

Aufrecht gehen

Ardipithecus ramidus, was »Wurzel der Bodenaffen« bedeutet, war nicht mehr Affe, aber noch nicht Mensch. Etwa 4,4 Millionen Jahre alte Skelettteile dieser etwa 1,20 Meter großen Vormenschen wurden in Äthiopien entdeckt. Die langen Arm- und Fingerknochen und der opponierbare große Zeh am Fuß sind Hinweise, dass Ardipithecus noch auf Bäume kletterte. Allerdings besitzt der Fuß kräftige Mittelfußknochen, die viel Gewicht tragen können und so in der Lage waren, am Boden die Fortbewegung auf zwei Beinen zu ermöglichen. Wahrscheinlich sammelte Ardipithecus pflanzliche Nahrung, die durch Insekten, Vogeleier und kleine Säuger ergänzt wurde.

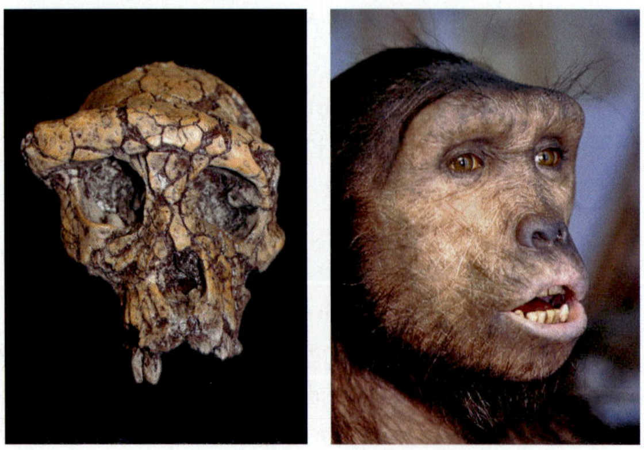

2 Sahelanthropus tchadensis: Fund und Rekonstruktion

3 Ardipithecus ramidus: Fund und Rekonstruktion

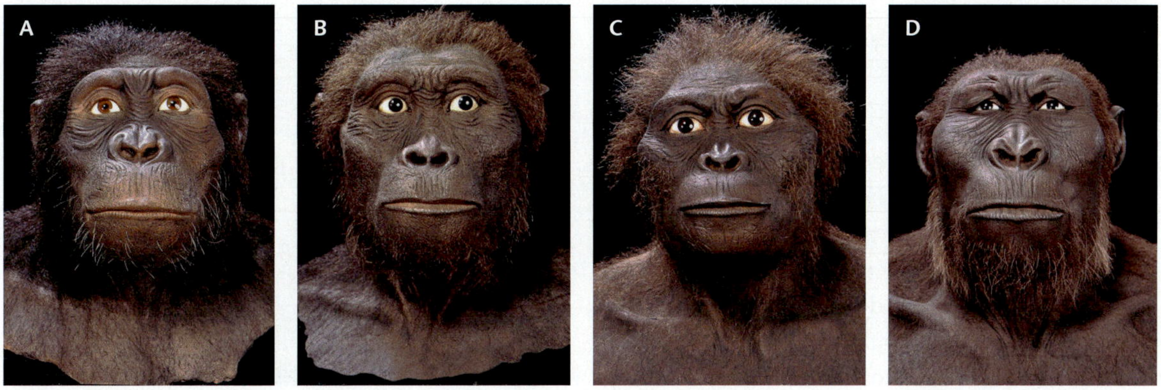

4 Verschiedene Vertreter von Australopithecus: A A. anamensis; B A. afarensis; C A. africanus; D A. boisei

Über Millionen Jahre Vielfalt

Mehrere Arten der Gattung *Australopithecus*, was so viel bedeutet wie »südlicher Affe«, lebten gleichzeitig im Zeitraum zwischen vier und zwei Millionen Jahren in verschiedenen Gebieten Afrikas. Zwar unterschieden sie sich in einigen Merkmalen, alle hatten aber noch ein eher kleines Gehirn und deutliche Überaugenwülste. Diese Vormenschen konnten bereits aufrecht gehen. Sie hinterließen die ältesten fossilen Fußspuren. Mit ihren freien Händen pflückten sie Nahrung und nutzten Steine als Werkzeuge. Außerdem war es durch das Aufrichten möglich, über die hohen Gräser der Savanne Ausschau nach Feinden oder Nahrung zu halten. Die Nacht verbrachten sie wahrscheinlich in Baumkronen.

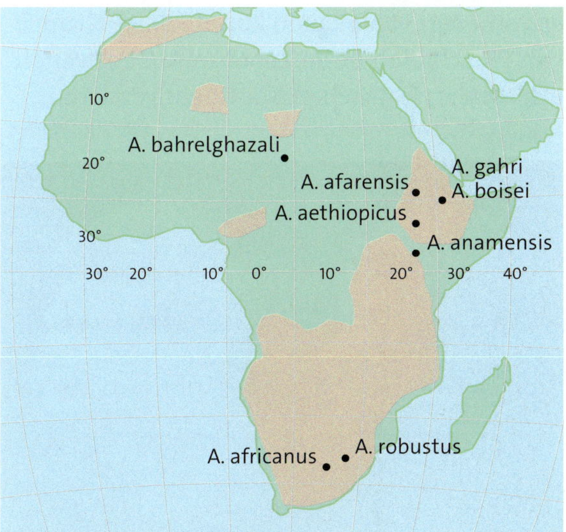

5 Funde von Australopithecus

In Kürze

Bei Regenwaldbewohnern entwickelte sich der aufrechte Gang. Diese Vormenschen hatten noch kleine Gehirne. Die freien Hände ermöglichten den Gebrauch von Werkzeugen.

Aufgaben

1 Die Rekonstruktion von Sahelanthropus tchadensis in Bild 2 zeigt ein affenähnliches Wesen. Nenne Merkmale, die ihn dennoch zu einem wahrscheinlichen Vorfahren des Menschen machen.

2 Vergleiche Ardipithecus und Australopithecus in einer Tabelle.

3 Beschreibe mit Hilfe der Karte Fundorte der Australopithecinen. Verwende hierzu einen Atlas oder eine Smartphone-App.

Basiskonzept **Entwicklung**

Das Aussehen, die Fähigkeiten und die Verhaltensweisen der Vorgänger des Menschen wandelten sich im Laufe seiner Stammesgeschichte. Diese Veränderungen wurden von verschiedenen Evolutionsfaktoren angetrieben und führten zur Entwicklung des modernen Menschen. So wie der Mensch verändern sich alle lebenden Systeme mit der Zeit.

Entwicklung ist ein zeitlicher Prozess, der sich stetig fortsetzt. Pflanzen, Tiere und Menschen durchlaufen während ihres Lebens, also der Individualentwicklung, verschiedene Phasen. Sie sind gleichzeitig das Produkt ihrer stammesgeschichtlichen Entwicklung.

... zum modernen Menschen

Antworten auf die Frage nach der Herkunft des Menschen wurden bis in das 19. Jahrhundert hinein in den Schöpfungsgeschichten der Bibel gefunden. Künstlerische Darstellungen wie die »Erschaffung Adams« von Michelangelo Buonarroti (etwa 1510) in der Sixtinischen Kapelle in Rom stellen oft den heutigen europäischen Menschentyp dar. Heute weiß man, dass die ersten Menschen keine weißen Mitteleuropäer waren. Die Suche nach den Wurzeln der Menschheit führt nach Afrika.

Frühmenschen

Bei Ausgrabungen in Tansania fand man bei einem etwa zwei Millionen Jahre alten Fossil bearbeitete Werkzeuge. Es wurde erstmals als Mensch bezeichnet: *Homo habilis*, was übersetzt »geschickter Mensch« bedeutet. Er behaute Steine, die zunächst als Schlagwerkzeug zum Öffnen von Knochen genutzt wurden. Später verwendete er sie als eine Art Messer zum Zerlegen von Tieren. Als Fleischfresser erschloss sich Homo habilis im Vergleich zu den vorwiegend von Pflanzen lebenden Vormenschen neue ökologische Nischen. Das Gehirn war bereits deutlich größer als das von Australopithecus. Untersuchungen des Schädels lassen vermuten, dass Homo habilis bereits eine einfache Sprache beherrschte. Aus Gejagten wurden allmählich selbst Jäger.

1 Die Erschaffung Adams

Der Mensch breitet sich aus

Da sich *Homo ergaster*, der »arbeitende Mensch« und *Homo erectus*, der »aufgerichtete Mensch« ähneln, werden sie oft in einer Gruppe zusammengefasst. Ihre Entstehung folgt einem Prinzip: Entweder es entwickelt sich ein langer Darm, wie es bei Pflanzenfressern der Fall ist, das Gehirn bleibt dann relativ klein. Oder aber die Ernährung mit Fleisch ist möglich, dann verkürzt sich der Darm und ein größeres Gehirn entsteht. So entwickelten sich Frühmenschen, deren Körperbau – außer den starken Überaugenwülsten – bereits weitgehend dem des modernen Menschen gleicht. Statt Körperkraft besaßen sie die Intelligenz, Feuer zu machen und den Faustkeil zu erfinden, der die Menschheit mehr als 1,5 Millionen Jahre als Werkzeug begleitete. Dank der neu erworbenen Fähigkeiten konnte diese Gruppe von Hominiden ihren Lebensraum ausweiten und den afrikanischen Kontinent verlassen.

2 Homo habilis: Schädel und Rekonstruktion

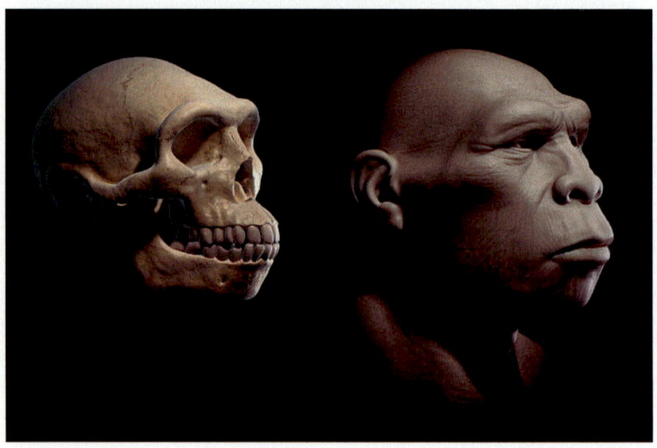

3 Homo erectus: Schädel und Rekonstruktion

4 Rekonstruktionen von Homo heidelbergensis

5 Rekonstruktion einer Neandertalerfamilie

Der gemeinsame Vorgänger

Vor etwa 600 000 Jahren besiedelte der *Homo heidelbergensis* große Teile Afrikas. Einige Gruppen drangen bis nach Mitteleuropa vor. In Deutschland fand man in der Nähe von Heidelberg einen Unterkiefer. Dies war der erste Fundort dieser Menschenart, er gab ihr den Namen. Trotz großer Übereinstimmungen bestehen erkennbare regionale Unterschiede, sodass sich die Forscher bei der Zuordnung nicht immer einig sind. Homo heidelbergensis gilt als gemeinsamer Vorfahre des Neandertalers und des modernen Menschen. Die mit kräftigen Muskeln und einem großen Gehirn ausgestatteten Frühmenschen waren gute Jäger. Sie jagten in Gruppen und verwendeten über zwei Meter lange hölzerne Wurfspeere.

In Europa entstanden: der Neandertaler

Der *Neandertaler* ist vor etwa 200 000 Jahren in Europa entstanden. Erstmalig in der Geschichte passte sich ein Lebewesen aktiv an seine Umwelt an, für die es eigentlich nicht geschaffen war. Dank funktioneller Kleidung aus Tierfellen, starker sozialer Bindungen innerhalb der Gruppe sowie spezialisierter Werkzeuge und Jagdwaffen musste er nicht vor dem rauer werdenden Klima flüchten. Der Neandertaler lebte gleichzeitig mit dem modernen Menschen und paarte sich mit ihm. Trotz des großen Gehirnvolumens und der 30 Prozent größeren Muskelmasse starb er etwa vor 39 000 Jahren aus.

Homo sapiens – der moderne Mensch

Vor etwa 300 000 Jahren entwickelte sich vermutlich im Osten Afrikas der moderne Mensch. Er wird wissenschaftlich als *Homo sapiens*, »weiser Mensch«, bezeichnet. Von der Vielzahl der Vorfahren ist er die einzige Menschenart, die überlebt hat. Ihr gehören alle heute lebenden Menschen an. Die Überlegenheit des Homo sapiens ist vor allem in den noch besseren Jagdmethoden begründet. Das Leben in der Gruppe ist arbeitsteilig organisiert, die Kultur kann sich entwickeln.

Von Afrika aus wanderte der Mensch vor etwa 100 000 Jahren in das Gebiet des heutigen Israel aus. Von dort breitete er sich langsam, etwa fünf Kilometer pro Generation, über die ganze Welt aus. Die Wanderbewegungen lassen sich anhand von Skelettfunden nachvollziehen.

In Kürze

Die stammesgeschichtlichen Vorfahren des heutigen Menschen haben Werkzeuge und Jagdwaffen entwickelt. Der moderne Mensch ist im Osten Afrikas entstanden und hat sich über die ganze Welt ausgebreitet, alle anderen Vormenschen sind ausgestorben.

Aufgaben

1 Beschreibe zwei grundlegende Entwicklungstendenzen bei der Menschwerdung.

2 Homo habilis war an seinen Lebensraum angepasst. Der Neandertaler konnte sich anpassen. Erläutere den Unterschied.

»Lucy«

Fossilienfunde sind sehr selten und neben genetischen Untersuchungen die einzige Möglichkeit, Urahnenforschung zu betreiben. Im Jahr 1974 war deshalb die Freude des Forschungsteams um Donald Johanson groß: Sie fanden in Äthiopien das zu diesem Zeitpunkt mit 40 Prozent am besten erhaltene älteste Skelett eines menschlichen Vorfahren.

Lucy gehört zu den Australopithecinen

Der amerikanische Forscher Donald Johanson ist einer der erfolgreichsten Paläoanthropologen unserer Zeit. Bei Ausgrabungen in Äthiopien begleitete er am 30. November 1974 einen Studenten zu einer Fundstelle. Auf dem Rückweg bemerkte Johanson das Stück eines Armknochens und war sich sicher, dass dieser Knochen nicht von einem Affen stammte. Ringsum lagen Wirbel, Rippen und Stücke von einer Hand. Die Knochen ordnete die Forschergruppe der Gattung *Australopithecus afarensis* zu, die vor etwa 3,2 Millionen Jahren lebte. Sie vermutete, dass es sich bei dem Fund um einen weiblichen Hominiden handelte und nannten ihn »Lucy«. Sie war vermutlich ungefähr einen Meter groß und 25 Kilogramm schwer. Anhand der Knochen folgerten die Forscher, dass »Lucy« bereits aufrecht ging. Ihr Gesicht hingegen war noch affenähnlich mit Überaugenwülsten und einer niedrigen Stirn.

Wie Lucy zu ihrem Namen kam

Am Abend, nachdem die Knochen bestimmt, sortiert und beschriftet waren, setzte sich das Team um Donald Johanson in dem einfachen Zeltlager, das irgendwo in der afrikanischen Savanne auf dem Stammesgebiet der Afar stand, zusammen. Ein solch spektakulärer Fund war natürlich ein Grund zu feiern. Aufgeregt wurde diskutiert und einige Flaschen Bier geleert. Dabei lief immer wieder der Beatles-Song »Lucy in the sky with diamonds«. Seit dieser Nacht heißt das Skelett »Lucy«.

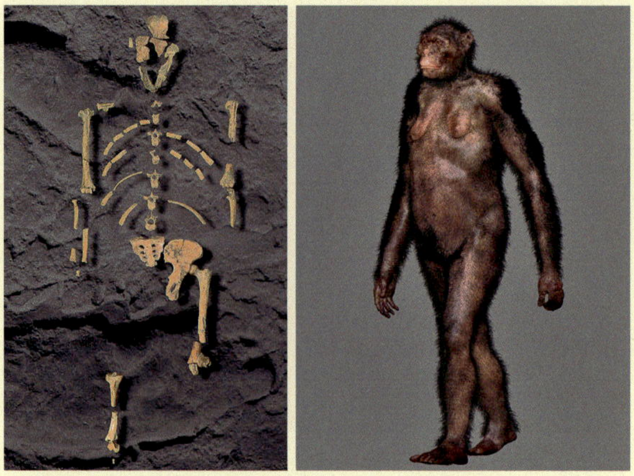

1 Lucy: gefundene Skelettteile und Rekonstruktion

Ein Bild von Lucy

Obwohl man nicht alle Knochen zur Verfügung hat, kann man sich mit technischen Hilfsmitteln ein Bild davon machen, wie »Lucy« und ihre Verwandten ausgesehen haben könnten. Hierzu werden dreidimensionale Aufnahmen der Knochen gemacht. Um ein komplettes Skelett entstehen zu lassen, müssen fehlende Knochen durch Vergleich mit ähnlichen Skeletten ergänzt werden. Auch Muskulatur, Haut und Haare können am Computer hinzugefügt werden, sodass ein vollständiges Bild entsteht. Da noch nie ein vollständiges Skelett gefunden wurde und das Aussehen von Haut und Haaren auf Vermutungen basiert, sind Rekonstruktionen jedoch immer nur eine Annäherung an die Realität.

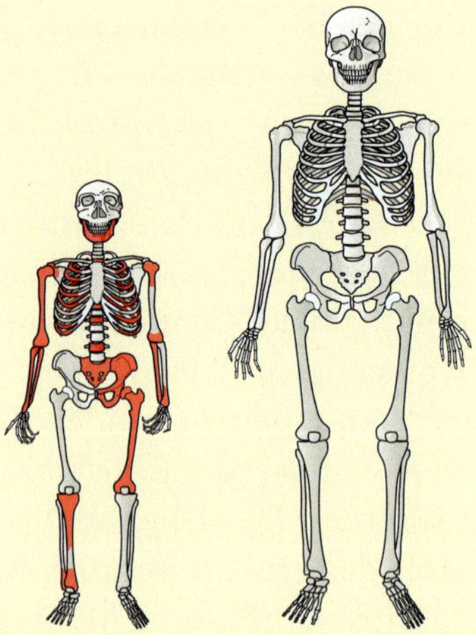

rot markiert: gefundene Knochen von »Lucy«

2 Vergleich »Lucy« und Mensch

Exkurs

Neandertaler

Im Jahre 1856 fand man bei Arbeiten in einem Steinbruch im Neandertal nahe Düsseldorf ungewöhnlich geformte Knochen. Waren dies die Überreste eines Verbrechens oder etwa die Knochen eines Höhlenbären? Der Naturforscher Carl Fuhlrott war überzeugt, dass die Knochen von einem »Menschen aus vorhistorischer Zeit« stammten.

Fuhlrotts später Triumph

Die These eines Urmenschen aus der Eiszeit löste Diskussionen aus. Damals war der Glaube an die göttliche Schöpfung vorherrschend und fast niemand glaubte an die Vermutungen Fuhlrotts. Ein Arzt deutete den Fund als krankhafte Veränderung eines »normalen« Menschen. Daraufhin gab Fuhlrott seine These auf und äußerte sich nie wieder zu diesem Thema. Spätere Forschungen ergaben, dass der gefundene Neandertaler vor etwa 42 000 Jahren gelebt hat. So erhielt Fuhlrott erst im 20. Jahrhundert die Anerkennung, die er verdient hat. Heute befindet sich nahe dem Fundort das bekannte Neanderthal Museum.

Das Leben der Neandertaler

Früher wurden die Neandertaler noch affenähnlich dargestellt. Heute geht man davon aus, dass sich der Homo neanderthalensis vor über 200 000 Jahren entwickelte und in dem damaligen kalten Klima in Europa lebte. Er war etwa 1,60 Meter groß, 60 bis 80 Kilogramm schwer und insgesamt breiter und muskulöser gebaut als der heutige Mensch. Neandertaler trugen wärmende Kleidung, lebten in Gruppen zusammen und jagten ihre Beute mit Speeren. Sie pflegten kranke Artgenossen und bestatteten die Toten in Gräbern.

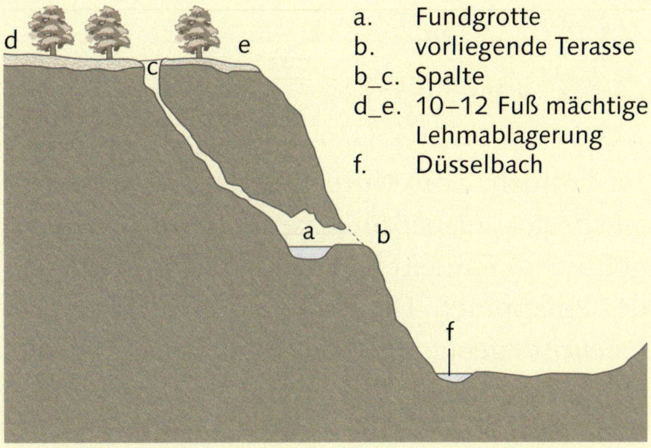

1 Fuhlrotts Beschreibung des Fundortes (1856)

Freund oder Feind?

Es ist bis heute unbekannt, warum die Neandertaler ausstarben. Sie könnten Klimaveränderungen zum Opfer gefallen oder gegenüber Krankheitserregern anfällig gewesen sein. Vielleicht hat sie der moderne Mensch bekämpft und verdrängt. Allerdings ergaben Untersuchungen, dass 1 bis 4 Prozent der Erbinformationen moderner, nicht afrikanischer Menschen vom Neandertaler stammen. Neuere Forschungen vermuten, dass sich beide gepaart haben, als Homo sapiens Afrika vor 100 000 Jahren verlassen hat und im Nahen Osten auf Neandertaler traf.

2 Neandertalerdarstellung früher – heute

3 Nachgestellte Neandertaler auf der Jagd

Vorläufigkeit des Wissens

Im Frühjahr 2019 wurden Spuren einer kleinwüchsigen, bisher unbekannten Menschenart gefunden. Fundort ist Luzon, die größte Insel der Philippinen. Die Fundstücke des *Homo luzonensis* geben den Forschern Rätsel auf. Sie ähneln sehr alten Australopithecusarten und nicht dem Homo erectus, der eigentlich als Vorfahre in Frage käme. Australopithecus hat aber nach bisherigem Wissensstand Afrika nicht verlassen.

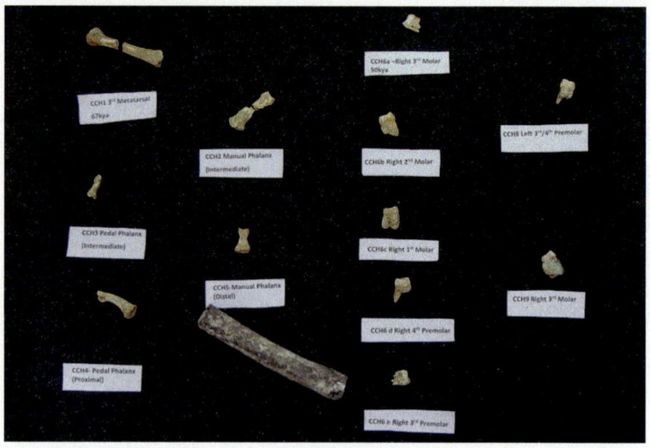

1 Fundstücke des Homo luzonensis

Out of Africa – eine Theorie zur Diskussion

Da fast alle heute bekannten Hominidenarten nach der Analyse der bisherigen Funde in Afrika lebten, sind die meisten Forscher der Ansicht, dass auch der anatomisch moderne Mensch in Afrika entstanden ist. Nach der *Out-of-Africa-Theorie* hat er sich von hier aus auf der ganzen Erde verbreitet. Dagegen geht die *Multiregionale Theorie* davon aus, dass sich der Homo sapiens durch einen kontinuierlichen Austausch an vielen Stellen der Welt entwickelt hat. Keines der beiden Modelle ist allerdings in der Lage, alle bisher verfügbaren Funde und Daten zum Ursprung des anatomisch modernen Menschen ohne Einschränkung und völlig widerspruchsfrei zu erklären.

Stammbaum im Wandel

In der Familie der Hominiden sind immer wieder neue Arten entstanden und wieder verschwunden. Die Übergänge sind fließend. Mit jedem Fund müssen die Stammesgeschichte und der Stammbaum des Menschen neu hinterfragt werden. Dem Stammbaum aus dem Jahr 1927 lagen nur wenige Funde zugrunde. Er zeigt eine eindeutige Entwicklung hin zum modernen Menschen. Dieser wurde damals in unterscheidbare »Rassen« eingeteilt. Knapp hundert Jahre und viele Funde später wissen wir, dass dies so nicht stimmt. Paläoanthropologen müssen die Erkenntnisse regelmäßig neu beschreiben, strukturieren und analysieren. Forschungen stellen immer einen vorläufigen Stand der Erkenntnis dar, der morgen bereits wieder veraltet sein kann.

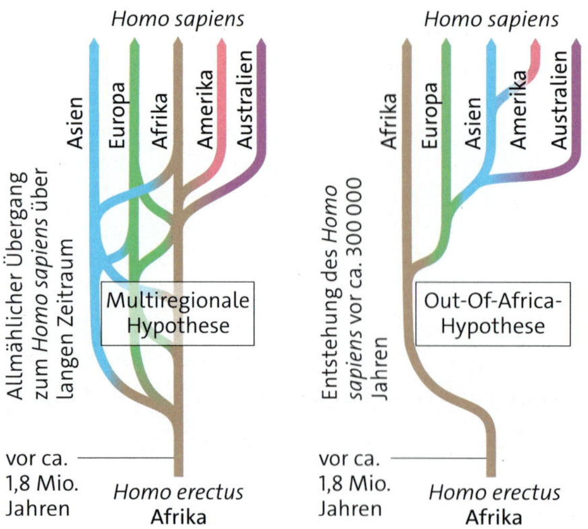

2 Unterschiedliche Modelle zur Ausbreitung des Menschen

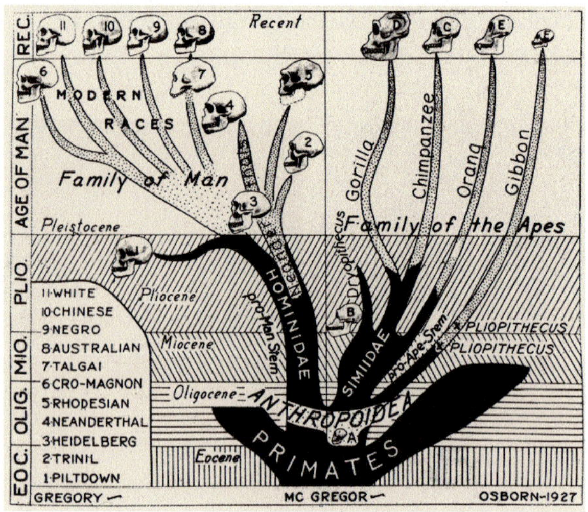

3 Stammbaum aus dem Jahr 1927

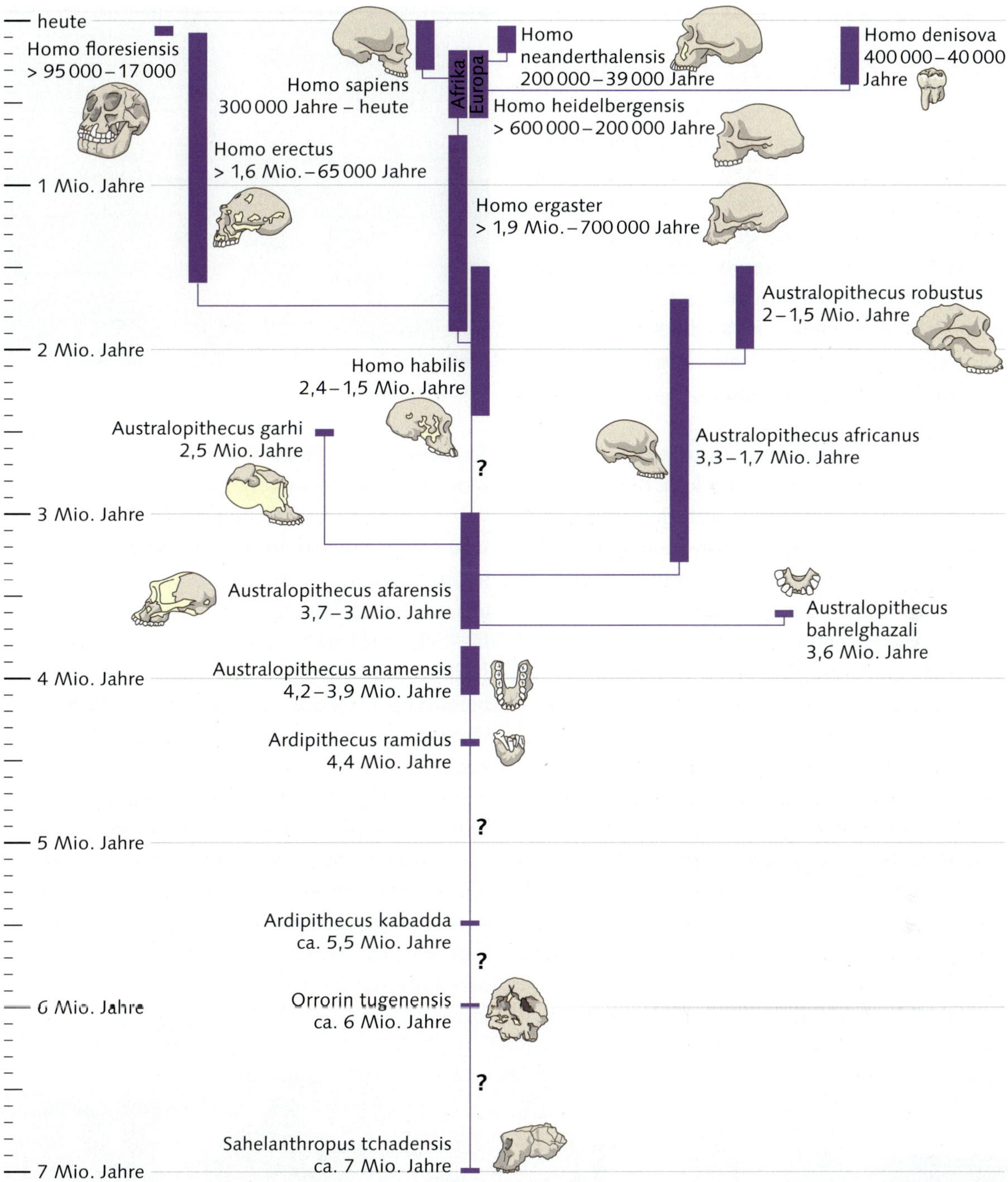

4 Vereinfachter Stammbaum des Menschen

In Kürze

Die Out-of-Africa-Theorie ist die gängige Theorie zum Ursprung des Menschen. Demnach besiedelte er von Afrika aus die Erde. Aufgrund neuer Funde muss der Stammbaum des Menschen immer wieder neu geschrieben werden.

Aufgaben

1 Nenne den Zeitraum, in dem laut Stammbaum im Bild 4 die meisten Hominidenarten lebten.

2 Erläutere, warum im unteren Teil des Stammbaums mehr Fragezeichen eingetragen sind als im oberen.

Aus der Fähigkeit entspringt Verantwortung

Kunstwerke werden nur von Menschen hergestellt. Eines der frühesten Beispiele ist etwa 32 000 Jahre alt. Die Skulptur wurde in der Höhle Hohlenstein-Stadel wenige Kilometer von der bayerisch-württembergischen Grenze gefunden. Der Löwenmensch ist 28 Zentimeter groß und stellt ein Fabelwesen mit menschlichem Körper, einem Löwenkopf und tierischen Gliedmaßen dar.

1 Löwenmensch

Epochen der Kulturentwicklung

Das Erschaffen von Kunstwerken, die Werkzeugherstellung, aber auch Religion und Wissenschaft, also die gesamte Kultur werden unterschiedlichen Epochen zugeordnet. In der *Altsteinzeit* vor etwa 2,5 Millionen Jahren fertigten die Menschen Waffen und Werkzeuge vor allem aus Stein und Holz. In der *Jungsteinzeit* vor 12 000 Jahren wurde der Mensch sesshaft und entwickelte Handwerke. Während der Bronze- und Eisenzeit vor 2500 bis 4000 Jahren wurde hauptsächlich Metall verarbeitet.

Kunst ist typisch für den Menschen

Bereits in der Altsteinzeit fertigten Menschen auch Gegenstände, die Ausdruck künstlerischen Schaffens waren. Die Höhlenmalereien von Lascaux sind hierfür ein Hinweis. Kunstgegenstände wurden im Rahmen von religiösen Ritualen genutzt oder sollten einfach gefallen.

Sprache und Schrift

Durch Lautäußerungen und die Verwendung von Sprache ließ sich die Jagd organisieren und so der Jagderfolg steigern. Für das Zusammenleben in Gruppen ist zudem der soziale Austausch besonders wichtig. Durch verlässliche Informationen über andere konnten sich größere Gruppen bilden, in denen arbeitsteilig kooperiert wurde. Hier wurden Fähigkeiten erlernt und Informationen weitergegeben. Erste Ansätze einer Schrift waren Kerben in Holz oder Striche an Wänden. Diese wurden zu Bilder- und Zeichenschriften weiterentwickelt. Während zuvor oft ältere Mitglieder der Gruppe mündlich von Erfahrungen berichteten oder Tätigkeiten beschrieben, wurde es mit Hilfe der Schrift möglich, Wissen dauerhaft zu speichern und jederzeit abzurufen.

2 Werkzeuge: A Gefäß (etwa 5000 Jahre alt); B Werkzeuge (etwa 5000 Jahre alt); C Dolch (etwa 3000 Jahre alt); Kunstwerke: D Höhlenmalerei (35000 Jahre alt); E Vase (2500 Jahre alt); F Gemälde mit Maria und Kind (600 Jahre alt)

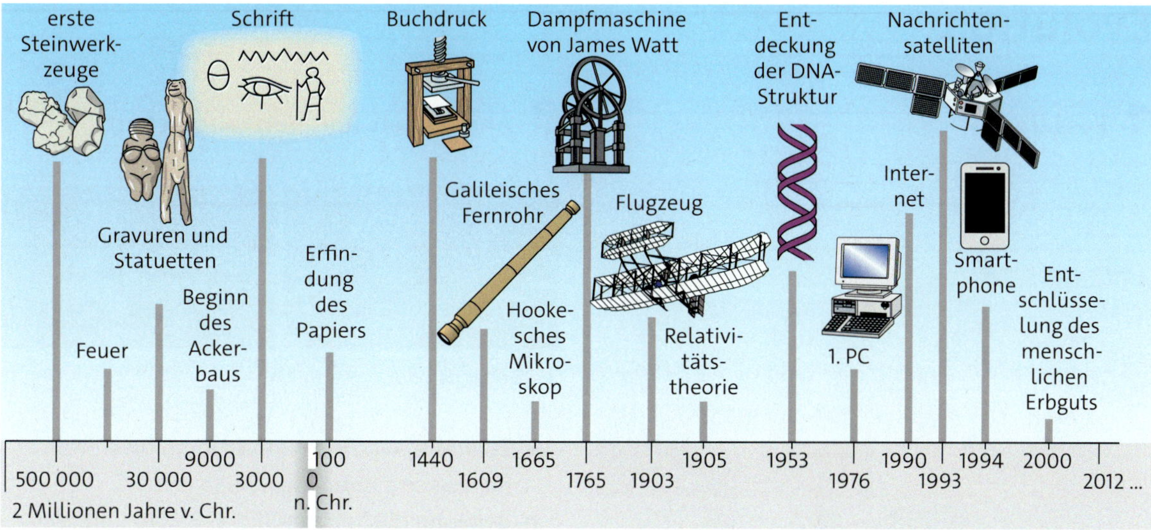

3 Meilensteine der technischen Entwicklung

Unabhängig von der Umwelt

Durch die Herstellung und den Gebrauch von Werkzeugen glich der Mensch seine verhältnismäßig geringe Körperkraft aus. So konnte er sich von den Umweltbedingungen weitgehend unabhängig machen oder er passte sich aktiv an: Mit Hilfe von funktioneller Kleidung und dem Errichten von Behausungen konnte er auch in kalten Gegenden überleben.

Der Mensch verändert die Umwelt

Mit dem Übergang vom Sammler und Jäger zum Ackerbauern, der in festen Siedlungen lebte, gestaltete der Mensch die Umwelt nach seinen Bedürfnissen um. Er rodete Wälder und legte Ackerflächen an, auf denen er besonders gezüchtete Pflanzen anbaute. Ähnliches geschah bei der Tierzucht. Aus Wildtieren wurden Nutztiere, die als Arbeitstiere, aber auch zur Ernährung verwendet wurden.

»Neue« technische Entwicklungen

Werkzeuge sind aber nicht nur »künstliche Organe«, mit deren Hilfe fehlende Körpereigenschaften ausgeglichen werden. Die Erfindung des Buchdrucks veränderte die Informationsweitergabe grundlegend. Mit der Erfindung der Dampfmaschine im Jahre 1765 begann die »industrielle Revolution«. Es entstanden Fabriken, in denen Maschinen verschiedenste Produkte in großen Mengen sehr schnell und preiswert herstellten. Heute verbindet man mit dem Begriff Technik digitale Maschinen sowie Internet, Onlinebanking oder soziale Netzwerke. Da die digitale Welt seit dem Beginn des neuen Jahrtausends nahezu alle Lebensbereiche beeinflusst, spricht man von einer »digitalen Revolution«.

Verantwortung des Menschen

Aus diesen Fähigkeiten und der Möglichkeit, über das eigene Tun nachzudenken, erwächst die Verantwortung des Menschen für sich, seine Mitmenschen und für einen nachhaltigen Umgang mit seiner Umwelt.

In Kürze

Die kulturelle Entwicklung gibt es nur beim Menschen. Er kann die Umwelt nach seinen Vorstellungen verändern, trägt für sie aber auch Verantwortung. Nach vielen Erfindungen ist die heutige Zeit von der digitalen Revolution geprägt.

Aufgaben

1 Nenne die Epochen der Kulturentwicklung.

2 Erläutere die Bedeutung der Unabhängigkeit von der Umwelt für den Menschen.

3 Nenne die für dich wichtigste Erfindung, die in Bild 3 dargestellt ist. Begründe.

Evolution

1 Fossilien

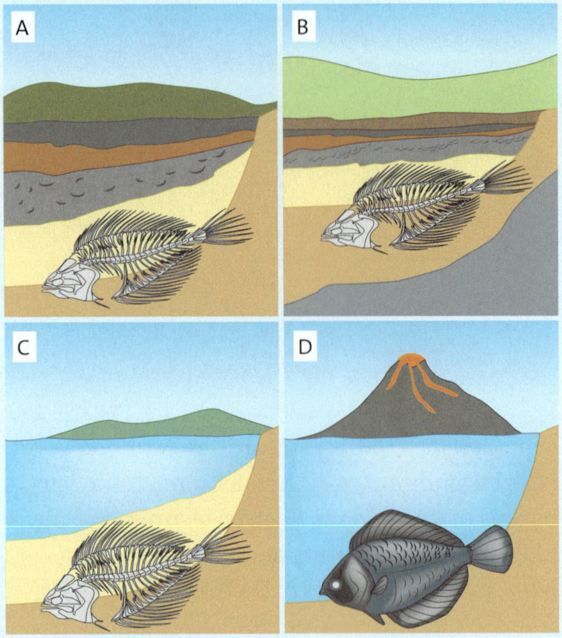

1 Entstehung eines Fossils

a Nenne die Definition von Fossil.

b In Bild 1 sind die Stadien der Fossilentstehung falsch geordnet. Ordne sie in der richtigen Reihenfolge.

c Beschreibe anhand des richtig angeordneten Bildes 1 die Entstehung eines Fossils.

d Nenne und beschreibe zwei weitere Arten von Fossilien.

e »Die Schichtung von Fossilien im Erdboden kann oft eine Aussage über deren Alter machen.« Erläutere diese Aussage.

2 Mosaikform

Der knapp einen Meter große Ichthyostega lebte vor ungefähr 400 Millionen Jahren. Er wies Merkmale von Fischen und Amphibien auf. Sein Körper war mit Schuppen bedeckt. Er verfügte über Gliedmaßen und eine Lunge. Ähnlich einem Aal hatte er einen Flossensaum.

a Ichthyostega ist eine Mosaikform. Erläutere.

b Liste die jeweils entsprechenden Merkmale von Ichthyostega auf.

3 Ähnlichkeit und Verwandtschaft

3 Verwandt oder nur ähnlich?

a Erläutere, was man unter Homologie beziehungsweise unter Analogie versteht.

b Benenne die Tiere in Bild 3. Erkläre ihre Verwandtschaftsbeziehung.

4 Verschiedene Evolutionstheorien

a Erkläre, wie Cuvier die Unterschiedlichkeit von verschieden alten Fossilien begründete.

b Graureiher wie in Bild 4 haben sehr lange Beine. Erläutere deren Entstehung jeweils aus der Sicht von Lamarck und Darwin.

c »Survival of the Fittest« bedeutet nach Darwin nicht, dass der »Stärkste überlebt«. Begründe, was Darwin damit ausdrücken wollte.

4 Graureiher

5 Evolutionsfaktoren

a Nenne die »Motoren« der Evolution.

b Beschreibe das Zusammenwirken der Evolutionsfaktoren.

c Europäische und Zentralasiatische Kohlmeisen sind zwei Arten, die sich untereinander nicht fortpflanzen können. Erkläre, wie es zur Entstehung der beiden Arten kam.

6 Menschenaffe oder Mensch

a Ordne die in Bild 5 dargestellten Körperteile entweder den Menschenaffen oder dem Menschen zu. Begründe deine Entscheidung.

b Beschreibe Merkmale des Affenschädels und nenne dabei drei Unterschiede zum Menschenschädel.

c Beschreibe Bau und Funktion des Fußes bei Menschenaffen und beim Menschen.

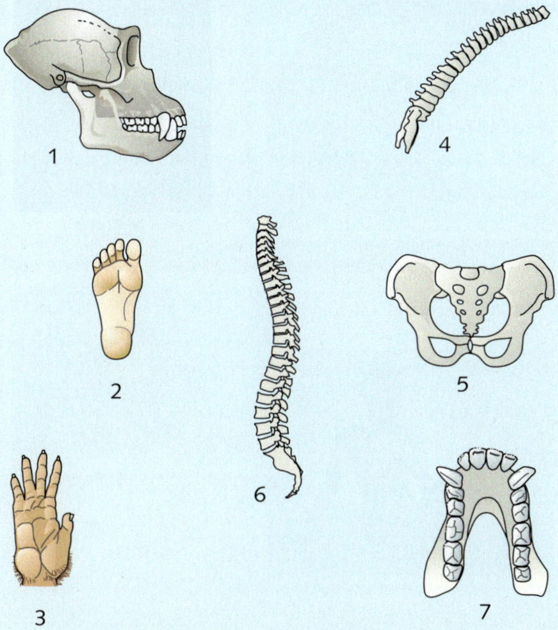

5 Körperteile von Menschenaffe und Mensch

7 Entwicklung zum modernen Menschen

a Nenne drei Schlüsselereignisse auf dem Weg zur Entwicklung des modernen Menschen.

b »Statt Körperkraft besaß der Mensch Intelligenz.« Erläutere diese Aussage.

c Häufig wird der Verlauf der Evolution des Menschen wie in Bild 6 dargestellt. Diskutiert die Richtigkeit der Abbildung.

6 Evolution des Menschen?

Die Lösungen zu diesen Aufgaben findest du auf auf den Seiten 192 und 193.

Auf den Punkt gebracht

Evolution

- Fossilien sind Spuren früherer Lebewesen. Sie geben Auskunft über die Entwicklung des Lebens, die Evolution.
- Mosaikformen sind Organismen, die Merkmale verschiedener Gruppen besitzen und so Hinweise über den möglichen Verlauf der Evolution geben.
- Homologe Organe haben den gleichen Grundaufbau. Homologie weist auf Verwandtschaft von Lebewesen hin.
- Charles Darwin ist der Begründer der modernen Evolutionstheorie. Sie besagt, dass sich Lebewesen aus früheren Formen entwickelten.
- Mutation und Selektion sind die Motoren der Evolution. Sie wirken auch in der Isolation.
- Schlüsselereignisse der Menschwerdung sind der aufrechte Gang, die Gehirn-, Sprach- und Kulturentwicklung.
- Der moderne Mensch und seine Vorfahren haben sich nach heutigem Wissensstand in Afrika entwickelt.
- Der Mensch hat eine besondere Verantwortung für den Erhalt der Erde.

Die Basiskonzepte der Biologie

Basiskonzepte

Biologie ist die Wissenschaft von den Lebewesen. Die Kennzeichen der Lebewesen sind eigenständige Bewegung, Wachstum und Entwicklung, Fortpflanzung, Reizbarkeit, Stoffwechsel und der Aufbau aus Zellen.

Das Wissen in der Biologie ist vielfältig und geradezu unüberschaubar. So unterschiedlich die verschiedenen Beobachtungen und Zusammenhänge auch sind, oft lassen sie sich auf ähnliche Grundprinzipien, die Basiskonzepte, zurückführen.

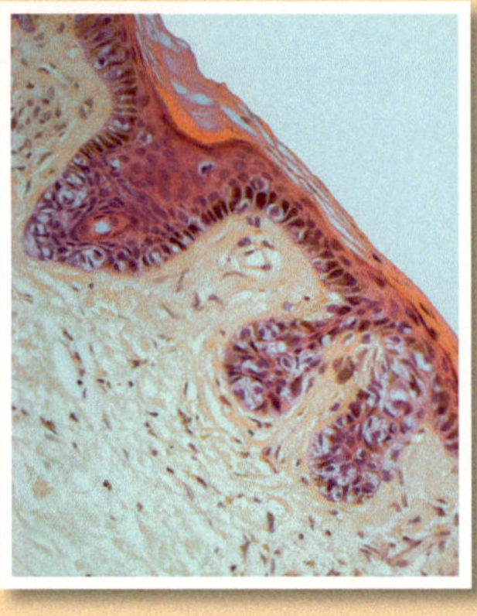

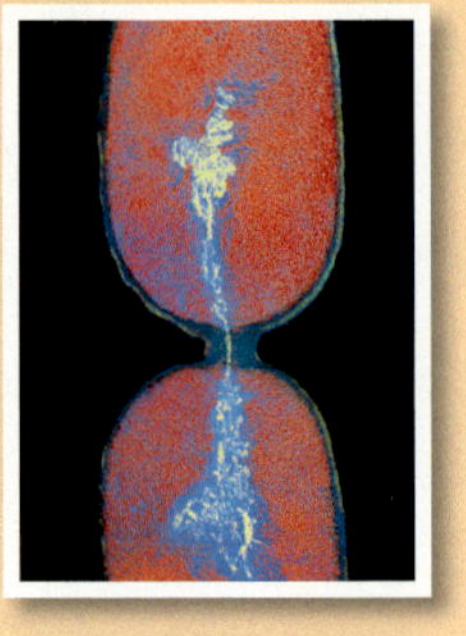

Basiskonzepte sind grundlegende Regeln oder Prinzipien in der Biologie, die dabei helfen, bei der großen Vielfalt biologischen Wissens einen Überblick zu behalten beziehungsweise einen roten Faden zu finden.

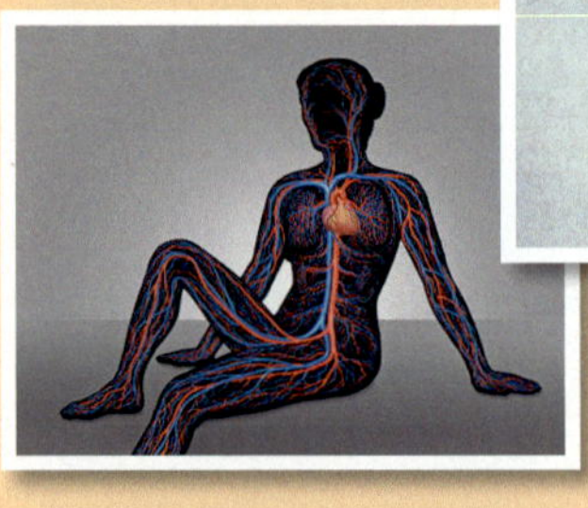

Variabilität und Angepasstheit

Vergleicht man die in Bayern lebenden Wildschweine, würde man viele Gemeinsamkeiten, aber auch Unterschiede feststellen. Diese Varianten entstehen entweder durch neue Kombinationen der Erbinformation bei der Befruchtung oder durch Mutationen. Verändert sich die Umwelt, so ist möglicherweise eine Variante besser angepasst, die dann eher überlebt und zur Fortpflanzung kommt.

Innerhalb einer Population unterscheiden sich einzelne Individuen in der Ausprägung bestimmter Eigenschaften. Man bezeichnet dies als Variabilität. Mancher Unterschied kann das Überleben erleichtern. Dann ist ein Lebewesen bezüglich Bau und Funktion besonders gut an seine Umwelt angepasst. Die Angepasstheit wird also durch Variabilität ermöglicht. So können sich Arten im Laufe der Evolution verändern.

Reproduktion

Viele Mikroorganismen vermehren sich durch Zellteilung. Bevor sich die Zelle selbst teilt, wird eine Kopie der Erbsubstanz hergestellt. Tochterzelle und Mutterzelle stimmen genetisch überein. Selbst Viren können sich vermehren, indem sie den Stoffwechsel eines Wirts für ihre Reproduktion verwenden.

Menschliche Sexualität dient nicht nur der Reproduktion und Fortpflanzung. Sie trägt zur Definition und Stärkung von Beziehungen bei. Meist ist sie mit Nähe und Intimität verbunden. Diese Gefühle sind wiederum die Voraussetzung für die Bereitschaft, eine langfristige Beziehung eingehen zu wollen und vielleicht gemeinsam Kinder zu planen.

Lebewesen sind fähig zur Fortpflanzung oder Reproduktion, dabei geben sie Erbinformationen an die Nachkommen weiter.

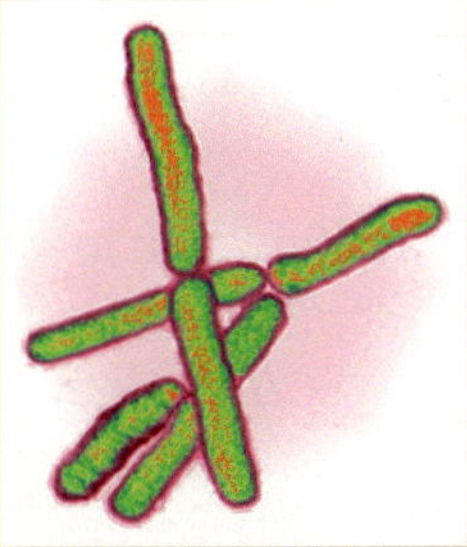

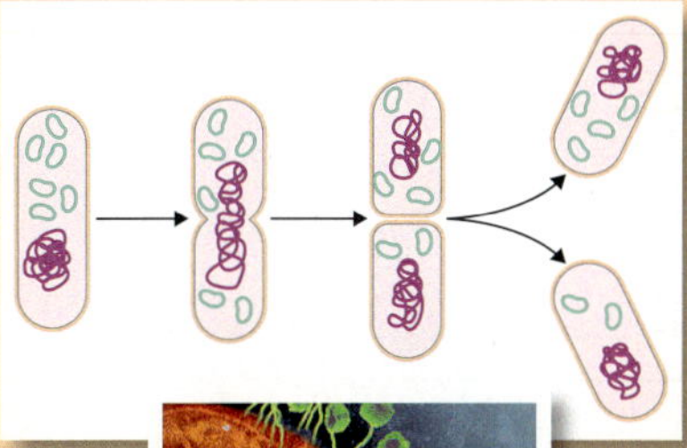

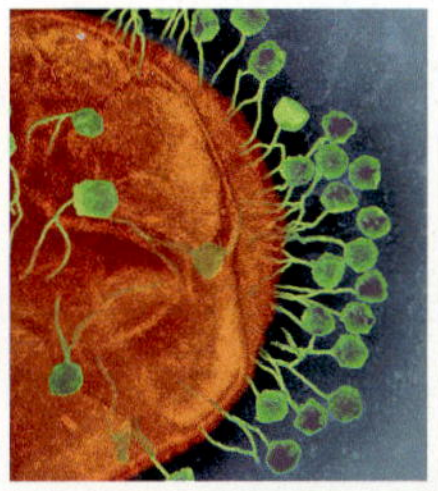

Entwicklung

Mit der befruchteten Eizelle beginnt die Entwicklung eines Menschen. Das Kind wächst zunächst im Bauch der Mutter, wird zum Jugendlichen und Erwachsenen. Auch sie können Veränderungen an sich beobachten. Im Alter baut der Körper oft ab.

Neben den Prozessen, die ein einzelnes Lebewesen durchläuft, ist das Erscheinungsbild aller heute beobachtbaren Lebewesen das Ergebnis einer andauernden Entwicklung. Im Laufe der Zeit veränderten sich Umweltbedingungen und nur die gut angepassten Lebewesen setzten sich durch. Diese fortwährend ablaufenden Entwicklungsprozesse nennt man Evolution.

Entwicklung ist ein zeitlicher Prozess, in dessen Verlauf sich biologische Systeme, zum Beispiel durch Wachstum, verändern. Von der individuellen Entwicklung eines Organismus unterscheidet man die evolutionäre Entwicklung von Arten.

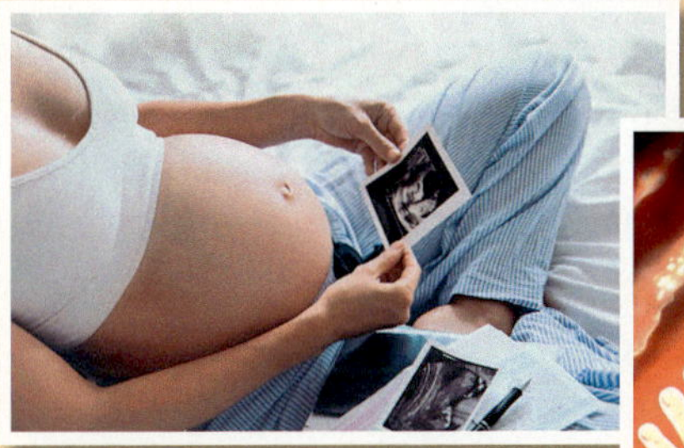

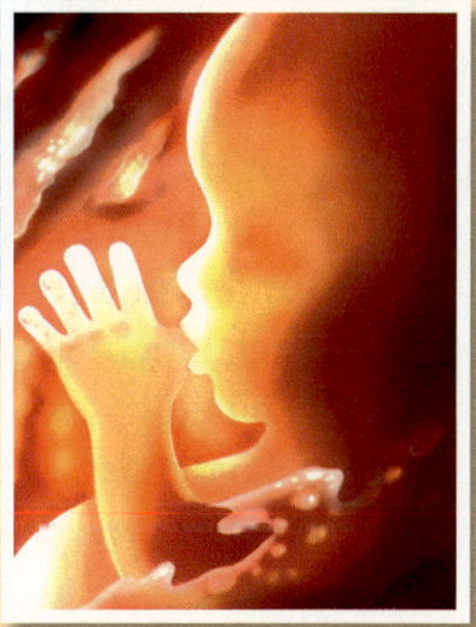

Struktur und Funktion

An der Hülle von Viren finden sich die Spikes. Mit ihrer Hilfe kann das Virus an der Wirtszelle andocken und sie anschließend infizieren. Der Bau dieser Spikes ermöglicht es dem Virus, seine spezifische Wirtszelle zu finden. Allerdings erkennen Leukozyten im Blut die Viren gerade an diesen körperfremden Merkmalen. Manche Viren sind durch die Bildung von körperähnlichen Oberflächenmerkmalen in der Lage, das Immunsystem zu täuschen. In diesem Fall haben die Spikes zwei Funktionen: das Anhaften an der Wirtszelle und die Täuschung des Wirtsorganismus.

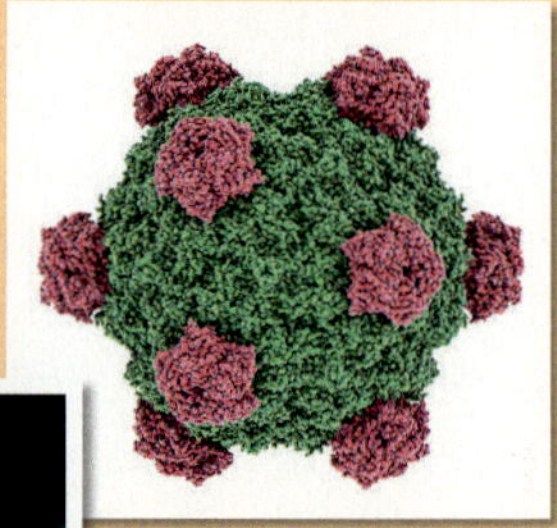

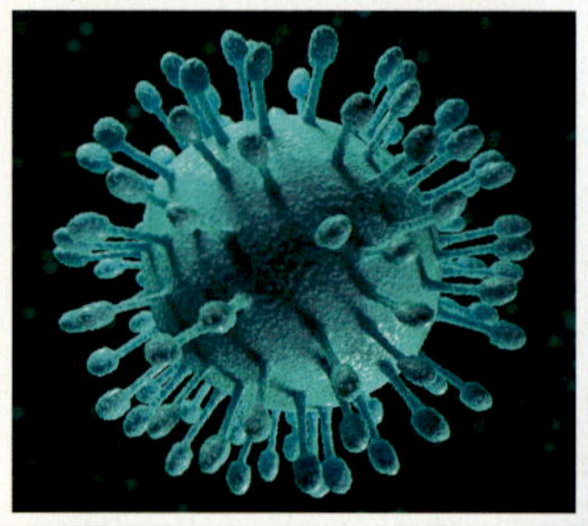

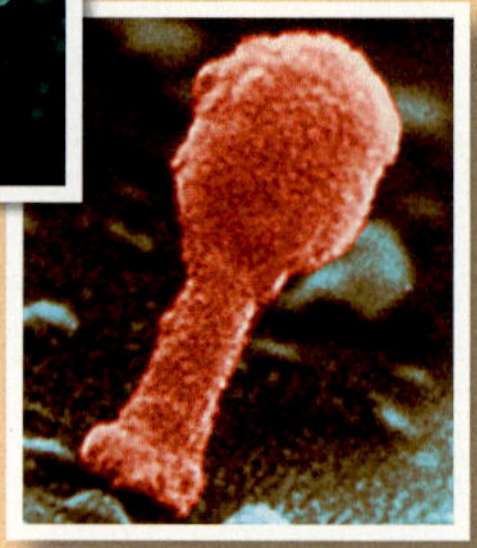

Der Aufbau oder die Struktur einer Zelle, eines Organs oder eines Organismus bestimmt, ermöglicht oder erleichtert deren Aufgaben oder Funktionen.

Information und Kommunikation

Die Begriffe Information und Kommunikation sind zunächst stark mit der menschlichen Sprache verbunden. Der Ursprung der Sprache ist unklar. Forscher datieren ihn irgendwo vor 125 000 bis 40 000 Jahren.

In Beziehungen ist es wichtig, Bedürfnisse und Gefühle mitzuteilen. Die Möglichkeit, sich einem Gegenüber frei äußern zu können und zu wissen, dass das Gesagte hier in guten Händen ist, hat für eine harmonische Beziehung einen großen Wert. Für das sensible Feld der Sexualität spielt dies eine ganz besondere Rolle.

Kommunikation findet auch innerhalb des Organismus statt. Den Menstruationszyklus der Frau steuern eine Reihe von Hormonen. Da Hormone wirkspezifisch sind, können die Informationen nur an den Zielorganen verarbeitet und somit »verstanden« werden.

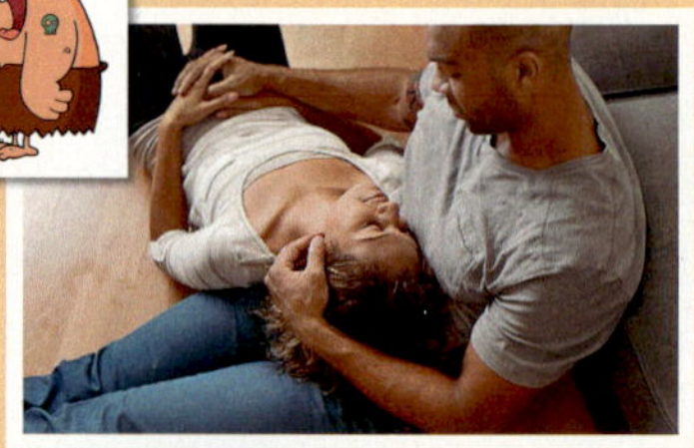

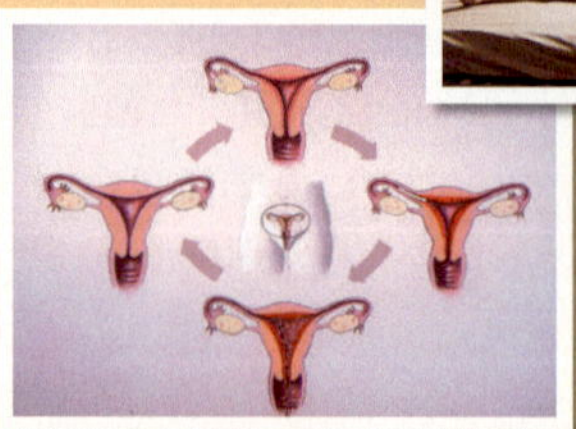

Lebewesen kommunizieren. Dazu nehmen sie Informationen auf, speichern und verarbeiten sie.

Steuerung und Regelung

Im menschlichen Körper muss eine Temperatur von etwa 37 °C herrschen. In der Unterhaut liegt die isolierende Fettschicht. Sie reicht aber nicht aus, die Körpertemperatur konstant zu halten. Bei hohen Temperaturen sondern Schweißdrüsen eine Flüssigkeit ab, die auf der Oberfläche verdunstet. Das in den oberen Hautschichten zirkulierende Blut wird dadurch abgekühlt. Bei niedrigen Temperaturen richten sich die Körperhaare auf. Es bildet sich eine Gänsehaut. Zudem werden äußere Hautschichten kaum mehr durchblutet. Die Haut spielt also eine zentrale Rolle bei der Wärmeregulation.

Hefezellen sind in der Lage, ihren Stoffwechsel zu steuern und aktiv an das Sauerstoffangebot anzupassen. Ist das Gas in ausreichender Menge vorhanden, so betreiben sie Zellatmung. Bei Sauerstoffmangel stellen sie auf alkoholische Gärung um.

Lebewesen können bestimmte Zustände so steuern, dass diese konstant bleiben. Sie sind in der Lage, auf Veränderungen von innen oder von außen zu reagieren.

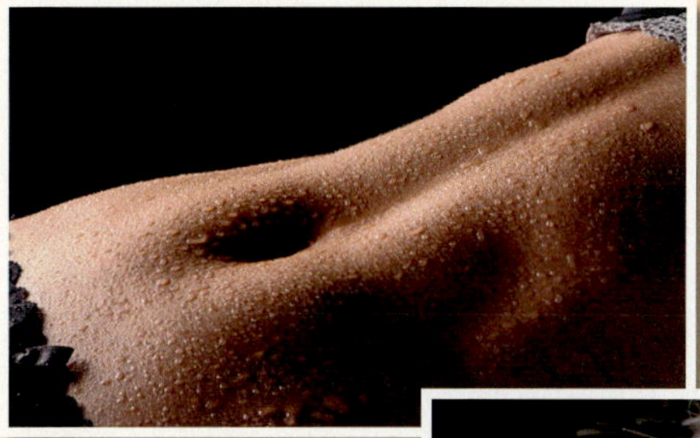

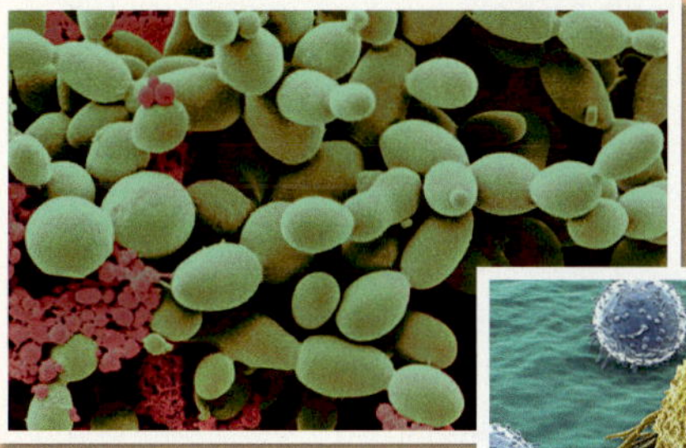

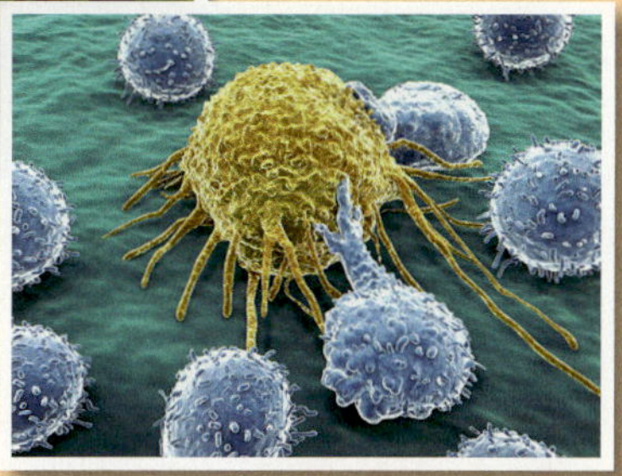

Organisationsebenen

Lymphozyten sind in allen Organen des Lymphsystems besonders häufig. Sie dienen der Abwehr von Krankheitserregern. Das Immunsystem hat sich beim Menschen im Laufe der Evolution entwickelt. Bei der Besiedlung neuer Lebensräume wurden die Vorfahren des Menschen nicht nur mit fremden Ökosystemen konfrontiert, sondern auch mit unbekannten Krankheitserregern. Nur diejenigen Individuen, deren Immunsystem in der Lage war, diese Erreger zu bekämpfen, konnten überleben, neue Ökosysteme besiedeln und sie gestalten.

Lebensphänomene lassen sich auf verschiedenen Organisationsebenen wie Zellen, Organen, Organsystemen, Organismen und Ökosysteme erklären.

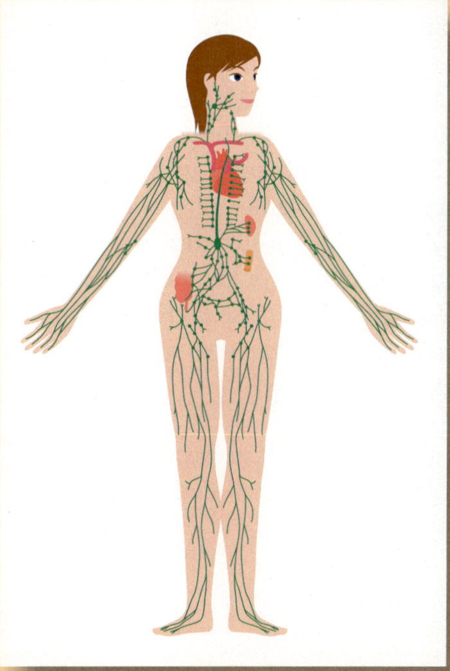

System

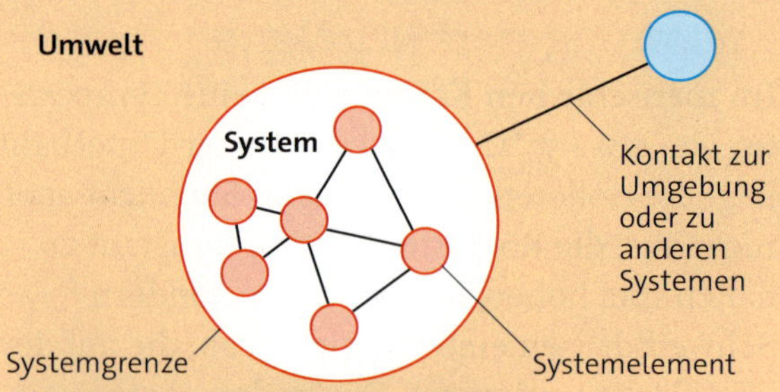

Da biologische Systeme sehr komplex sind, kann man sie oft nicht umfassend beschreiben. Da meist nur ein Teilaspekt betrachtet wird, werden sie mit Hilfe von Modellen vereinfacht. Ein System ist solch eine Modellvorstellung. Es ist nach außen hin abgegrenzt und enthält mehrere Elemente. Keines der Elemente kann seine Funktion alleine erfüllen, dazu ist das vollständige System nötig. Systeme stehen mit der Umwelt oder anderen Systemen in Kontakt.

Das Lymphsystem ist ein wichtiges Organsystem. Es hat Transportaufgaben und bekämpft Krankheitserreger. Lymphgefäße grenzen es nach außen ab. Systemelemente sind lymphatische Organe wie Milz oder Mandeln. Das Lymphsystem steht mit dem Blut in Kontakt.

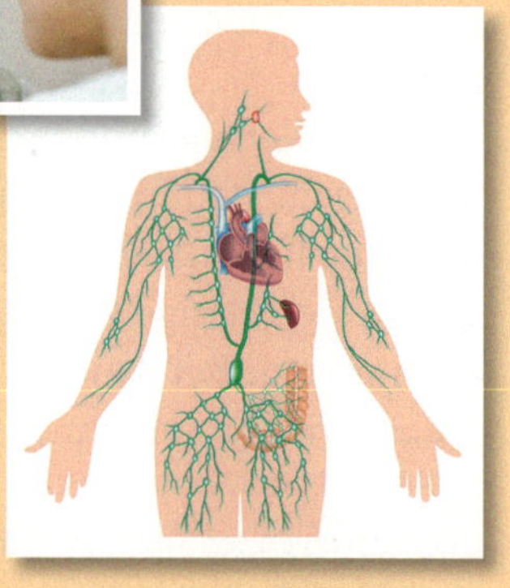

Systeme der belebten Natur sind Gegenstand der Biologie. Zu ihnen gehören eine Zelle, ein Organismus, ein Ökosystem oder die Biosphäre. Diese Systeme gehören verschiedenen Systemebenen an.

Stoff- und Energieumwandlung

Eine Fliege ist gestorben. Ihr Körper ist von Schimmelpilzen überwuchert. Sie nehmen verwertbare Stoffe auf und nutzen die Energie, die in diesen Stoffen steckt, für ihren Stoffwechsel. So können sie wachsen und sich mit Hilfe der Sporen fortpflanzen und ausbreiten.

In Fässern der Weingüter vergären Hefepilze den Zucker der Weinbeeren zu Alkohol. Die Energie, die bei dieser alkoholischen Gärung frei wird, nutzen die Hefen für ihre Lebensvorgänge. Nach zwei bis drei Monaten ist der junge Wein fertig.

Lebewesen sind offene Systeme. An allen Lebensvorgängen sind Stoff- und Energieumwandlungen beteiligt.

Biodiversität

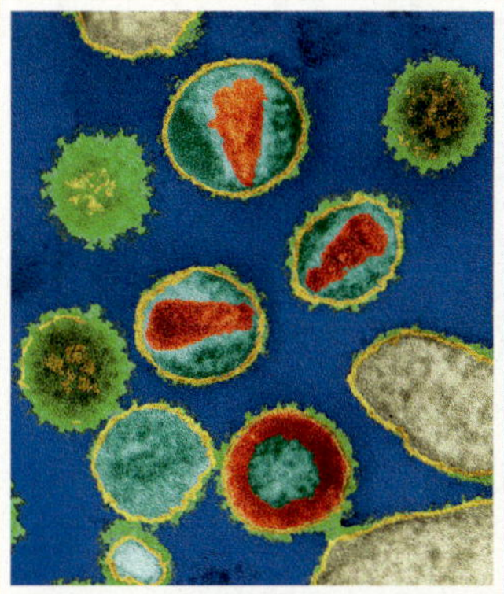

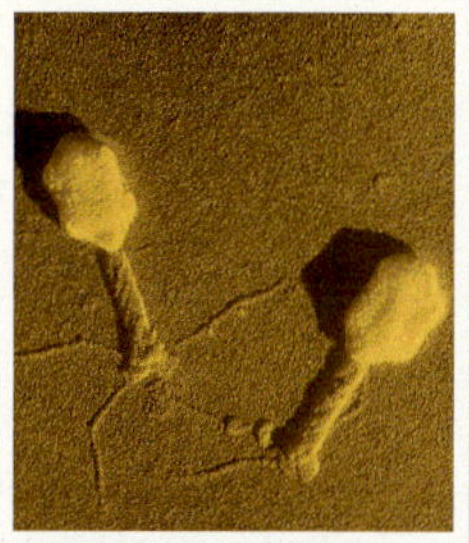

Die Frage, ob Viren einfache Formen von Lebewesen sind, wird spätestens seit der Entdeckung von Riesenviren in der Forschung heftig diskutiert. Wenn man sie als Vorformen von Lebewesen oder »dem Leben nahestehend« ansieht, gibt es bereits hier eine immense Zahl unterschiedlicher Arten. Alle Viren benötigen zur Fortpflanzung Wirtszellen. Bakteriophagen befallen Bakterienzellen.

Bisher wurden etwa 5 000 Bakterienarten beschrieben und klassifiziert. Man kann davon ausgehen, dass dies nur etwa 1 bis 10 Prozent der Gesamtzahl sind. Eine einfache Möglichkeit ist, sie nach ihrer äußeren Form in Kokken, Bazillen, Vibrionen und Spirillen einzuteilen.

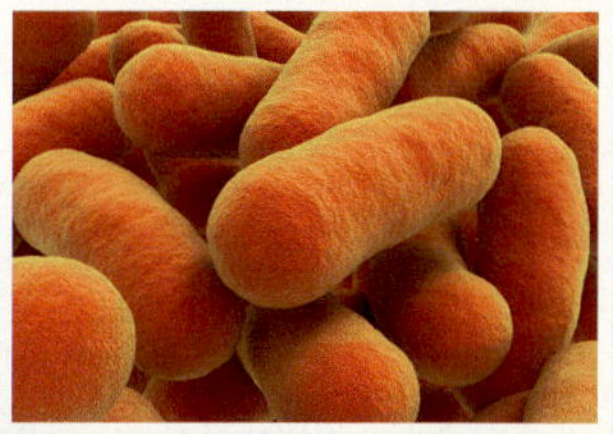

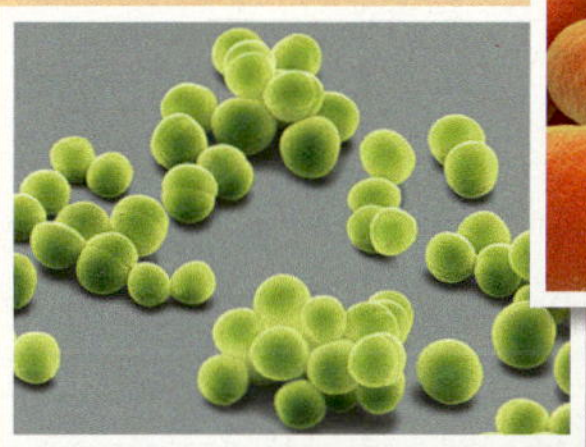

Vor zwei Millionen Jahren haben mindestens sechs unterschiedliche Vormenschenarten gelebt. Vor rund 200 000 Jahren waren es mindestens fünf unterschiedliche Menschenarten. Die ehemalige Vielfalt ist zu einer einzigen Art, dem Homo sapiens, geschrumpft. Neben vielen weiteren ist die Widerstandsfähigkeit des Menschen gegen krank machende Viren und Bakterien ein möglicher Grund. Trotz ihrer Allgegenwart ist es ihm gelungen, die unterschiedlichsten Biotope auf der Erde zu besiedeln.

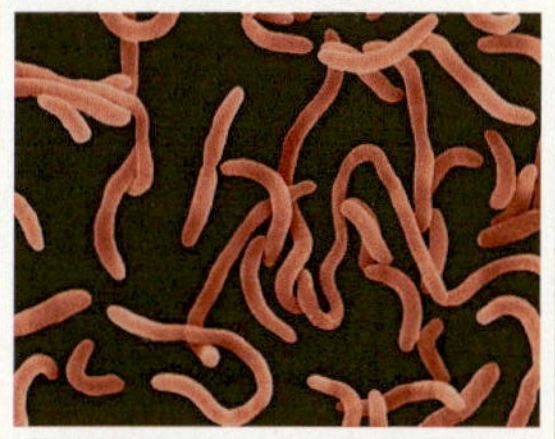

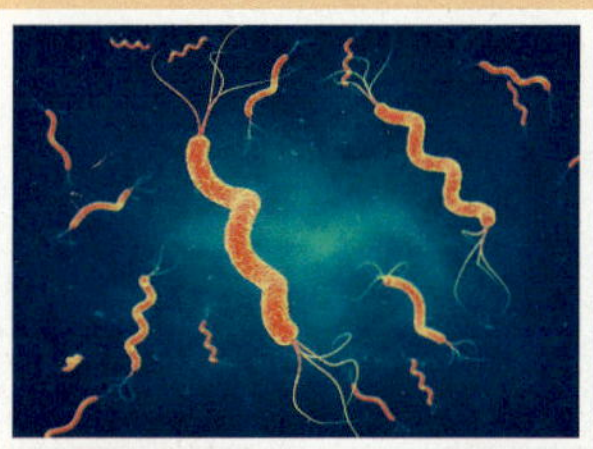

Auf der Erde gibt es mannigfaltige Erscheinungsformen des Lebens. Diese biologischen Systeme sind als Lebensformen oder Lebewesen beobachtbar. Biologische Vielfalt besteht innerhalb der Arten, zwischen den Arten und zwischen unterschiedlichen Lebensräumen. Diese Vielfalt auf unterschiedlichen Stufen oder Ebenen bezeichnet man als Biodiversität.

Methode

Immer aktuell: Methoden aus Klasse 5, 6 und 7

Beobachten

- Beobachtungsobjekt auswählen
- Fragen sammeln, davon eine auswählen
- Hypothesen, also Vermutungen, überlegen
- Vorgehen für Beobachtung planen
- Beobachtung durchführen
- Beobachtungen notieren, z. B. als Protokoll
- Zeichnungen oder Fotos einfügen
- Beobachtungen auswerten, also deuten
- Anfangsfrage beantworten
- Ergeben sich neue Fragen?

Vergleichen

- Beobachtungsobjekt anhand von Kriterien mit anderen Objekten vergleichen
- Unterschiede und Gemeinsamkeiten notieren, z. B. in einer Tabelle

	Lindenblatt	Ahornblatt
Farbe	grün	grün
Form	herzförmig	fünfzackig
Rand	kleine Zacken	große Zacken
Stiel	grün	rötlich
Härchen	Unterseite	keine

1 Vergleich zweier Laubblätter

Mikroskopieren

- Objekttisch mit dem Grobtrieb ganz nach unten fahren, kleinste Vergrößerung einstellen, dann Objektträger mit Präparat auflegen
- Objekttisch mit dem Grobtrieb nach oben fahren, bis sich Deckglas und Objektiv gerade noch nicht berühren
- durch das Okular schauen und den Objekttisch mit dem Feintrieb langsam nach unten fahren, bis das Bild scharf ist
- interessante Stelle in die Mitte des Bildes schieben
- Objekttisch mit dem Grobtrieb nach unten fahren und die nächste Vergrößerung einstellen, dann wieder hochdrehen
- durch das Okular schauen und Bild mit dem Feintrieb scharf stellen

Protokoll anfertigen

- Namen der Beteiligten und Datum der Durchführung notieren
- Thema oder Frage als Überschrift wählen
- Hypothese, also Vermutung, formulieren
- Materialien stichpunktartig auflisten
- Durchführung des Experiments beschreiben
- Beobachtungen notieren, evtl. Zeichnungen, Diagramme, Tabellen oder Fotos verwenden
- Beobachtungen auswerten, um die Hypothese zu bestätigen oder zu widerlegen und die Anfangsfrage zu beantworten

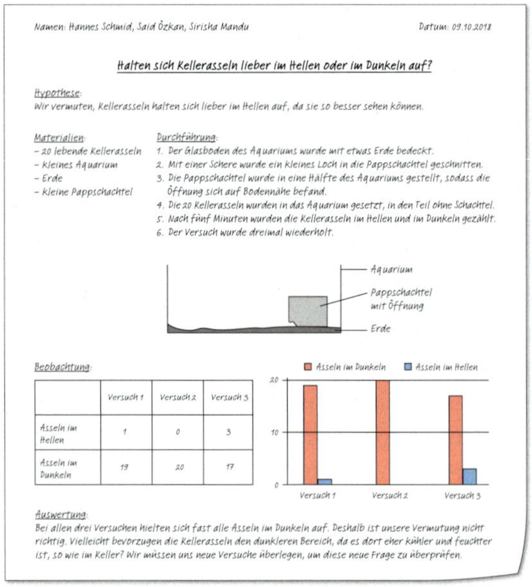
Namen: Hannes Schmid, Said Özkan, Sirisha Mandu — Datum: 09.10.2018

Halten sich Kellerasseln lieber im Hellen oder im Dunkeln auf?

Hypothese:
Wir vermuten, Kellerasseln halten sich lieber im Hellen auf, da sie so besser sehen können.

Materialien:
- 20 lebende Kellerasseln
- kleines Aquarium
- Erde
- kleine Pappschachtel

Durchführung:
1. Der Glasboden des Aquariums wurde mit etwas Erde bedeckt.
2. Mit einer Schere wurde ein kleines Loch in die Pappschachtel geschnitten.
3. Die Pappschachtel wurde in eine Hälfte des Aquariums gestellt, sodass die Öffnung sich auf Bodennähe befand.
4. Die 20 Kellerasseln wurden in das Aquarium gesetzt, in den Teil ohne Schachtel.
5. Nach fünf Minuten wurden die Kellerasseln im Hellen und im Dunkeln gezählt.
6. Der Versuch wurde dreimal wiederholt.

Beobachtung:

	Versuch 1	Versuch 2	Versuch 3
Asseln im Hellen	1	0	3
Asseln im Dunkeln	19	20	17

Auswertung:
Bei allen drei Versuchen hielten sich fast alle Asseln im Dunkeln auf. Deshalb ist unsere Vermutung nicht richtig. Vielleicht bevorzugen die Kellerasseln den dunkleren Bereich, da es dort eher kühler und feuchter ist, so wie im Keller? Wir müssen uns neue Versuche überlegen, um diese neue Frage zu überprüfen.

2 Beispiel für ein Versuchsprotokoll

Biologische Zeichnungen anfertigen

- Papier, Bleistift, Radiergummi zurechtlegen
- Objektnamen, Vergrößerung, Datum und deinen Namen auf dem Zeichenblatt notieren
- geeignete Stelle des Objekts auswählen
- Objekt mittig auf das Zeichenblatt zeichnen
- klare, durchgezogene Linien zeichnen
- beide Augen offen halten, um gleichzeitig zu zeichnen und zu mikroskopieren
- Zeichnung mit Fachbegriffen beschriften, Bezugslinien mit dem Lineal ziehen

Einen Steckbrief erstellen

- Fragen überlegen, um Oberbegriffe zu finden, z. B. für ein Tier: Name, Größe, Fortbewegung, Ernährung, Fortpflanzung, Nutzung
- Informationen aus Büchern oder im Internet sammeln, um die Fragen zu beantworten
- Informationen und ein geeignetes Bild auswählen, um Kennzeichen und Besonderheiten treffend zu beschreiben
- Text-Bild-Anordnung auf einem Notizblatt skizzieren
- Steckbrief erstellen: kurze, stichpunktartige Texte formulieren, Bild hinzufügen

Wie Biologen Erkenntnisse gewinnen

- Fragen sammeln, davon eine auswählen
- Hypothese formulieren
- Erkenntnismethode auswählen: Beobachten, Vergleichen, Experimentieren oder mit Modellen arbeiten
- Vorgehen planen und durchführen
- Beobachtungen protokollieren
- Beobachtungen auswerten, um die Hypothese zu bestätigen oder zu widerlegen und die Anfangsfrage zu beantworten
- Fehler notieren, evtl. erneut durchführen oder anderes Vorgehen planen

Arbeiten mit Diagrammen

A Diagramme auswerten

- Diagrammüberschrift und Bildunterschrift geben Auskunft über das Thema
- Kreis- und Säulendiagramme geben Häufigkeitsverteilungen an, Liniendiagramme zeigen einen Verlauf
- Achsenbeschriftungen verdeutlichen, was dargestellt ist, z. B. Messwerte
- Legende gibt Auskunft über die Bedeutung von Symbolen oder Farben
- Werte ablesen, indem für einen bestimmten Wert auf der x-Achse der dazugehörige Wert auf der y-Achse gesucht wird
- abgelesene Werte auswerten, z. B. um die Aufgabenstellung zu beantworten

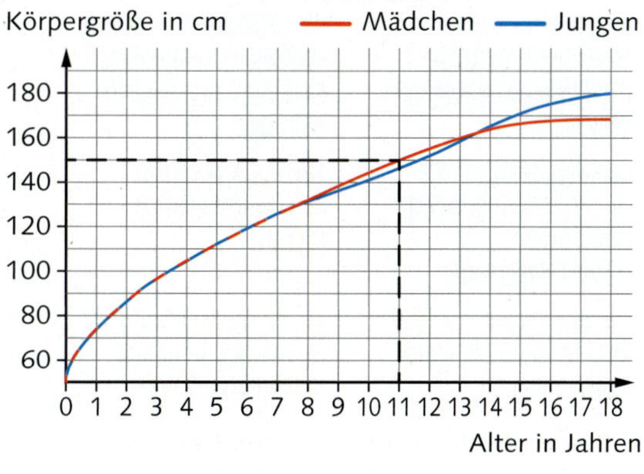

3 Liniendiagramm zur durchschnittlichen Körpergröße von Jungen und Mädchen

B Ein Säulendiagramm erstellen

- Daten durch Beobachtungen oder Messungen sammeln, dabei zusammengehörige Daten ordnen und in eine Tabelle übertragen
- Achsen auf einem DIN-A4-Papier zeichnen und beschriften, x-Achse für bekannte Größen, y-Achse für gemessene Werte
- Achsen so einteilen, dass die kleinsten und die größten Werte Platz finden und die Unterschiede deutlich werden
- Messwerte von der Tabelle in das Diagramm übertragen, Teilstriche für die Zwischenwerte auf der y-Achse erleichtern die Orientierung
- Legende erstellen

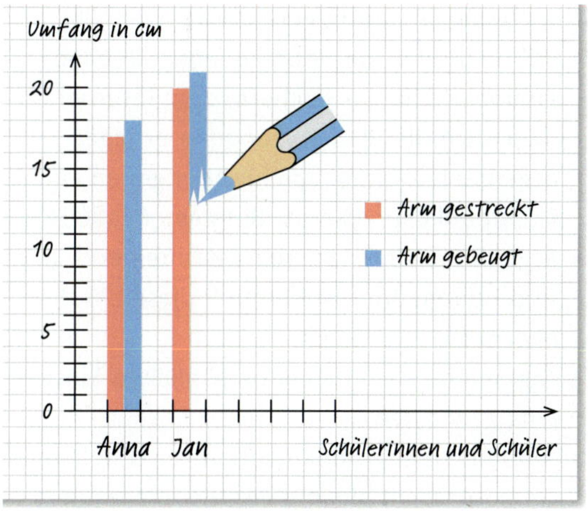

4 Erstellung eines Säulendiagramms

Arbeiten mit Modellen

A Mit Strukturmodellen arbeiten

- Modell betrachten, voneinander unterscheidbare Teile beschreiben
- den Teilen des Modells die entsprechenden Fachbegriffe zuordnen
- Modell und Original vergleichen, dabei die Teile des Modells den entsprechenden Teilen des Originals zuordnen und übereinstimmende sowie abweichende Details nennen
- durch Benennen der Modellbestandteile sowie ihrer Funktion Gelerntes überprüfen

B Mit Funktionsmodellen arbeiten

- Anleitung lesen, um einen Überblick über den Aufbau des Modells zu erhalten, die einzelnen Teile eindeutig zuordnen zu können und die Bedienung des Modells zu erfahren
- Modell nach Anleitung ausprobieren und beobachten, was geschieht
- Beobachtungen beschreiben

C Modelle kritisch betrachten

- Modell betrachten, um die Modellart zu erkennen, z. B. Strukturmodell oder Funktionsmodell
- Modell und Original vergleichen, dabei die Teile des Modells den entsprechenden Teilen des Originals zuordnen und Gemeinsamkeiten und Unterschiede nennen
- Modell anhand verschiedener Kriterien beurteilen, z. B. Größe, Vollständigkeit, Darstellung wichtiger Elemente, Verzicht auf unwichtige Details, Zuordnung von Modellbestandteilen zum Original
- Funktionsweise diskutieren: Kann das Modell helfen, Aufbau oder Funktion des Originals zu beschreiben und besser zu verstehen? Vorteile und Nachteile des Modells nennen

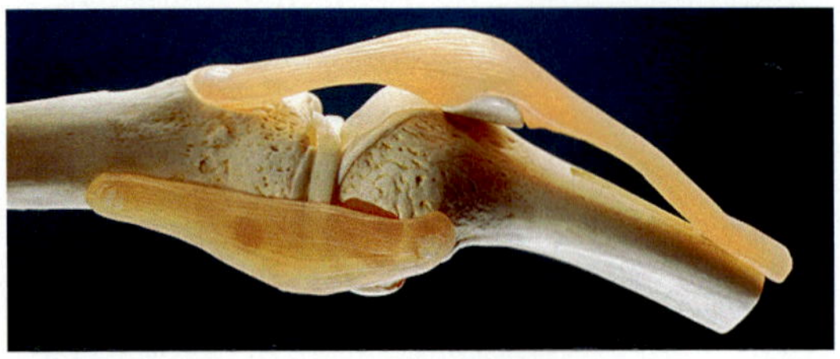

5 Strukturmodell eines Kniegelenks

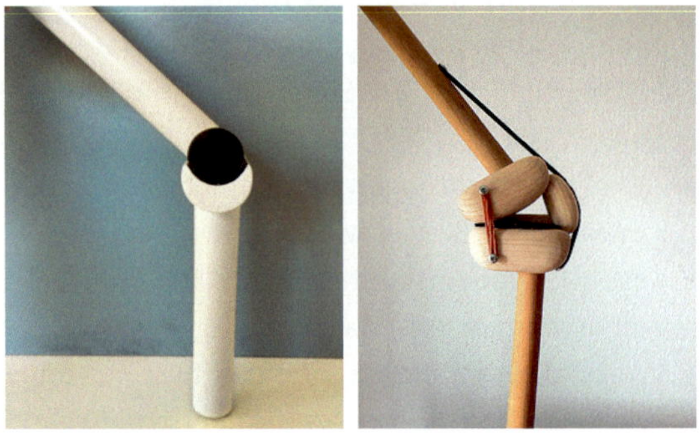

6 Zwei Funktionsmodelle zum Kniegelenk

Die eigene Meinung vertreten

- Informationen aus verschiedenen Quellen sammeln, z. B. aus Büchern, dem Internet, oder auch die Meinung anderer erfragen
- Argumente ordnen, die für oder gegen einen Standpunkt sprechen, z. B. in einer Tabelle
- Argumente einteilen nach beschreibend, das sind Fakten, oder bewertend, diese beruhen eher auf einem Gefühl
- Argumente nach deiner persönlichen Einstellung gewichten
- Argumente begründen, indem sie durch einen Grund und mit einem Beispiel untermauert werden

Dafür (Pro)	Dagegen (Kontra)
Ein Helm kann vor lebensgefährlichen Verletzungen am Kopf schützen.	Eine Helmpflicht macht Radfahren unbeliebt. Radfahren ist jedoch gesund.
Wenn die Verletzung am Kopf ist, dann ist sie schnell lebensbedrohend.	Den Helm mit sich herumzutragen ist lästig.
Meine Eltern fühlen sich besser, wenn ich einen Helm trage.	Meine coole Frisur wird zerdrückt, wenn ich einen Helm trage.

7 Beschreibende (blau) und bewertende (gelb) Argumente für und gegen das Tragen eines Fahrradhelms

Eine Quelle auswählen

- Überblick verschaffen durch Lesen der Überschriften, Texte kurz überfliegen; bei Abbildungen gibt die Beschriftung Auskunft darüber, ob sie zu einem Thema passen
- überprüfen, ob die Quellen Antworten auf W-Fragen liefern: Wer? Wie? Was? Wo? Wann? Warum?
- Eigenschaften der Quellen einschätzen durch Betrachtung unter verschiedenen Kriterien, z. B. Verständlichkeit, Informationsgehalt, Eindeutigkeit
- geeignete Quellen auswählen, die sich gegenseitig ergänzen, um Vollständigkeit zu gewährleisten

Einen Text erschließen

- Überblick verschaffen: Überschrift des Textes, Gliederung in Abschnitte, Hervorhebung von Wörtern, Abbildungen
- Fragen stellen, die mit Hilfe des Textes beantwortet werden sollen
- Text abschnittsweise lesen, dabei die Fragen beantworten und wichtige Wörter markieren
- Inhalt zusammenfassen durch Notieren von Schlüsselwörtern, zusammengehörende Informationen ordnen
- Wiederholung durch nochmaliges Lesen der Notizen, ggf. auch laut vorlesen
- Informationen aus verschiedenen Quellen zusammenfügen

8 A Aquarell von Albrecht Dürer; B Feldhase; C Wildkaninchen

Tiere bestimmen

- beobachten des zu bestimmenden Tieres in seinem Lebensraum oder im Zoo, alternativ kann auch ein Foto oder eine Zeichnung verwendet werden
- Merkmale des zu bestimmenden Tieres notieren, z. B. in einer Tabelle, und mit den Merkmalen bekannter Tierarten vergleichen
- zuordnen des Tieres zu der Tierart, mit der es die meisten Merkmale gemeinsam hat

Einen Experten befragen

- Fachleute suchen, z. B. in der Nachbarschaft, im Telefonbuch oder im Internet
- Fragen sammeln und ordnen, um daraus einen Fragebogen zu erstellen
- Rollen festlegen: wer stellt die Fragen, wer protokolliert, wer fotografiert
- höfliche Begrüßung des Experten, dieser soll sich zuerst kurz selbst vorstellen
- Fragen stellen, zuhören und Antworten notieren, bei Unklarheiten nachfragen
- am Ende der Befragung beim Experten bedanken und verabschieden
- Antworten auswerten durch Besprechung in der Klasse, Schlussfolgerungen für zukünftige Befragungen ziehen
- Plakat mit den Ergebnissen anfertigen oder Bericht für die Schülerzeitung oder die Internetseite der Schule schreiben

Entscheidungen treffen

- Konflikt benennen durch Erkennen der Ausgangssituation oder des Problems und Formulierung der erhofften Lösung
- Meinungen aller Beteiligten sammeln und in einer Liste festhalten; auch Meinungen von Personen, die nicht direkt von der Entscheidung betroffen sind, können hilfreich sein
- Liste ergänzen mit weiteren Bewertungskriterien, z. B. aus Fachliteratur, von Experten, Informationen aus dem Internet
- Informationen in einer Tabelle ordnen nach Pro und Kontra, also dafür und dagegen

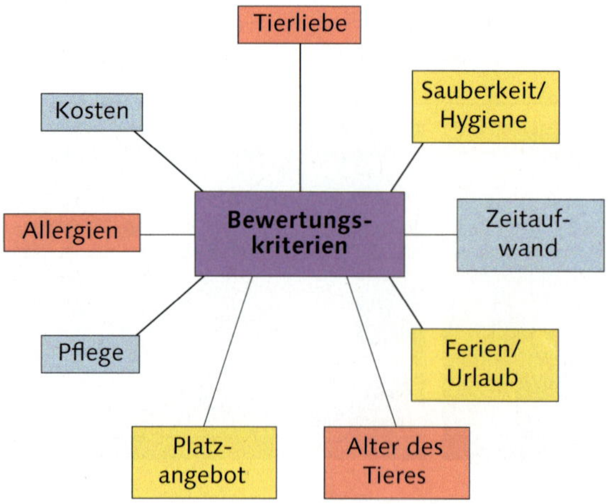

9 Mögliche Bewertungskriterien

Für die Katze	Punkte	Gegen die Katze	Punkte
Kuscheln	3	Allergie	0
Sauberkeit	3	Kosten	1
Platzangebot	2	Verantwortung	1
...		...	
...		...	
Summe:		Summe:	

10 Beispiel für eine Entscheidungsmatrix

- jeder Beteiligte erstellt dann seine eigene Entscheidungsmatrix, indem er jedes Argument einzeln gewichtet durch Vergabe von Punkten von 0 (unwichtig) bis 3 (sehr wichtig), zum Schluss werden die Punkte für Pro und Kontra zusammengezählt
- Wertvorstellungen miteinbeziehen, also Überzeugungen, die für einen Menschen wichtig sind, z. B. Disziplin, Fürsorglichkeit, Pflichtgefühl, Pünktlichkeit, Rücksichtnahme, Sauberkeit, Spaß, Verantwortungsbewusstsein
- Folgen der Entscheidung überlegen
- weitere Handlungsoptionen, also eine Alternative oder einen Kompromiss, finden, um die Meinungen und Argumente aller Beteiligten zu berücksichtigen
- gemeinsam eine Entscheidung treffen

Untersuchen mit Lupen und Stereomikroskop

- Lese- und Stiellupen eignen sich zum Betrachten von Details, mit Becherlupen können kleine Lebewesen beobachtet werden, Einschlaglupen passen gut in die Hosentasche
- Lupe zwischen Auge und Objekt halten, durch Veränderung des Abstands zwischen Lupe und Objekt kann das Bild scharf gestellt werden, Vergrößerung 2- bis 10-fach
- mit beiden Augen gleichzeitig in das Stereomikroskop, auch Binokular genannt, schauen, oft kann man das Objekt von oben und unten beleuchten, Vergrößerung bis 40-fach

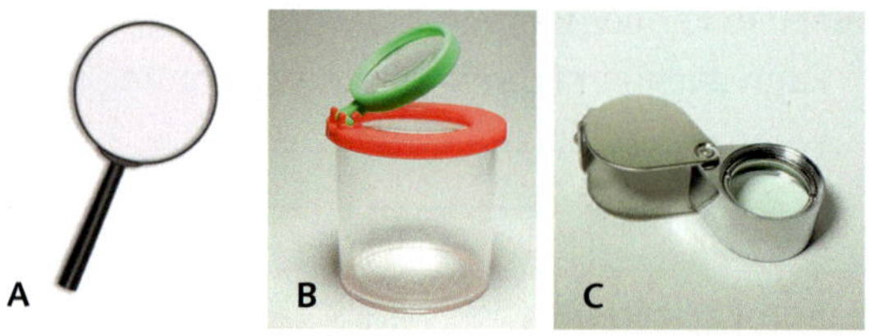

11 A Stiellupe; B Becherlupe; C Einschlaglupe

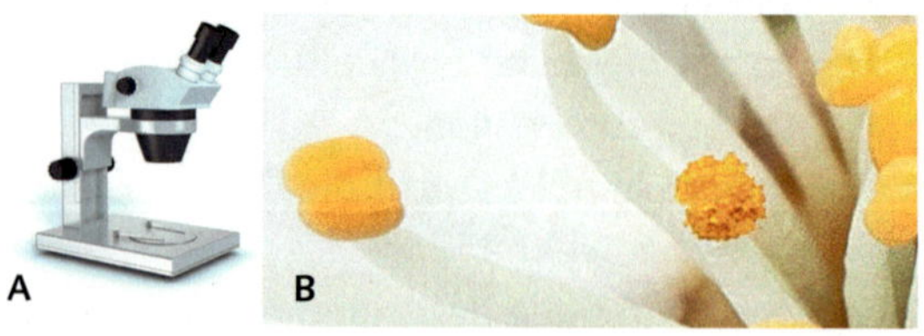

12 A Stereomikroskop; B 40-fache Vergrößerung einer Kirschblüte

Ein Herbarium anlegen

- Material vorbereiten: 2 Holzplatten, mehrere Tageszeitungen, einige Bücher, festes weißes DIN-A4-Papier, kleine Plastiktüten, Notizzettel, durchsichtiges Klebeband, Stift
- nur Pflanzen sammeln, die in großer Anzahl vorhanden sind, von 20 gleichen Pflanzen an einem Standort nur 1 mitnehmen (1:20-Regel), Pflanzen vor dem Pflücken bestimmen, keine gefährdeten oder geschützten Arten pflücken!
- vollständige, gut entwickelte Pflanzen mit Laubblättern und Blüten sammeln
- jede Pflanze in eine eigene Tüte geben, dazu einen Notizzettel mit Funddatum und -ort sowie dem Art- und Familiennamen
- Pflanzen direkt nach dem Sammeln einzeln zwischen einen Stapel Zeitungen legen
- Holzplatten unter und auf dem Zeitungsstapel platzieren und mit Büchern beschweren
- Pflanzen mindestens 2 Wochen pressen, Zeitungen alle 2 bis 3 Tage wechseln
- Herbarbogen mit Art- und Familiennamen beschriften, außerdem Fundort und -datum sowie Blütezeit notieren, Besonderheiten wie Giftigkeit oder Heilwirkung ergänzen
- Pflanze mit Klebestreifen auf den Herbarbogen kleben
- Herbar aus mindestens 7 Pflanzen anlegen
- Herbarbögen in einer Mappe aufbewahren
- Herbar aus frisch gepflückten Pflanzen anlegen und die beschrifteten Herbarbögen kopieren, durch Einscannen entsteht ein digitales Herbarium, das jederzeit ausgedruckt, bearbeitet und erweitert werden kann

13 Ein Herbarbogen

Getreidepflanzen bestimmen

- Rispe: sitzen die Körner eng aufgereiht entlang einer Achse, handelt es sich um Hafer
- Ähre: sind die Körner unregelmäßig verzweigt, müssen die Grannen betrachtet werden: besitzen die Ähren keine starren, borstenartigen Fortsätze oder sind diese sehr kurz, handelt es sich um Weizen
- Grannen: sind diese länger als die Ähre, liegt Gerste vor, sind sie mittellang, handelt es sich um Roggen
- Blattgrund: reicht der Ansatz der Laubblätter vollständig um den Halm herum, ist es Gerste; umschließt der Blattgrund den Halm nicht komplett, ist es Roggen
- Spelzen: sind die Körner fest mit den sie umgebenden trockenen Häutchen verwachsen und lösen sich nur schwer, ist es Gerste; lösen sich die Körner leicht aus den umgebenden Spelzen, sind sie nicht mit diesen verwachsen, handelt es sich um Roggen

14 Hafer, Roggen, Gerste und Weizen

Mikroskopische Präparate herstellen
- Wassertropfen mit einer Pipette auf einen Objektträger geben
- Objekt mit Pinzette oder Präpariernadel in den Wassertropfen geben
- Deckglas auflegen

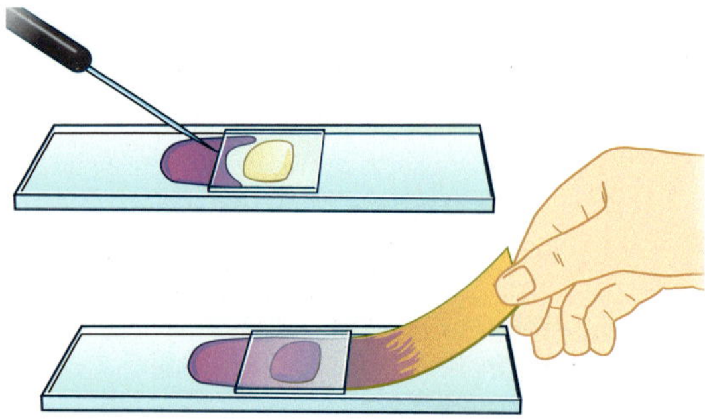
15 Anfärben eines Präparats

Mikroskopische Präparate anfärben
- Farbstofftropfen so neben das Deckglas geben, dass er den Wassertropfen unter dem Deckglas berührt
- Verbindung zwischen den beiden Tropfen mit einer Präpariernadel herstellen
- Löschpapier oder Papiertaschentuch nutzen, um das Wasser aufzusaugen und die Farbstofflösung unter das Deckglas zu ziehen

Wie Biologen Experimente durchführen
- Frage möglichst genau formulieren
- Hypothesen aufstellen
- Experiment planen, dabei immer nur einen Faktor, die Variable, verändern, die anderen Faktoren bleiben konstant
- Experiment durchführen, immer auch eine Kontrolle mit allen Faktoren als zusätzlichen Versuchsansatz durchführen
- Beobachtungen in einem Versuchsprotokoll notieren
- Beobachtungen auswerten, Antwort auf die Frage formulieren, gegebenenfalls weitere Experimente planen
- Fehlerdiskussion, eventuell das Experiment erneut durchführen oder neu planen

16 Versuchsansatz zu den Keimungsbedingungen von Kresse

Untersuchung eines Ökosystems
- Überblick verschaffen: Ökosystemart, angrenzende Gebiete, Größe mit Hilfe einer Karte abschätzen, Nutzung
- abiotische Faktoren erfassen, z. B. Bodenbeschaffenheit, Luftfeuchtigkeit, Lichtintensität, Windgeschwindigkeit, Temperatur, Gewässerfarbe, Gewässergeruch, Sauerstoffgehalt und Fließgeschwindigkeit
- biotische Faktoren erfassen: Pflanzen und Tiere auf festgelegten Untersuchungsflächen bestimmen und deren Häufigkeit angeben
- Untersuchungen auswerten und Aussagen über das Ökosystem ableiten
- Ergebnisse präsentieren, z. B. auf Plakaten

Mit Bestimmungsschlüsseln arbeiten
- Lebewesen beobachten, auf Besonderheiten und Details achten
- Merkmale des Lebewesens mit im Bestimmungsschlüssel genannten Merkmalen vergleichen und entscheiden, welche übereinstimmen
- Wiederholung der Merkmalsvergleiche bis zum Ende des Bestimmungsweges
- Lebewesen benennen mit dem am Ende des Bestimmungsweges genannten Artnamen
- Fehler beim Bestimmen entstehen durch Entscheidung für das falsche Merkmal an Weggabelungen, dann noch mal von vorne beginnen

Eine Mindmap erstellen

- Material zurechtlegen: Notizzettel, großer Papierbogen, Bleistift, Radiergummi, Stifte in verschiedenen Farben, Abbildungen
- Begriffe sammeln und als Stichpunkte einzeln auf Notizzetteln notieren
- Begriffe nach Bereichen ordnen, Oberbegriffe dafür finden und notieren
- Vollständigkeit der Inhalte prüfen, gegebenenfalls fehlende Begriffe auf weiteren Notizzetteln notieren
- Thema in der Mitte des Papierbogens notieren, Oberbegriffe auf Hauptästen und weitere Begriffe auf Nebenästen anordnen
- Kontrolle der Mindmap auf Vollständigkeit
- Abbildungen ergänzen

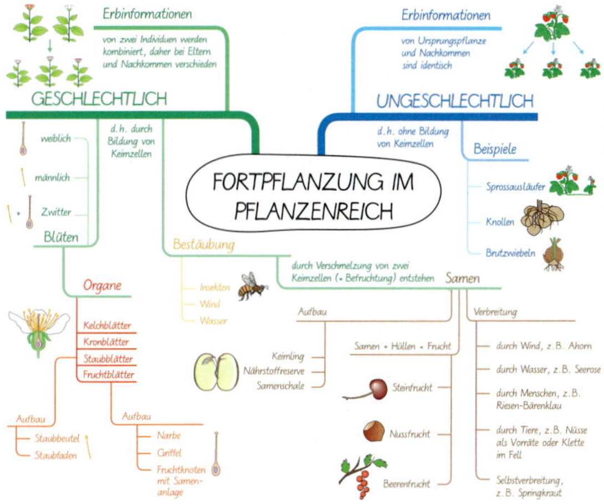

17 Mindmap zum Thema »Fortpflanzung im Pflanzenreich«

Konflikte bewerten

- Konfliktfrage formulieren
- Fakten und Meinungen in einer Tabelle sammeln, zu Pro- und Kontraliste ordnen
- Argumente unterscheiden in beschreibend und bewertend, dann mit Punkten von 0 bis 3 gewichten
- Bewertung formulieren durch Addition der Punkte für Pro und Kontra
- Meinung durch einen Grund und ein Beispiel untermauern
- Handlungsoptionen nennen, z. B. durch Alternativen und Kompromisse, um die Meinungen und Argumente aller Betroffenen zu berücksichtigen

Beschreibende Aussagen	Bewertende Aussagen
… beschreiben die Realität	… stellen eine persönliche Sichtweise dar
… beschreiben sachliche Fakten	… stellen eine Meinung dar
… können bestätigt oder widerlegt werden	… können nicht bestätigt oder widerlegt werden
… sind neutral	… sind nicht neutral
… besitzen Grenzen	… sind verallgemeinernd
Beispiel: Kreuzottern sind sehr selten. Sie stehen auf der Roten Liste der gefährdeten Arten in Bayern.	Beispiel: Ich finde, Schlangen sind eklige Tiere.

18 Beschreibende und bewertende Aussagen

Mit Tabellen arbeiten

A Tabellen auswerten

- Überschrift und Untertitel geben Auskunft über das Thema
- Spaltenüberschrift und Zeilenüberschrift geben an, welche Inhalte dargestellt werden
- Informationen aus den Zeilen ablesen, dabei Maßeinheiten oder Zeitangaben beachten
- Informationen auswerten, um die Frage zu beantworten, die Hypothese zu belegen oder zu widerlegen
- Aussagen zusammenfassen

B Tabellen selbst erstellen

- Thema eingrenzen und eine Überschrift formulieren
- Inhalte der Zeilen und Spalten festlegen, Zeilen- und Spaltenüberschriften formulieren
- Platzbedarf für Zeilen und Spalten abschätzen, in der Regel nicht mehr als sieben, Hoch- oder Querformat entscheiden
- Tabelle mit Bleistift und Lineal zeichnen, mit der ersten Zeile beginnen und diese dann in die benötigten Spalten unterteilen
- Informationen in die Zellen eintragen, ggf. unterschiedliche Farben und Schriftarten verwenden

Arbeiten mit Modellen

A Unterschiedliche Modelle
- Modelle analysieren
- Modell und Original in Bezug auf Strukturen und Vollständigkeit vergleichen
- Erkenntnisse auf das Original übertragen

B Modelle erstellen
- Struktur- oder Funktionsmodell?
- zwei- oder dreidimensional?
- Inhalte des Modells festlegen
- Zweck des Modells beachten
- Materialien des Modells

C Unterschiedliche Modelle
- Stärken und Schwächen des Modells klären
- Verbesserungen überlegen
- möglicherweise neues Modell erstellen

19 Zellmodell

Arbeiten mit Diagrammen

A Diagramme auswerten
- Überschrift, Achsenbeschriftung, Legenden, Farben und Symbole beachten
- Werte ablesen, vergleichen und interpretieren
- Aussagen formulieren und erklären
- Kreisdiagramme vergleichen Mengenanteile von einer Gesamtheit
- Säulendiagramme stellen Werte vergleichend dar
- Liniendiagramme stellen Entwicklungen oder Verläufe dar

B Linien- und Kreisdiagramme erstellen
- Daten sammeln
- Diagrammtyp wählen
- Kreisdiagramm: prozentuale Anteile berechnen, Kreissegmente farbig kennzeichnen
- Liniendiagramm: Achsen wählen und sinnvolle Einteilung festlegen
- Überschriften und Legenden erstellen

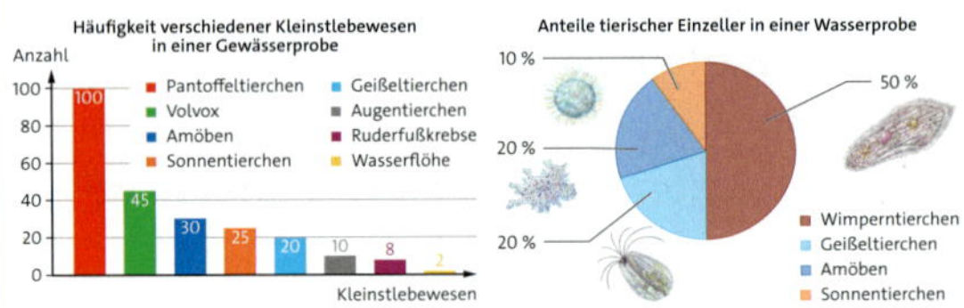

21 Verschiedene Diagramme

Blackbox-Modell
- auf das Wesentliche reduzieren
- Blackbox finden
- Eingangsfaktoren suchen
- Produkte suchen
- Modell erstellen
- Untersuchungen dienen dazu, nach und nach die Vorgänge in der Blackbox zu klären

20 Blackbox-Modell

Debattieren
- Debatte vorbereiten durch Sammlung von Informationen aus passenden Quellen
- Formulierung von »Pro«- und »Kontra«-Argumenten
- Debatte durchführen, dabei in Eröffnungsrunde mit Darlegung der Positionen, freie Aussprache mit Erörterung der Argumente und Schlussrunde mit abschließender Stellungnahme gliedern
- Auswertung der Debatte nach Bewertungskriterien wie Sachkenntnis, Ausdrucksvermögen, Gesprächsfähigkeit und Überzeugungskraft

Nachweis von Stoffen

- Versuchsskizze erstellen, Frage und Hypothese formulieren
- Materialien und Chemikalien bereitstellen, Sicherheitshinweise beachten
- Kontrollversuche ohne die nachzuweisende Substanz durchführen
- Nachweis durchführen, Arbeitsplatz reinigen
- Beobachtungen und Sinneseindrücke schriftlich festhalten
- Deutung der Ergebnisse, Hypothese bestätigen oder widerlegen, eventuell weitere Versuche planen
- Fehlerdiskussion, eventuell das Experiment erneut durchführen

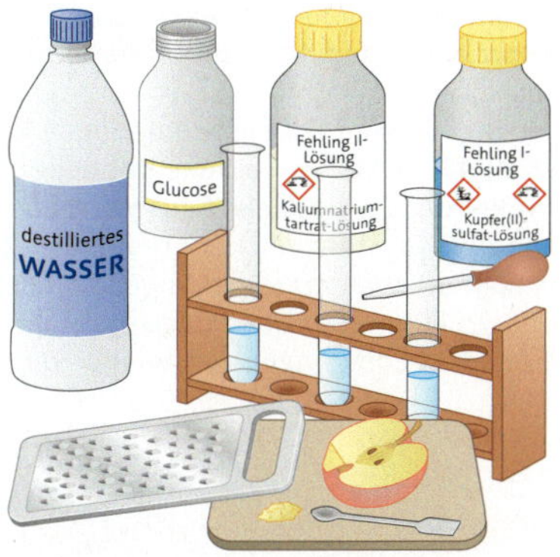

22 Versuchsaufbau zum Zuckernachweis

Quellen bewerten

1 Auswahl der Quellenart

- Internet, Fachbücher, Lexika, Tageszeitungen sind meist zuverlässige Quellen.
- Zeitschriften sind meist weniger geeignet
- mehrere Quellen nutzen, nicht nur die ersten drei Suchergebnisse
- auf Übereinstimmungen und Widersprüche achten
- Zielgruppe beachten und Inhalte dementsprechend hinterfragen
- Absichten des Verfassers hinterfragen

2 Bewertungskriterien für eine gute Quelle

- Text verständlich formuliert, Fachbegriffe erklärt
- Inhalte sachlich, neutral und objektiv
- Textgestaltung übersichtlich
- Adressatengruppe klar erkennbar
- keine oder nur wenig Werbung, die eindeutig vom Informationstext zu unterscheiden ist
- Datum der Veröffentlichung gibt Auskunft über die Aktualität der Informationen
- Name des Autors oder des Inhabers der Website erkennbar und recherchierbar
- Verweise auf Experten im Text oder Links auf weiterführende Fachliteratur

Präsentieren

- Fragen zum Thema überlegen, interessante Aspekte des Themas in Fragen formulieren
- Informationen sammeln und bearbeiten, Antworten auf die formulierten Fragen recherchieren, Erklärungen für Fachbegriffe
- Informationen ordnen, roten Faden herausarbeiten
- Präsentation mit geeignetem Medium erstellen, anschauliche Folien, Gedankenstütze mit Karteikarten
- Präsentation vorbereiten und üben, Handout vorbereiten
- Präsentation halten, direkte Ansprache
- Fragen beantworten, Rückmeldungen, Verbesserungsvorschläge festhalten

Tipps für eine Präsentation mit digitalen Folien:

- Wähle ein einheitliches Layout für alle Folien.
- Entscheide dich für eine Animation.
- Die Schrift sollte gut lesbar sein, verwende mindestens Schriftgröße 18.
- Die Farbe der Schrift muss sich vom gewählten Hintergrund deutlich abheben.
- Reduziere den Text auf das Wesentliche.
- Bilder und Zeichnungen unterstützen die Vorstellung der Zuhörer.
- Gib die Quellen an, aus denen deine Informationen und Abbildungen stammen.
- Kontrolliere zum Schluss noch einmal die Rechtschreibung.

Lösungen

Bakterien, Pilze und Viren (S. 34/35)

1 Hefepilze

a Die Hefepilze haben in der Biotechnologie eine wirtschaftliche Bedeutung. Mittels alkoholischer Gärung können mit Hefen alkoholische Getränke wie Wein und Bier gewonnen werden. In der Backindustrie spielen Hefepilze bei der Teiggewinnung eine wichtige Rolle.
b Je nach Anwesenheit von Sauerstoff können Hefepilze zwei verschiedene Stoffwechselvorgänge betreiben: Bei Anwesenheit von Sauerstoff wird Zucker durch Zellatmung vollkommen zu Kohlenstoffdioxid und Wasser abgebaut. Bei Sauerstoffabschluss wird Zucker durch alkoholische Gärung zu Alkohol und Kohlenstoffdioxid verstoffwechselt. Dabei ist die Energieausbeute geringer als bei der Zellatmung.
c Wildhefen ist die Sammelbezeichnung für alle in der Natur vorkommenden natürlichen Hefepilze. Reinzuchthefen sind speziell gezüchtete Hefepilze einer Hefepilzart, die für gezielte Stoffwechselprozesse bei Biotechnologien eingesetzt werden, zum Beispiel Weinhefen bei der Weinherstellung.

2 Schimmelpilze

a Es handelt sich um einen Gießkannenschimmelpilz. Erkennbar ist dies an der typischen Form des Sporenträgers und seiner Sporen, die im Aussehen vergleichbar sind mit Wassertropfen, die aus einer Gießkanne ausfließen.
b Sporen (A); Sporenträger (B); Hyphe (C); Mycel (D)
c Sporen dienen der Vermehrung; im Sporenträger reifen die Pilzsporen heran; Hyphen sind die einzelnen Pilzfäden, in denen die Stoffwechselprozesse ablaufen; das Mycel ist das Pilzgeflecht aus der Summe der Hyphen.
d Köpfchenschimmel, Pinselschimmel
e Schimmelpilze benötigen genügend Feuchtigkeit, je nach Schimmelpilzart eine optimale Temperatur und organisches Material als Nährstoffgrundlage.
f Schimmelpilze sind dann schädlich, wenn sie als Destruenten von organischen Materialien wirksam sind und bei der Zersetzung giftige, oft krebserregende Stoffe bilden, zum Beispiel Brotschimmel oder Schimmel an der Wand.

3 Bakterien

a Man sieht eine Bakterienzelle bei der Zellteilung. Zunächst wird in der Zelle die Erbsubstanz verdoppelt, dann beginnt sich die Zellwand in der Mitte einzuschnüren. Am Ende sind zwei Bakterienzellen entstanden.
b Es handelt sich um eine ungeschlechtliche Vermehrung, da keine Vereinigung von zwei geschlechtsverschiedenen Zellen und kein Austausch von Erbsubstanz erfolgen. Somit sind zwei erbgleiche Bakterienzellen entstanden.
c Bakterien benötigen eine konstante Nahrungsquelle, die organischer oder bei manchen Arten auch anorganischer Natur sein kann, sowie eine optimale Temperatur, meist um die 37 °C. Je nach Bakterienart ist Sauerstoffzufuhr oder Sauerstoffabschluss für den Stoffwechsel erforderlich.

d

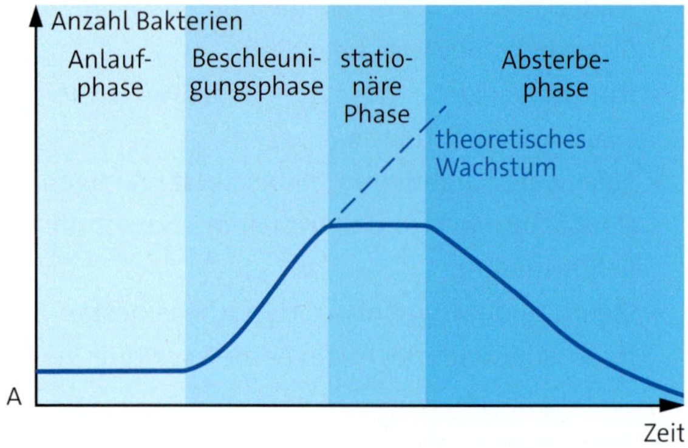

e Folgende Faktoren müssen konstant gehalten werden: Zufuhr des Nährstoffangebots, optimale Temperatur, Sauerstoffzufuhr (oder Sauerstoffabschluss). Giftige Stoffwechselprodukte und Abfallprodukte müssen abgeführt werden.
f Bei extrem ungünstigen Lebensbedingungen können einige Bazillen durch die Sporenbildung überleben. Dabei wird ein Großteil der Zellflüssigkeit ausgeschieden. Zellplasma und Erbsubstanz reichern sich in der Zelle an und werden von einer festen Hülle umgeben. Diese eingekapselten Sporen können so über lange Zeiträume überleben, bis die Lebensbedingungen sich wieder verbessern.

4 Mikroorganismen im Reich der Lebewesen

a

Zellorganell	Tier	Pflanze	Pilz	Bakterien
Zellmembran	+	+	+	+
Zellwand	--	+	+	+
Zellkern	+	+	+	--
Zellplasma	+	+	+	+
Chloroplasten	--	+	--	--
Vakuole	--	+	+	--
Erbsubstanz	+	+	+	+
Plasmide	--	--	--	+

b Tiere, Pflanzen, Pilze und Bakterien sind jeweils eigenen Reichen von Lebewesen zuzuordnen, da es in keinem Fall eine komplette Übereinstimmung im zellulären Aufbau gibt. Immer ist mindestens ein Unterschied bei einem wesentlichen Zellorganell vorhanden. Zum Beispiel haben Bakterien als Einzige keinen Zellkern, dafür aber Plasmide, die bei allen anderen Lebewesen fehlen. Pilze haben keine Chloroplasten wie pflanzliche Zellen, dafür aber eine Zellwand, die den tierischen Zellen fehlt.

5 Viren

a Viren zeigen nicht alle Merkmale, die kennzeichnend für Lebewesen sind. Sie haben keinen eigenen Stoffwechsel, können sich nicht bewegen, sind nicht reizbar und können sich nicht selbstständig fortpflanzen. Hierzu brauchen sie eine Wirtszelle.

b In Bild 5 ist ein Bakteriophage abgebildet.

c

A → Eiweißhülle
B → Oberfläche der Wirtszelle, eines Bakteriums
C → Viren-Erbsubstanz
D → Spike

d

A → 1
B → 2
C → 4
D → 3
E → 5

e

B: Das Virus befällt eine gesunde Zelle.
D: Das Virus wird von der Wirtszelle aufgenommen.
E: Die Erbsubstanz des Virus wird freigesetzt und programmiert so den Stoffwechsel der Wirtszelle um.
A: Die Wirtszelle produziert neue Virusbausteine.
C: Die Wirtszelle platzt und die neuen Viren werden freigesetzt.

f Wirtsspezifisch heißt, jeder Virustyp ist auf ganz bestimmte Wirtszellen spezialisiert, auf deren Kosten sich diese Viren vermehren. Grippeviren befallen zum Beispiel die Schleimhautzellen der Nase, die Polioviren, die die Kinderlähmung auslösen, die Nervenzellen des Rückenmarks. Bakteriophagen brauchen Bakterien als Wirtszellen.

Schutz- und Abwehrsystem beim Menschen (S. 86/87)

1 Gesund und krank

a Gesundheit ist nicht nur die Abwesenheit von Krankheit, sondern umfassender: Es ist ein Zustand des subjektiv empfundenen körperlichen, geistigen und sozialen Wohlbefindens.

b Gesundheitsfaktoren: ausgewogene Ernährung, vernünftige Hygiene, regelmäßige und angemessene körperliche Bewegung, Fähigkeit, seine Anliegen zu vertreten, positives soziales Umfeld
Risikofaktoren: psychosozialer Druck (Stress), Bewegungsmangel, unausgewogene Ernährung, Drogen

2 Schutzeinrichtungen

a

Schutz	Übertragungsweg
Nasen- und Schleimhautsekrete	Tröpfcheninfektion
Magensäure	Wasser und Lebensmittel
Scheidenbakterien	Blut und Körperflüssigkeiten
Darmbakterien	Wasser und Lebensmittel
Säureschutzmantel	Tröpfcheninfektion
Haut	Schmierinfektion
Flimmerhärchen der Atemwege	Tröpfcheninfektion
Ohr, Trommelfell	Tröpfcheninfektion
Augen, Bindehaut, Tränenflüssigkeit	Tröpfcheninfektion, Schmierinfektion

b

A: Haarwurzel
B: Fettzellen
C: Blutgefäß
D: Schweißdrüse

c Im sauren Milieu der Haut können sich viele nützliche Bakterien vermehren. Sie produzieren Stoffe, die andere Erreger unterdrücken. So stellt der Säureschutzmantel indirekt einen Schutz dar.

d Hygienebereiche: Körperhygiene, Hygiene im Haushalt und bei der Reinigung, Hygiene bei der Aufbewahrung und Verarbeitung von Lebensmitteln

e Dieses Muttermal ist auffällig:
A: Es ist asymmetrisch.
B: Es besitzt unregelmäßige Ränder.
C: Es besitzt verschiedene Farben.
D: Durchmesser/Dynamik: Es besitzt einen Durchmesser von ca. 10 mm. Es ist anzunehmen, dass es gewachsen ist.

3 Die körpereigene Abwehr

a Im Bild sind die drei verschiedenen festen Bestandteile des Blutes zu erkennen. Am häufigsten sind die roten Blutkörperchen, die Erythrozyten. Es sind scheibenförmig eingedellte Zellen ohne Kern. Ihre Aufgabe ist der Transport von Sauerstoff. Das in den Erythrozyten enthaltene Hämoglobin bindet den Sauerstoff. Die weißen Blutkörperchen oder Leukozyten sind größer als die roten Blutzellen und haben keine feste Form, besitzen aber einen Zellkern. Die weißen Blutkörperchen sind Teil des körpereigenen Abwehrsystems. Sie bekämpfen körperfremde Stoffe wie Krankheitserreger. Da sie die Blutbahn verlassen können, erreichen sie auch Keime, die sich im Gewebe befinden. Die Blutplättchen oder Thrombozyten sind Bruchstücke von Knochenmarkszellen. Sie sind für die Gerinnung des Blutes wichtig. Wird eine Blutbahn verletzt, so verändern

sie die Form der Blutplättchen. Sie werden kugelig und bilden Scheinfüßchen aus. Mit ihnen verhaken sie sich gegenseitig. An sie lagern sich weitere Blutplättchen an. Auf diese Weise entsteht ein erster Blutpfropf, der kleine Blutungen stoppen kann.
b Lymphknoten, Knochenmark, Milz, Mandeln und die Thymusdrüse gehören zu den lymphatischen Organen.
c Bei einer Infektion sammeln sich in den Lymphknoten viele Leukozyten. Dabei schwellen die Knoten an. Sie werden druck- und schmerzempfindlich.
d Die Makrophagen, auch Fresszellen genannt, geben Erregerinformationen an die T-Helferzellen weiter, fressen abgetötete Körperzellen sowie die durch Antikörper miteinander verklumpten Erreger.
e Einige der aktivierten Helfer-, B- und T-Zellen werden zu Gedächtniszellen. Sie sind im gesamten Körper verteilt. Kommt es zu einer erneuten Infektion mit dem gleichen Erreger, so bilden sie sofort die entsprechenden Antikörper zur Bekämpfung der Erreger. Der Körper ist immun gegen diese Erreger.

4 Schutz durch Impfung

a Bei der *aktiven Immunisierung* werden abgeschwächte oder abgetötete Erreger geimpft und über deren Antigene das Immunsystem angeregt, aktiv Antikörper und Gedächtniszellen gegen den Erreger zu produzieren. Nach einer gewissen Zeit tritt der Impfschutz ein.
Bei der *passiven Immunisierung* werden direkt Antikörper gegen einen Erreger geimpft, die man zuvor aus tierischem Serum oder mit Hilfe der Gentechnik gewonnen hat. Dabei bleibt das Immunsystem des Geimpften passiv, somit werden auch keine Gedächtniszellen produziert. Der Impfschutz tritt unmittelbar nach der Impfung ein.
b Die aktive Immunisierung dient zur Vorbeugung und zum Schutz vor einer Infektionskrankheit. Bei Infektionsverdacht erfolgt die passive Immunisierung.
c Liegt der Verdacht einer Infektion vor, benötigt der Patient sofort die passenden Antikörper, die bei einer aktiven Schutzimpfung aber erst nach einiger Zeit ausreichend gebildet würden. Wird das Immunsystem aber durch eine aktive Impfung selbst stimuliert, stehen zur Vorbeugung und zum Schutz vor einer Infektion genügend Antikörper und Gedächtniszellen zur wirksamen Abwehr bereit.
d Das Impfserum gewinnt man aus Tieren, denen man abgeschwächte oder abgetötete Erreger einimpft. Nach dem Prinzip der aktiven Immunisierung bildet der Tierkörper die passenden Antikörper. Nach der Immunisierung der Tiere kann man die Impfung wiederholen. Dadurch steigert man die Anzahl der Antikörper im Blut der Tiere. Aus deren Blutserum gewinnt man die Antikörper, die zum Impfstoff weiterverarbeitet werden.
Heute werden Antikörper für die Impfstoffe der passiven Immunisierung auch mit Hilfe der Gentechnik hergestellt.
e Wenn ein Mensch auch nur einen leichten Infekt hat, ist sein Immunsystem aktiv und etwas geschwächt. Bei einer aktiven Immunisierung könnten die abgeschwächten Erreger das Immunsystem zu wenig stimulieren. Diese Erreger könnten sich zu stark vermehren ohne wirksame Gegenwehr. Das Risiko einer tatsächlichen Erkrankung, vor der man eigentlich schützen wollte, steigt.
f Das Auftreten vieler Infektionskrankheiten konnte durch jahrelange Impfkampagnen mit einer hohen Durchimpfungsrate stark reduziert werden. Dies verleitet Menschen dazu, sich selbst und ihre Kinder nicht mehr impfen zu lassen. Viele Menschen wägen das Impfrisiko gegen den eigentlichen Impfschutz ab und entscheiden sich gegen eine Impfung. Hinzu kommt, dass das Thema Impfen im Internet und den sozialen Medien recht kontrovers, oft auch sehr einseitig dargestellt wird und Menschen sich dadurch verunsichern lassen. Eine zunehmende Impfmüdigkeit hat zur Folge, dass seltene Infektionskrankheiten wieder zunehmen werden.
g Wenn immer weniger Kinder gegen Kinderlähmung oder Masern geimpft werden, steigt das Risiko, dass diese Krankheiten wieder vermehrt auftreten oder von anderen Ländern wieder eingeschleppt werden. Nichtgeimpfte erkranken dann und werden andere Personen wieder anstecken können. Deshalb sollte man der Impfmüdigkeit durch klare objektive Aufklärung entgegenwirken. Auch die Einführung einer Impfpflicht sollte diskutiert werden.

5 Infektionskrankheiten

a A ist ein Virus, erkennbar an der äußeren Virusproteinhülle mit den Spikes und der im Inneren liegenden Erbsubstanz. Typische Zellorganellen fehlen.
B ist ein Bakterium, erkennbar an dem fehlenden Zellkern und der im Zellplasma frei liegenden Erbsubstanz sowie den Plasmiden. Dies gibt es nur bei Bakterien. Die Geißeln zur Eigenbewegung sind ebenfalls bakterienspezifisch.
b Viren können sich nur vermehren lassen, wenn sie spezifische Wirtszellen befallen, da sie keinen eigenen Stoffwechsel haben. Dabei werden diese Wirtszellen geschädigt oder gar zerstört. Bakterien hingegen können sich im Körper selbst vermehren und schädigen diesen durch ihre Stoffwechselabfallprodukte oder durch abgegebene Giftstoffe. Körperzellen und Organe werden geschädigt.
c Die Ursache und somit die Erreger der Krankheiten waren noch unbekannt, ebenso die Infektionswege.
Wirksame Medikamente wie Antibiotika gab es noch nicht. So konnten sich die Krankheiten ungehindert ausbreiten. Ein meist sehr niedriger Hygienestatus wirkte auf die Ausbreitung verstärkend.
d Antibiotika schädigen nur Bakterien, nicht aber Zellen von Mensch und Tier. Je nach Antibiotikum werden bakterielle Stoffwechselprozesse blockiert oder bestimmte bakterienspezifische Zellorganellen zerstört. Manche schädigen die Zellwand, andere die Zellmembran oder die Erbsubstanz. Wieder andere wirken auf die Plasmide ein oder an den Geißeln. Letztlich können Bakterien sich nicht mehr vermehren, wachsen oder bewegen.
e Unter Resistenzbildung versteht man, wenn Bakterien gegenüber bestimmten Antibiotika unempfindlich geworden sind und somit Antibiotika keine schädigende Wirkung mehr auf diese resistenten Bakterien haben. Resistenzen gegen Antibiotika entstehen durch zufällige Veränderung der Erbsubstanz oder beim Austausch von Erbinformation. Zwischen Bakterien wird die Information zur Resistenzbildung weitergegeben.
f Durch die zunehmende Mobilität der Menschen, bedingt durch Zunahme des Tourismus und der wirtschaftlichen Globalisierung im Geschäftsverkehr, können gefährliche Erreger schnell über alle Kontinente verbreitet werden. Neue Infektionskrankheiten werden so aus fernen Ländern eingeschleppt. Dies könnte auch zu einer weltweiten Ausbreitung führen. Vor allem die hohen Zuwachsraten im Flugverkehr beschleunigen diese Entwicklung.

6 HIV und Aids

a HIV und Aids sind Abkürzungen. H steht für »human«, was übersetzt »menschlich« heißt, I steht für »immunodeficiency«. Das heißt übersetzt »Immunschwäche« und das V steht für »Virus«. Aids setzt sich aus den Anfangsbuchstaben von »acquired immune deficiency syndrome« zusammen. Auf Deutsch bedeutet das »erworbene Immunschwächekrankheit«.
HIV ist also die Bezeichnung für das Virus, das die Krankheit Aids verursacht.

b An dem kugelförmigen HI-Virus kann man deutlich die äußere Eiweißhülle sowie die vielen, kleinen Fortsätze, die Spikes, erkennen.

c Im Blut eines Aidskranken befinden sich deutlich weniger T-Helferzellen als bei einem gesunden Menschen, da bei dem Kranken die Helferzellen von den HI-Viren zerstört wurden. Im Laufe der Zeit geht ihre Zahl so weit zurück, dass das Immunsystem zusammenbricht und die körpereigene Abwehr keine Krankheitserreger mehr bekämpfen kann. Aidskranke können deshalb auch an Infektionskrankheiten sterben, die für einen gesunden Menschen in der Regel ungefährlich sind.

d Eine Infektion mit HIV erfolgt fast ausschließlich durch den Austausch von Blut sowie von Samen- und Scheidenflüssigkeit. Somit gibt es eigentlich nur zwei Ansteckungsmöglichkeiten: den ungeschützten Geschlechtsverkehr und den direkten Kontakt mit Blut, zum Beispiel bei der Versorgung einer blutenden Wunde. Die Verwendung von Kondomen bzw. Einweghandschuhen bietet relativ sicheren Schutz.

Menschliche Sexualität und Entwicklung (S. 122/123)

1 Liebe und Partnerschaft

a Die Geschlechterrolle beschreibt Eigenschaften und Verhaltensweisen, die einem bestimmten Geschlecht von der Gesellschaft als typisch zugeschrieben werden.

b Ein Flirt beginnt oft mit der Aufnahme von Blickkontakt. Es geht darum, einen Menschen näher kennenzulernen. Dazu gehören auch die Blickabwendung oder das Anlächeln beziehungsweise das Rotwerden. Man spielt sich durch den Austausch von Worten und Gesten gegenseitig Informationen zu.

c Individuelle Antworten möglich, zum Beispiel:
miteinander reden, gemeinsame Aktivitäten verfolgen, sich gegenseitig unterstützen

d Verliebtsein ist die Vorstufe der Liebe. Während man sich sehr schnell verlieben kann, dauert es lange, bis man einen Menschen wirklich liebt.

e Eine längerfristige Partnerschaft entsteht, wenn beide Partner viele Gemeinsamkeiten besitzen. Dazu zählen häufig neben ähnlichen Interessen oder dem Alter auch der Bildungsgrad und Wertvorstellungen der Partner. Man betrachtet die Welt auf eine ähnliche Art und Weise.

f Unterschiede können interessant auf den Partner wirken. Zudem können sich durch unterschiedliche Fähigkeiten Partner ergänzen.

2 Sexualität

a Im engeren Sinn bedeutet Sexualität die mit der sexuellen Fortpflanzung verknüpften Vorgänge, zum Beispiel Geschlechtsverkehr. Im weiteren Sinn versteht man unter dem Begriff »Sexualität« alle Gefühle, Bedürfnisse und Verhaltensweisen, die mit dem Geschlechtstrieb und seiner Befriedigung in Zusammenhang stehen.

b Funktionen können sein: Fortpflanzung und Arterhaltung, Festigung einer Partnerschaft, Liebe ausdrücken, Lustempfinden erfahren, Kommunikation mit Mitmenschen.

c Unter der sexuellen Orientierung versteht man die Anziehung zu einem bestimmten Geschlecht.
Zwei Menschen unterschiedlichen Geschlechts, die sich gegenseitig anziehend finden, bezeichnet man als heterosexuell. Diejenigen, die das gleiche Geschlecht anziehend finden, nennt man homosexuell.

d Die Regenbogenflagge ist das Symbol für Akzeptanz und Toleranz von Vielfältigkeit.

e Es gibt Menschen, die eine Geschlechterrolle einnehmen, die nicht zu ihrem äußerlichen Erscheinungsbild passt. Diese fasst man unter dem Oberbegriff Transgender zusammen.
Als intersexuell werden Menschen bezeichnet, die biologisch gesehen nicht eindeutig einem Geschlecht zugeordnet werden können.

f Individuelle Lösungen möglich, zum Beispiel:
Viele Menschen sind beim Thema Sexualität gehemmt. Sie haben Angst, wenn sie offen über ihre Neigungen oder sexuellen Vorlieben sprechen, ausgelacht oder missverstanden zu werden. Wer sich öffnet, zeigt einen Teil seiner Bedürfnisse und macht sich dadurch in einem gewissen Maße verletzlich. Deshalb sollen Partner Vertrauen zueinander haben, um offen ihre Interessen äußern zu können, ohne befürchten zu müssen, emotional verletzt zu werden.

3 Schwangerschaft und Geburt

a Unter dem Einfluss von FSH reift in den Eierstöcken ein Eibläschen, ein sogenannter Follikel, heran. Dieser enthält eine Eizelle. Ist die Konzentration von Östrogen im Blut hoch genug, wird LH ausgeschüttet. Dies führt zur Freisetzung der Eizelle in den Eileiter, den Eisprung. Der nach dem Eisprung im Eierstock verbliebene leere Follikel wandelt sich zum Gelbkörper um.

b
- FSH: follikelstimulierendes Hormon
- LH: Gelbkörper bildendes Hormon
- Östrogen
- Progesteron

c
Positiv:
Eine gesunde Lebensweise tut Mutter und Kind gleichermaßen gut. Dazu zählen sowohl Bewegung an der frischen Luft als auch ausreichend Schlaf, wenig Stress und eine ausgewogene Ernährung.
Da es in der Schwangerschaft leicht zu Verstopfungen kommen kann, sollten sich werdende Mütter ballaststoffreich ernähren.
Negativ:
Auf Gifte wie Alkohol muss während der Schwangerschaft dringend verzichtet werden. Alkohol hat im ersten Schwangerschaftsdrittel eine besonders starke Auswirkung, weil in dieser Zeit die kindlichen Organe gebildet werden. Dieses Zellgift kann zu schweren Schädigungen und Missbildungen führen.
Auch Medikamente, wie Kopfschmerztabletten, Beruhigungsmittel oder auch Nasensprays, müssen vermieden werden. Sie enthalten Wirkstoffe, die die Plazentaschranke durchdringen. Auf diesem Weg können sie die Entwicklung des Kindes beeinflussen. Besonders schwere Folgen wie zum Beispiel eine unvollständige Ausbildung der Gliedmaßen können auftreten, wenn die Medikamente in der Phase der Organbildung eingenommen werden.

d

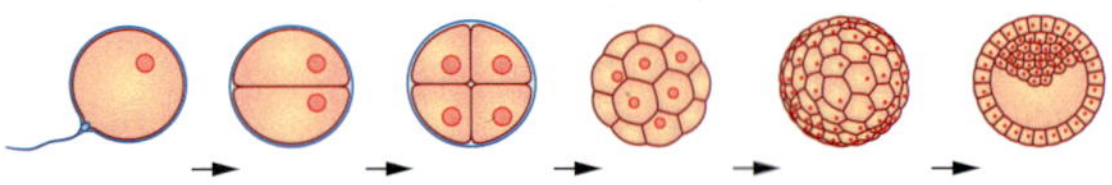

e Die Zellen des Fetus teilen sich ständig und er wächst jetzt besonders schnell. Der Fetus beginnt sich zu bewegen und zeigt verschiedene Reaktionen auf seine Umwelt, wie zum Beispiel auf Musik. Im fünften Monat beginnt der Knochenaufbau und bis auf den Tastsinn sind alle Sinne funktionsfähig. Arme und Beine sind nun voll ausgebildet. Jetzt kann die Mutter die Bewegungen des Kindes spüren. Das Gesicht hat bereits individuelle Züge. Der Fetus kann hören und besitzt einen Rhythmus von Schlaf- und Wachphasen.

f Zellen besitzen ab der Embryonalphase unterschiedliche Aufgaben. Während zum Beispiel die ersten Nervenzellen beginnen sich zu vernetzen, formen sich andere Zellen zu Muskelzellen oder zum späteren Herzen. Diese Spezialisierung nennt man Zelldifferenzierung.

g Auf den Beginn der Geburt können Blutungen, das Einsetzen der Wehen oder das Platzen der Fruchtblase hinweisen.

h
1. Eröffnungsphase
Die Wehen kommen zunächst in größeren Abständen. Der Kopf des Kindes drückt auf den Geburtskanal, wodurch sich der Muttermund nach und nach weitet.
2. Austreibungsphase
Die Wehen werden hier stärker. Mit jeder Wehe wird das Kind weiter durch den geöffneten Geburtskanal geschoben, bis der Kopf des Kindes erscheint. Danach folgen die Schultern und schließlich der Rest des Körpers durch eine einzige Wehe. Nach der Geburt wird die Nabelschnur durchtrennt. Bei den letzten Wehen wird auch das übrige Fruchtwasser ausgeschieden.
3. Nachgeburtsphase
Nach der Geburt des Kindes zieht sich die Gebärmutter noch einmal zusammen. Dabei löst sich die Plazenta und wird zusammen mit dem Rest der Nabelschnur ausgestoßen.

i Die Hebamme untersucht die Plazenta auf Vollständigkeit. Es ist wichtig, dass in der Gebärmutter kein Rest der Plazenta zurückbleibt. Nur so bildet sich die Gebärmutter richtig zurück und es kommt zu keinen Entzündungen.

4 Möglichkeiten der Verhütung

a Kondom, Vaginalring, Antibabypille, Hormonstäbchen

b Die in bestimmten Präparaten enthaltenen Hormone verhindern eine Schwangerschaft. Zum einen unterdrücken sie den Eisprung, zum anderen wirken sie der Verflüssigung des Gebärmutterschleims entgegen, sodass die Spermien nicht in die Gebärmutter gelangen können.
Vorteil: Hormonelle Verhütungsmittel sind sehr sicher und sofort wirksam. Je nach verwendetem Verhütungsmittel gibt es einen länger anhaltenden Schutz.
Nachteil: Bei allen hormonellen Verhütungsmitteln besteht kein Schutz vor Geschlechtskrankheiten. Zudem können unerwünschte Nebenwirkungen auftreten.
Kondome stellen für die Spermien eine mechanische Barriere dar und verhindern, dass diese in die Scheide gelangen können.
Vorteil: Die Verwendung eines Kondoms ist die einzige Möglichkeit, um sich vor der Übertragung von Krankheitserregern wie dem HI- oder dem Hepatitisvirus beim Geschlechtsverkehr zu schützen. Zudem ist die Anwendung einfach und je nach Bedarf flexibel anwendbar.
Nachteil: Es muss vor sowie beim Geschlechtsverkehr jedes Mal an Verhütung gedacht werden. Zudem kann es zu Anwendungsfehlern kommen.

c Kondome besitzen einen relativ niedrigen Pearl-Index von 2 bis 14. Richtig angewendet ist es ein sehr sicheres Verhütungsmittel. Hier wird verhindert, dass die Spermien in die Scheide gelangen können. Zudem ist die Verwendung eines Kondoms die einzige Möglichkeit, um sich vor der Übertragung von Krankheitserregern wie dem HI- oder dem Hepatitisvirus beim Geschlechtsverkehr zu schützen.

d Die »Pille danach« wird unmittelbar nach dem Geschlechtsverkehr eingenommen. Sie verhindert den Eisprung und vermindert die Beweglichkeit der Spermien. Hat allerdings bereits ein Eisprung stattgefunden, kann eine Schwangerschaft mit der »Pille danach« nicht verhindert werden.

e Bei einer ungewollten Schwangerschaft bieten Beratungsstellen, wie zum Beispiel die Arbeiterwohlfahrt, kirchliche Beratungsstellen und pro familia, Unterstützung an. Sie helfen, eine verantwortungsvolle und gewissenhafte Entscheidung zu treffen.

Evolution (S. 170/171)

1 Fossilien

a Fossilien sind Überreste früherer Lebewesen, von deren Spuren wie Ausscheidungen oder Fußabdrücken.

b D, C, B, A

c Wenn eine Tierleiche zum Beispiel in einem Gewässer verendet, sehr rasch von feinen Sedimenten wie Schlamm oder Sand bedeckt und luftdicht abgeschlossen wird, kann diese von Bakterien nicht zersetzt werden. Der Körper bleibt lange erhalten. Danach lagern sich weitere Sedimente schichtweise darüber ab. Der zunehmende Druck presst das Wasser aus dem Schlamm heraus und chemische Vorgänge lassen ihn allmählich zu Stein werden.

d Bernstein: Lebewesen, meist Insekten, wurden von flüssigem Baumharz eingekapselt. Das Harz wird fest und im Laufe der Zeit entsteht Bernstein.

Eismumien: Stirbt ein Tiere in sehr kalten Regionen, kann der Körper durch die niedrigen Temperaturen sehr lange erhalten bleiben, er wird tiefgefroren.

e Normalerweise gilt: Je älter ein Fossil ist, desto tiefer sollte es in der Erde vorkommen. Fossilien, die in gleichen Schichten gefunden werden, sind oft vergleichbar alt. Es kann jedoch vorkommen, dass durch Eruptionen von Vulkanen oder Erdbeben Schichten verschoben werden. Dann treffen diese Regeln nicht mehr zu.

2 Mosaikform

a Als Mosaikform werden Organismen bezeichnet, die Merkmale verschiedener Gruppen besitzen. Ichthyostega hat Merkmale von Fischen und Amphibien und ist somit eine Mosaikform.

b Der Flossensaum und der beschuppte Körper sind Fischmerkmale, während die Extremitäten und die Lunge den Amphibien zugeordnet werden können.

3 Ähnlichkeit und Verwandtschaft

a Homologe Organe haben den gleichen Grundbauplan, aber dennoch unterschiedliche Funktionen. Ein Beispiel hierfür sind die Skelette der Vordergliedmaßen bei den Wirbeltieren, die aus den gleichen Knochen bestehen, aber unterschiedlich ausgebildet sind. Die Umbildungen ermöglichen unterschiedliche Funktionen. Homologe Organe sind ein Beleg für die gemeinsame Abstammung der Wirbeltiere.

Analoge Organe sehen sich sehr ähnlich und erfüllen ähnliche Funktionen. Sie sind aber unterschiedlich aufgebaut. Sie haben also keinen gemeinsamen Grundbauplan. Beispiele für analoge Organe sind die Grabhand des Maulwurfs und die Grabschaufel der Maulwurfsgrille. Sie erfüllen bei ähnlichen Umweltbedingungen die gleiche Funktion.

b Bild 3 zeigt links einen Maulwurf und rechts eine Maulwurfsgrille. Die Grabhand des Maulwurfs und die Grabschaufel der Maulwurfsgrille weisen – von der Größe abgesehen – große Ähnlichkeiten auf und erfüllen auch die gleiche Funktion als Graborgan für das Leben unter der Erde. Ihre Grundbaupläne sind aber vollkommen unterschiedlich. Die Grabhand des Maulwurfs besteht aus einem knöchernen Innenskelett, während die Grabschaufel der Maulwurfsgrille aus einem Außenskelett aus Chitin aufgebaut ist. Beide Tiere sind nicht miteinander verwandt.

4 Verschiedene Evolutionstheorien

a Cuvier erklärte diesen Widerspruch mit Hilfe seiner Katastrophentheorie. Durch große Naturkatastrophen werden die meisten Lebewesen vernichtet. Anschließend entstehen wieder neue und anders aussehende Lebewesen. Ein Beispiel für eine Katastrophe ist die biblische Sintflut.

b

Lamarck: Durch den Gebrauch oder Nichtgebrauch von Organen werden diese entweder besonders gut ausgebildet oder sie verkümmern. Derart erworbene Eigenschaften werden an die Nachkommen vererbt.

Die Reiher haben sich besonders stark gestreckt, um die Fische von oben besser sehen zu können. Durch dieses ständige Strecken verlängerten sich die Beine. Dieses erworbene Körpermerkmal wurde an die Nachkommen vererbt. Diese streckten sich ebenfalls, wodurch sich die Beine erneut verlängerten.

Darwin: Reiher, die durch Mutation bedingt etwas längere Beine als ihre Artgenossen besaßen, hatten Vorteile beim Beutefang, da sie die Fische besser und in einem größeren Umfeld sehen konnten. Dadurch erhöhten sich ihre Überlebenschancen und Fortpflanzungserfolge gegenüber den Reihern mit den kürzeren Beinen. Diese positiven Mutationen wurden vererbt. Über lange Zeiträume und weitere Mutationen entstanden die langen Beine der heute lebenden Reiher.

c Alle Lebewesen einer Art konkurrieren in einem Lebensraum um Überlebens- und Fortpflanzungschancen. Da sich die Tiere in ihren Eigenschaften und Fähigkeiten unterscheiden, gibt es einige, die aufgrund ihrer vererbten Merkmale in der entsprechenden Umwelt besser zurechtkommen. Durch ihre Angepasstheiten haben sie bessere Überlebenschancen und größere Fortpflanzungserfolge. Mit »Survival of the Fittest« meinte Darwin, dass nur die Lebewesen mit den besten Angepasstheiten überleben. Das müssen nicht die stärksten Lebewesen sein.

5 Evolutionsfaktoren

a Als »Motoren« kann man die Neukombination der Erbinformationen, Mutation, Selektion sowie Isolation bezeichnen.

b Mutation und Neukombination der Erbinformationen verändern die Variabilität der Lebewesen. Hier setzt die Selektion an, da immer die Lebewesen mit den besten Angepasstheiten überleben und sich fortpflanzen können. Die räumliche Trennung, also die Isolation von Gruppen, sorgt für eine zufällige Neuordnung der Vielfalt an Erbinformationen, da in isolierten Gruppen andere Erbinformationen vorhanden sind als in der früheren Gesamtgruppe. Dies kann dazu führen, dass sich die getrennten Gruppen jeweils anders entwickeln. Es entstehen allmählich unterschiedliche Arten.

c Ursprünglich war nur eine Kohlmeisenart in Europa und Asien verbreitet. Während der Eiszeit wurde ihr riesiges Verbreitungsgebiet durch Gletschervorstöße in mehrere kleinere Gebiete getrennt. Nur in den wärmeren Gebieten konnten die jetzt voneinander isolierten Kohlmeisengruppen überleben. Diese Isolation dauerte mehrere Tausend Jahre. In dieser Zeit ereigneten sich viele Mutationen, sodass sich die Vögel in den voneinander getrennten Gebieten veränderten. Sie sahen anders aus und hatten unterschiedliche Gesänge. Nach der Eiszeit trafen die Meisen wieder aufeinander. Zwischen der Europäischen und der Zentralasiatischen Kohlmeise waren die Unterschiede aber so groß, dass sich die Meisen weder im Aussehen noch im Gesang erkannten. Sie waren sich sozusagen fremd geworden. Durch das Zusammenwirken von Mutation und Isolation waren Arten entstanden, die sich untereinander nicht mehr fortpflanzen konnten.

6 Menschenaffe oder Mensch

a

1: Menschenaffe: große Schnauze, ausgeprägte Eckzähne
2: Mensch: große Zehe nicht opponierbar, zeigt nach vorne
3: Menschenaffe: Fell, Finger kurz
4: Menschenaffe: Wirbelsäule C-förmig
5: Mensch: Becken schüsselförmig, breit
6: Mensch: S-förmige Wirbelsäule
7: Menschenaffe: Kiefer rechteckig, sehr kräftige Eckzähne

b Der Affenschädel besitzt eine große Schnauze. Über den Augen finden sich starke Überaugenwülste. Die Stirn ist flach, das Kinn ist fliehend. Die Kieferform ist rechteckig, das Hinterhauptsloch ist nach hinten, in den Bereich über dem Rücken verschoben.

Der Mensch hat eine hohe Stirn und ein ausgeprägtes Kinn. Das Hinterhauptsloch liegt zentral an der Schädelbasis.

c Der Menschenaffe besitzt durch einen opponierbaren Daumen und einen beweglichen Mittelfuß einen Kletterfuß.

Der Mensch hat durch kräftige Mittelfußknochen, das Fußgewölbe und eine große Zehe, die nach vorne zeigt, einen Gehfuß.

7 Entwicklung zum modernen Menschen

a

- Entwicklung des aufrechten Gangs
- Gehirnentwicklung und damit verbunden die Sprachentwicklung
- Entwicklung einer Kultur

b Der Mensch besitzt keine ausgeprägten Körperwaffen. Er kann zwar ausdauernd, aber nicht sehr schnell laufen und nicht gut klettern. Dafür ist er in der Lage, Werkzeuge und Waffen herzustellen, mit denen er sich gegen Feinde schützen und ausreichend Beute erlegen kann.

c Auf der Abbildung werden die Schattenbilder einzelner Stationen auf dem Weg zur Menschwerdung gezeigt. Somit kann sie als Symbol für die Evolution des Menschen stehen. Allerdings darf sie nicht als kontinuierlicher Prozess verstanden werden. Zum einen sind nicht alle Vorfahren des Menschen dargestellt, zum anderen haben einige Vertreter parallel gelebt und zum Dritten existieren zwischen einzelnen Vertretern lange Zeiten, für die es bisher keine Funde gibt.

Register

G

H

I

J

K

Bildquellen

Abbildungen:
Cover: dpa Picture-Alliance/Christian Nau; Andreas Miehling: 52/3; Birgit Lange: 186; www.schmidpeter-preis.de: 98; action press: Eibner-Pressefoto Ug & Co. Kg: 38; akg-images: 48/1, 134/1, 144/2, 145/u., 168/D, Album/Documenta: 149/l., bildwissedition: 137/4, 143/C, 145/3, De Agostini Picture Library: 9/l., E. DAYNES/S. ENTRESSANGLE/SCIENCE PHOTO LIBRARY: 163/4, ELISABETH DAYNES/SCIENCE PHOTO LIBRARY: 165/2 r., Erich Lessing: 168/C, Fototeca Gilardi: 61/1, Hess. Landesmuseum: 160/1, 161, Nimatallah: 168/A, Paul M.R. Maeyaert: 168/F, PHILIPPE PLAILLY/SCIENCE PHOTO LIBRARY: 160/2 r., Rainer Hackenberg: 133/u. l., Science Photo Library/JOHN BAVARO FINE ART: 160/3 r., 164/r., Quagga Media UG: 133/o. r., Science Photo Library: 136/u. l., 145/4, 158/3, 163/5, 164/l., Science Source: 60/2, 146, 148/1, SPL/SHEILA TERRY: 162/1, UIG/Universal History Archive: 151; bpk: Antikensammlung, SMB/Johannes Laurentius: 168/E, Herbert Kraft: 133/u. r., Museum für Vor- und Frühgeschichte, SMB/Ingrid Geske: 168/B, RMN - Grand Palais/Thierry Le Mage: 181/A; Bridgeman Images: 82/1, 134/u., Paleolithic: 168/1, De Agostini Picture Library: 158/1, Fototeca Gilardi: 166/3; Bundeszentrale für gesundheitliche Aufklärung (BZgA): 78/2; Bürgermeister-Müller-Museum/Gemeinde Solnhofen: 132; ClipDealer GmbH: Alfred Hofer: 84/1, Monkey Businesss Images: 43; Cornelsen: Moritz Vennemann: 182/11B+C, Yvonne Schanzenbächer: 156; dpa Picture-Alliance: dpa Picture-Alliance/AA: 172/u. l., AP Photo: 166/1, Arco Images GmbH/Arco Images: 153/4 l., ASSOCIATED PRESS/SCIPHO: 121/3E, blickwinkel/A: 158/2, blickwinkel/F: 152, blickwinkel/f: 176/3. v. u. r., blickwinkel/R: 136/B, Boris Roessler: 45/l., BSIP: 44/r., dpaweb/dpa - Report/Frank May: 85/5B, dpa-Zentralbi/dpa-Zentralbild/Tom Schulze: 99, HJS-Sportfotos: 50/3, imageBROKER: 24, 131, 153/3, 155, Klaus Rose/OKAPIA: 85/5A, Klett GmbH: 12/2 Mi., Patrick Pleul: 72/2, united archiv: 81/o.; F1Online: docstock/VisualsUnlimited: 9/r.; imago images: Chai v.d. Laage: 97/4 o., Ralph Peters: 122/u. l., Imago Stock & People GmbH: blickwinkel: 138, 139/4D, 140/B, 150/1, 154/u., 172/2. v. u., Future Image: 97/4 u., imagebroker: 139/4C, McPHOTO: 54, Mint Images: 127, SKATA: 32/1, United Archives International: 144/1, UPI Photo: 76, Ralph Peters: 62; interfoto e.k.: ARDEA/Francois Gohier: 136/C, Austrian National Library/Underwood & Underwood: 58/1, Chr. Lederer: 137/5 o. l., Fabian von Poser: 45/r., FLPA/David Burton: 139/4B, Mary Evans/Natural History Museum: 159/6, Mary Evans: 165/2 l., Reinhard Dirscherl: 137/5 u.; Judith Vehlow (ehem. Groll): 118/2, 180/6; Matthias Niedermeier: 20/1; mauritius images: alamy stock photo/Alexey Kotelnikov: 121/3D, alamy stock photo/Angela Hampton Picture Library: 112/1, alamy stock photo/Ann and Steve Toon: 10/1, alamy stock photo/BSIP SA: 109/r., 173/2. v. u. r., alamy stock photo/Giovanni Grotto: 139/4A, alamy stock photo/Naturepix: 154/o., alamy stock photo/Nigel Cattlin: 25/3, alamy stock photo/Sabena Jane Blackbird: 160/2 l., alamy stock photo/Steve Taylor ARPS: 181/C, Alamy: 61/Mi., Alamy/Jim West: 149/1, Anna Blume/Alamy: 140/G, Catharina Lux: 128/2, Image Source/All mauritius images: 89/o., imageBroker/Werner Bachmeier: 46/o., Kateryna Kon/Science Photo Library: 25/5, 70, Kumar Sriskandan/Alamy: 93/4, Memento: 130/2, 137/6, Minden Pictures: 157/u., nature picture library/Adrian Davies: 133/Mi. l., Philippe TURPIN/Photononstop/All mauritius images: 95/u., Photo Researchers: 30/2, Science Photo Library: 121/3A, Science Source: 175/Mi. l., Science Source/SciMAT: 7/o., 10/3, 13/r., Suzanne Long/Alamy: 140/A; Museen im Kulmbacher Mönchshof: 26; Panther Media GmbH: Andriy Popov: 73/5, Astrid Gast: 64/2, Norbert Dr. Lange: 44/l.; PEFC Deutschland e.V.: 2; Peter Pondorf, Freising: 16, 46/1+2, 47, 114/2; Peter Wirtz, Dormagen: 184; Reinhold Rehbach: 72/1; Science Photo Library: 41/o. r., A.B. DOWSETT: 19, ALEX HYDE: 65/o., AMI IMAGES: 12/2, 173/2. v. o. r., Biophoto Associates: 12/2 l., 81/u., Bjornberg, Chris: 77, Cavallini, James: 48/2 o. l.+u. r., 173/o. l., CLAUDE NURIDSANY & MARIE PERENNOU/CLAUDE NURIDSANY & MARIE PERENNO: 139/3B, 170/3 r., DANIELA BECKMANN: 21, DAVID SCHARF: 84/2, Delong, Garry: 41/4, DENNIS KUNKEL MICROSCOPY: 3/o., 6/7, 35, 84/3, 128/3, 176/2. v. u. l., 177/Mi. r., DR. FRED HOSSLER, VISUALS UNLIMITED: 51, 86/o., DR G. MOSCOSO: 109/l., DR GARY GAUGLER: 7/Mi., DR KARI LOUNATMAA: 20/2, 172/o. r., DR P. MARAZZI: 115/o., ERIKA CRADDOCK: 12/1, Eye Of Science: 48/2 u. l., 177/o. l., Foster, John: 174/u. l., Gennaro, Joseph F.: 174/2. v. o. r., JAVIER TRUEBA/MSF: 159/u., Jose Calvo: 42/3, JUAN GAERTNER: 175/Mi. r., JUERGEN BERGER: 37/Mi., LAGUNA DESIGN: 174/o. r., LOUISE MURRAY: 140/F, Marchal, David: 174/o. l., MARTIN DOHRN.: 175/o. r., MID ESSEX HOSPITAL SERVICES NHS TRUST/MID ESSEX HOSPITAL SERVICES NHS: 86/u., Mike Devlin: 180/5, NOAA/NATIONAL UNDERSEA RESEARCH PROGRAM/OAR/NATIONAL UNDERSEA RES/P RONA: 126/u., POWER AND SYRED: 3/u., 36/37, 87, ROGELIO MORENO: 129, SCIENCE PHOTO LIBRA/TIM VERNON: 121/3C, SCIENCE PHOTO LIBRARY.\«/BIOZENTRUM, UNIVERSITY OF BASEL/BIOZENTRUM, UNIVERSITY/\«M. WURTZ: 177/o. r., SCIENCE PICTURE CO: 162/2+3, 173/u. r., SCIENCE SOURCE: 74, 137/5 o. r., Scimat: 60/Mi., SINCLAIR STAMMERS: 48/2 o. r., 75, STEVE GSCHMEISSNER: 18/2, 41/5+u. l., 136/u. Mi., 172/o. l., 177/2. v. o. l., VOLKER STEGER: 65/u.; seasons.agency: People Pictures: 37/o.; Shutterstock.com: 271 EAK MOTO: 94/2 u. l., 2xSamara.com: 89/u., A. Zhuravleva: 11/u. r., AdangRuj: 177/u. Mi., adriaticfoto: 39/3 o. l., Africa Studio: 64/1, 94/2 o. r., Alexander Raths: 114/1, Alila Medical Media: 176/3. v. o. r., Ammit Jack: 177/u. l., Andre Nantel: 14, Andrew Hagen: 176/2. v. u. r., Antonio Guillem: 96/2 Mi., 111/D, 122/1, arousa: 136/A, AS Inc: 95/3 r., B-D-S Piotr Marcinski: 93/3, Brent Hofacker: 13/A, Brian McEntire: 112/3, Burdun Iliya: 39/4 u. r., byswat: 106, CLS Digital Arts: 91/4 l., Design_Cells: 32/2, Dmitry Sheremeta: 103/10, docter_k: 37/u., Dragon Images: 174/2. v. u. l., Elena Shashkina: 13/B, Esteban De Armas: 165/3, ever: 115/u., fizkes: 39/4 o. r., Flaffy: 13/D, Foxy71: 144/l., franticoo: 136/D, George Rudy: 111/B, GooGag: 39/4 o. l., Gorodenkoff: 112/2, gpointstudio: 39/3 u. l., g-stockstudio: 111/H, Gustavo Frazao: 96/2 u., Horst Lieber: 73/6, Image Point Fr: 176/2. v. o., Image Point Fr: 55, JR2009: 60/1, JuliusKielaitis: 125/u., JUN3: 135/u. r., Kateryna Kon: 121/3B, Kinga: 172/2. v. o. r., Konstantin Chagin: 116/r., kurhan: 39/3 o. r., Leszek Glasner: 96/1, LightField Studios: 91/3 o. r.,

l i g h t p o e t: 50/1, lucadp: 182/12A, marcin jucha: 13/E, margostock: 13/C, Max.T: 177/u. r., Merlin74: 5, 124/125, 171, metamorworks: 175/u., Microgen: 125/o., Monkey Business Images: 94/2 u. r., 100/o., Motortion Films: 101/4, Natalia Deriabina: 173/2. v. u. l., Neveshkin Nikolay: 61/2, Nomad_Soul: 173/2. v. o. l., Oleksandra Naumenko: 111/E, Olena Gorbenko: 91/4 r., Per Madsen: 177/2. v. u. l., Petr Student: 160/Mi., Photographee.eu: 121/4, pikselstock: 111/G, Pixel-Shot: 123/l., R. Maximiliane: 172/u. r., Rattiya Thongdumhyu: 10/2, Rawpixel.com: 94/2 o. l., 174/u. r., Rido: 173/3. v. o. r., Roger Jegg - Fotodesign-Jegg.de: 49/u., Roman Samborskyi: 93/5, 173/u. l., RomanenkoAlexey: 177/2. v. o. r., Rozochka: 90/2, Sahelan: 160/3 l., sanneberg: 90/1, Sansakrit: 91/3 u. l., Song_about_summer: 39/4 u. l., Stefan Dinse: 30/1, Syda Productions: 92/1, 111/A, Taras Hipp: 111/C, timsimages.uk: 142/3, toeytoey: 58/2, Tomsickova Tatyana: 122/3, urbans: 17, Valentyna Chukhlyebova: 135/o. r., Valt Ahyppo: 153/4 r., Vladimir Mucibabic: 59, Volodymyr Tverdokhlib: 95/3 l., weedezign: 96/2 o., whitetherock photo: 108, Zsolt Biczo: 11/Mi. l.; stock.adobe.com: © 2010 Markus W. Lambrecht/runzelkorn: 175/o. l., © Angela Stolle: 116/l., © Maksym Protsenko, all rights reserved/Maksym Protsenko: 39/3 u. r., © scotty robson photography/Scotty Robson: 141, ©FreeProd/FreeProd: 176/u. r., Africa Studio: 91/3 u. r., ag visuell: 40/1, Alexander Raths: 39/3 u. Mi., anderssehen: 18/1, anemone: 136/o. r., angellodeco: 52/1, anni94: 130/1, Antonioguillem: 94/1, ariros: 135/o. l., bojeio: 126/o., Comofoto: 177/2. v. u. r., creativenature.nl: 139/3A, 170/3 l., Dariusz T. Oczkowicz, ars digital media services/4th Life Photography: 176/3. v. o. l., ehrenberg-bilder: 91/3 o. l., Esperanza: 135/u. l., everettovrk: 90/u. r., Federico Massa: 42/1, fizkes: 101/3, fotozick: 85/u., freshidea: 140/C, georgeogrey: 34, greentellect: 125/Mi., HitToon.com: 174/2. v. o. l., Iakov Filimonov/JackF: 118/1, igor_kell: 103/12, Ina Fassbender/REUTERS: 117, Irina Rogova: 182/12B, Judith: 140/D, karepa: 8, Kristin Gründler: 89/Mi., lemontreeimages: 97/3, lom123: 172/2. v. o. l., luchschen/science photo: 20/3, markmedcalf: 170/4, Monkey Business: 119, Nikolai Sorokin: 182/11A, ninell: 140/E, nobeastsofierce: 177/Mi. l., nounours1: 157/o., oxie99: 15, pafra: 133/3, Panama: 11/o. r., peterschreiber.media: 7/u., photoguns: 4, 88/89, 123/r., Richard Whitcombe/whitcomberd: 142/1, rocketclips: 174/2. v. u. r., Ruckszio: 150/2, Sasa Kadrijevic: 128/1, Soru Epotok: 181/B, sp4764: 111/F, Syda Productions: 105 (Grafik: Cornelsen/newVision!GmbH, Bernhard A. Peter, Pattensen), 110, tbel: 102, Tobias Arhelger: 66, Victoria Chudinova: 100/u., Voyagerix: 92/2, Westend61: 91/3 u. Mi.; StockFood GmbH: Holmes, Craig: 176/u. l., Pixtal: 49/o.; Volker Döring: 50/2 (Grafik: Karin Mall)

Illustrationen:
Agentur Syberg, Thorsten Symank: 180, 182, Atelier G/Marina Goldberg: 15, 23, 29, 47 (Warnsymbole), Cornelsen/Christine Faltenmayr: 147, 183/14, Cornelsen/Detlef Seidensticker: 73, Cornelsen/Detlef Seidensticker, bearbeitet von Bernhard A. Peter, newVision! GmbH: 123, Cornelsen/Esther Welzel: 2, 8-13, 18-21, 24-27, 30, 31, 34, 35, 38-43, 48-51, 54-57, 62, 63, 70-73, 76-79, 82-85, 87, 90-98, 100, 101, 104, 106-116, 122, 123, 126-135, 138-147, 150-153, 156-163, 166-169, 171-177 (Icons), Cornelsen/Grafik: www.biologiegrafik.de: 30, 31, 78/3, 108, 122, 156, 164, 171/5, 184/l., 192, Cornelsen/Heike Keis: 70, 75, Cornelsen/Jörg Mair: 106, 107, 109, 110, 141, 152, 154, 155, 167, 169, Cornelsen/Karin Mall: 38, 40/2, 41, 50/2 (Foto: Cornelsen/Volker Döring), 52, 53/5+u., 56-59, 62, 63, 77/4, 79/4, 84-86, 87/6, 130/3, 131, 134/2, 137/6 o. l., 138, 140/1, 142, 143/4, 149, 151, 165/1, 171/4, 183/13, 184/r., Cornelsen/Karin Mall; bearbeitet von Bernhard A. Peter, newVision! GmbH: 44/4, 45, 54/3, 68/1, 187, Cornelsen/Matthias Pflügner: 121, 127, Cornelsen/newVision!GmbH, Bernhard A. Peter, Pattensen: 8, 9, 12, 14, 15, 17-24, 26-29, 32-35, 40/3, 42-43, 44/2+3, 48, 49, 51, 53/4, 54/2, 55, 67, 68/2, 71, 74, 76, 77/5, 78/1, 79/5, 80, 82/2+3, 83, 87/5, 91, 95, 97-104, 105 (Foto: stock.adobe.com/Syda Productions), 113, 117-120, 129, 132, 136, 137/3, 6 o. r.+ 6 u., 148/2, 157, 159, 161, 166/2, 170, 173/o. r., 176/o., 178, 179, 185, 186, 188, Cornelsen/Tom Menzel; bearbeitet von newVision!GmbH, Bernhard A. Peter, Pattensen: 139, Zweimanns Grafik: Cover, 1

Arbeitsaufträge richtig verstehen

Im Unterricht oder in Klassenarbeiten bearbeitest du immer wieder Aufgaben. Daher ist es wichtig, genau zu verstehen, was mit den Arbeitsanweisungen oder Arbeitsaufträgen gemeint ist. Die Bearbeitung der Aufgaben gelingt dann viel leichter.

Nennen

Hier sollst du etwas stichwortartig auflisten oder aufzählen. Verwende wenn möglich Fachbegriffe.

Lösung: Blutungen, das Einsetzen von Wehen

Nenne Hinweise, die den Geburtsbeginn ankündigen.

Zeichnen und Skizzieren

Hier sollst du eine anschauliche und genaue Zeichnung oder eine übersichtliche Skizze anfertigen.

Lösung:

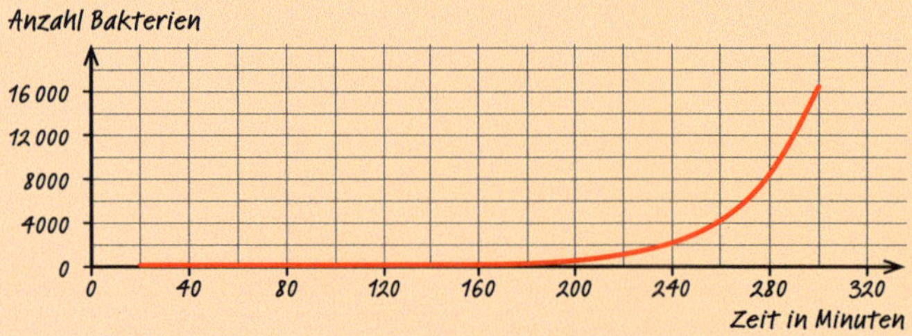

Zeichne eine Wachstumskurve unter natürlichen Bedingungen.

Darstellen

Du sollst Sachverhalte, Zusammenhänge, Methoden und Ergebnisse klar gegliedert und anschaulich wiedergeben.

Hinweis: Ein Plakat, ein Steckbrief, eine Tabelle oder ein Flussdiagramm ermöglichen es dir, die Inhalte durch verschiedene Beispiele mit Bildern oder Diagrammen anschaulich und strukturiert zu präsentieren.

Stelle in einem Flussdiagramm die Methode der Gentechnik dar.

Vermutungen anstellen

Auf der Grundlage von Beobachtungen, Untersuchungen, Experimenten oder Aussagen sollst du eine begründete Vermutung formulieren.

Lösung: Das Gärrohr sorgt dafür, dass das entstehende Gas austreten kann, durch das im Glasrohr befindliche Wasser jedoch keine anderen Mikroorganismen in den Ansatz gelangen können.

Stelle Vermutungen an, weshalb man ein Gärrohr und keinen festen Stopfen als Verschluss verwendet.

Werte die Grafik in Bild 3 aus:

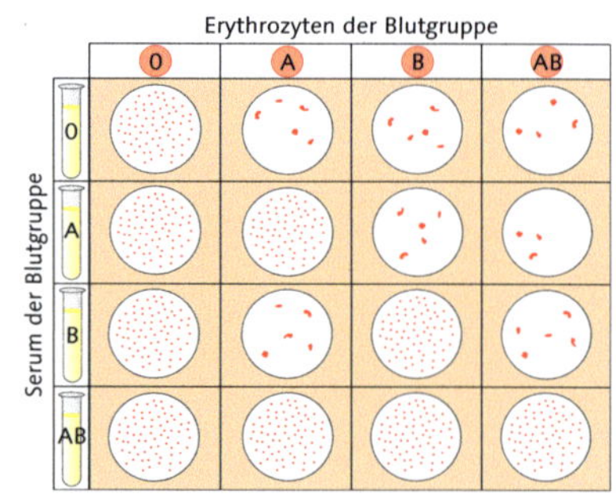

Auswerten

Aus Informationsquellen, zum Beispiel Grafiken, Tabellen, Diagrammen oder Texten, sollst du Daten und Ergebnisse in einen Zusammenhang stellen und daraus Schlussfolgerungen ziehen.

Hinweis: Es ist oft hilfreich, das vorgegebene Material zunächst ausführlich zu beschreiben und dabei die Zusammenhänge zu erkennen. Umso leichter fallen dann die richtigen Schlussfolgerungen.